建设工程施工新技术典型案例分析丛书

工程抗震、加固、结构与安装工程施工新技术典型案例与分析

《施工技术》杂志社　主编

中国建筑工业出版社

图书在版编目（CIP）数据

工程抗震、加固、结构与安装工程施工新技术典型案例与分析 /《施工技术》杂志社主编. —北京：中国建筑工业出版社，2019.4

（建设工程施工新技术典型案例分析丛书）

ISBN 978-7-112-23345-8

Ⅰ.①工… Ⅱ.①施… Ⅲ.①建筑工程-防震设计-案例②建筑结构-加固-工程施工-案例③建筑安装-工程施工-案例 Ⅳ.①TU352.104②TU746.3③TU758

中国版本图书馆 CIP 数据核字（2019）第 033493 号

责任编辑：张礼庆
责任校对：李欣慰

建设工程施工新技术典型案例分析丛书
工程抗震、加固、结构与安装工程施工新技术典型案例与分析
《施工技术》杂志社　主编

*

中国建筑工业出版社出版、发行（北京海淀三里河路 9 号）
各地新华书店、建筑书店经销
北京佳捷真科技发展有限公司制版
天津翔远印刷有限公司印刷

*

开本：787×1092 毫米　1/16　印张：16¾　字数：412 千字
2019 年 4 月第一版　　2019 年 4 月第一次印刷
定价：**48.00** 元（含增值服务）
ISBN 978-7-112-23345-8
（33621）

《建设工程施工新技术典型案例分析丛书》
编写委员会

主　任　毛志兵：中国建筑股份有限公司总工程师
　　　　张可文：《施工技术》杂志社社长、主编

副主任（按姓氏笔画排序）
　　　　王清勤：中国建筑科学研究院有限公司副总经理
　　　　尹伯悦：中国城市科学研究会秘书长助理
　　　　叶浩文：中建股份助理总经理、副总工程师，中建科技集团董事长
　　　　冯　跃：北京市工程建设质量管理协会会长，北京建工集团有限责任公司总工程师
　　　　李清旭：中国施工企业管理协会副会长
　　　　杨健康：北京住总集团有限责任公司总工程师
　　　　吴　飞：浙江省建设投资集团股份有限公司副总经理
　　　　张同波：青建集团股份公司副总裁
　　　　张晋勋：北京城建集团有限责任公司总工程师
　　　　郝玉柱：山西交通控股集团有限公司总经理
　　　　胡德均：天津建工集团原总工程师
　　　　郭彦林：清华大学教授
　　　　梅　阳：《施工技术》杂志社副社长、执行主编
　　　　龚　剑：上海建工集团股份有限公司总工程师
　　　　景　万：中国建筑业协会副秘书长
　　　　薛永武：陕西省土木建筑学会理事长

委　员（按姓氏笔画排序）

王军	王胜	王伟	王存贵	王海云	王爱勋	王迎春	邓明胜
叶重农	令狐延	曲慧	曲成平	冯大阔	田万义	刘杨	刘明生
刘洪亮	刘爱玲	刘新玉	关军	林冰	闫永茂	许曙东	安占法
朱建潮	李宏伟	李娟	李铁良	李晨光	李景芳	杨煜	杨存成
杨晓毅	肖星	肖玉明	汪道金	宋伟俊	张文岭	张云富	张太清
张琨	张静	张礼庆	张志明	张其林	陈春雷	陈国栋	陈浩
陈德刚	陈春明	邵凯平	何纯涛	余地华	余流	邹厚存	范重
金振	金睿	郑勇	周桂云	赵林	赵福明	胡正华	郝绍金
段洪涛	侯玉杰	贾洪	郭正兴	郭海山	钱增志	高秋利	周予启
黄刚	尉家鑫	蒋立红	蒋金生	彭明祥	焦安亮	葛兴杰	韩宇峰
欧亚明	谭立新	薛刚	霍文营				

本套丛书编写人员名单

主　编：张可文　　　　　　　　副主编：梅　阳
参　编：王　露　李松山　焦军灵　王晓彤　徐　颖

3

前　言

随着经济社会的不断发展，建筑行业的整体规模正在不断地扩大。为了更好地提高建筑物的服务功能，需要采取有效的施工技术优化建筑结构，从根本上消除其中的安全隐患，延长建筑物的使用寿命。工程抗震加固技术的有效使用，保证了建筑结构良好的抗震性能，为人们带来了更加安全可靠的居住环境。不同的工程抗震加固技术在实际的应用中产生的作用效果有所区别，技术人员需要结合建筑物实际的功能特性选择最佳的抗震加固技术。

混凝土现场灌筑，虽然条件限制较多，施工工艺较复杂，设施费用较大，但结构的刚度、整体性和抗震性能都比预制装配式的为好，且可适应构件断面形状复杂、管道埋设及留洞较多等情况，并可节约钢材、水泥以及构件预制及运输、吊装费用。因此在建筑施工中有明显的优越性。当前的关键在于采取有效措施使各工序逐步走向定型化和工业化，以提高其经济技术效果。

与混凝土相比，钢结构具有轻质高强、材质均匀、塑性和韧性好、抗震性能优越等优点，而且钢结构符合建筑工业化要求的工厂化生产、装配化施工等特点，是建筑工业化发展的良好载体，也是建筑业现代化程度的直接体现。我国钢结构工程技术在深化设计、焊接技术、安装技术等各方面都取得了长足的进步，并建造了众多在世界范围内极具影响力的大跨度、超高层建筑工程，解决了众多技术难题。随着我国钢结构制造技术，加工、设计技术的不断进步，钢结构的材料性能不断提升，钢结构覆盖的建筑领域也逐步增大；随着数字化、机械化技术的发展，钢结构技术也朝着自动化、智能化的方向发展，钢结构必将在建筑业中占据日益重要的地位。本书介绍了天津高银117大厦、上海世茂深坑酒店、新沈阳南站、无锡恒隆广场、广西园林园艺博览会主展馆、宁夏国际会议中心、吉林市人民大剧院等重点工程项目的应用案例。

近年来，BIM技术无论在软件平台、工程示范、管理模式等方面，还是在标准、政策等方面都取得了长足发展。尤其是2013年以来，国家及各地政府、部门先后发布了大量相关政策，互联网、物联网、云计算、人工智能等技术的发展从技术上为BIM的发展带来了新的变革，同时，互联网＋、大数据、装配式建筑、一带一路等发展规划的提出也为BIM的发展提出了新的要求。本书结合深圳平安金融中心，天津周大福金融中心等超高层项目，介绍了BIM技术在工程中的应用。

如果阅读相关技术案例后尚不能解决您的疑惑，您可以通过每个案例专家所留Email给专家发电子邮件交流，还可以扫描封底二维码加入到"新技术圈"与同行和专家进行交流。进入"新技术圈"后，您可以将其作为一个平台，发布更多新技术，与更多同行交流，期待您的加入，让我们共同打造"新技术圈"。

目　录

第一章 概 述

1. 工程抗震

在对既有建筑进行抗震加固前，应依据其设防烈度、抗震设防类别、后续使用年限和结构类型，按现行国家标准《建筑抗震鉴定标准》（GB 50023—2009）的相应规定进行抗震鉴定。

既有建筑抗震加固的设计原则应符合下列要求：加固方案应根据抗震鉴定结果经综合分析后确定，分别采用房屋整体加固、区段加固或构件加固，以加强整体性、改善构件的受力状况、提高综合抗震能力；加固或新增构件的布置应消除或减少不利因素，防止局部加强导致结构刚度或强度突变；新增构件与原有构件之间应有可靠连接，新增的抗震墙、柱等竖向构件应有可靠的基础；加固所用材料类型与原结构相同时，其强度等级不应低于原结构材料的实际强度等级；对于不符合鉴定要求的女儿墙、门脸、出屋顶烟囱等易倒塌伤人的非结构构件应予以拆除或降低高度，需保持原高度时应加固。

抗震加固的施工应符合下列要求：应采取措施避免或减少损伤原结构构件；发现原结构或相关工程隐蔽部位的构造有严重缺陷时，应会同加固设计单位采取有效措施后方可继续施工；对可能导致的倾斜、开裂或局部倒塌等现象，应预先采取安全措施。

2. 结构检测·鉴定·加固工程

结构检测鉴定试验的思路是根据委托鉴定目的及要求，对建筑物或结构实体进行鉴定作业。通过对建筑实体进行现场初步勘查调查和了解的资料进行综合评判，拟定检测试验原则。依据适用标准、规范等进行检测、试验、计算、论证、综合分析等过程。最终对所受委托的建筑物或结构实体的质量及安全性做出准确、公正、严谨、科学的鉴定。

结构构件加固、改造遵守下述原则：方案制定的总体效应原则、材料的强度取值及选用原则、荷载计算原则、承载力验算原则、与抗震设防结合的原则、其他原则。

结构加固改造的方法如下：增大截面法、外包钢加固法、预应力加固法、改变受力体系加固法、粘钢加固法、粘贴碳纤维加固法、阻止钢筋锈蚀法、化学灌浆法、水泥灌浆和喷射修补法、加固地基基础法、建筑物纠偏扶正法、增层改造法。

结构加固改造工作程序：可靠性鉴定→加固改造方案的选择→加固改造设计→施工组织设计→加固施工→工程验收。

3. 钢结构工程概述

由于钢结构工程一般都是作为高层建筑的核心部位和受力结构，其质量的好坏直接影响到建筑物的安全性、结构性和耐久性，轻则影响正常使用，重则造成巨大经济损失和重大的人员伤亡。因此建筑钢结构工程被列为专项工程，国家及地方建设部门对钢结构工程质量非常重视，也相应地制定和颁布了多种包括分项工程方面的规范、标准和技术规程。随着高层建筑的日益普及，钢结构工程日益发挥其施工速度快、周期性短、节约模板、强度高、施工快，便于预制安装等优势，所以在工程中应用的越来越广泛。对此，国家针对建筑钢结构的施工特点，编制了《钢结构施工质量及验收规范》《钢结构焊接规程》等。

同时，有些行业的专家学者也编制了钢结构相关的行业和企业标准。

钢结构的加工流程一般是：放样→下料→铣端→钻孔→校正、装配→焊接→校正、打磨→除锈、涂装→堆放等。

4. 模板与脚手架工程概述

工程施工中，模板技术与脚手架技术密不可分。模板的功能是使混凝土构件浇筑成型，脚手架的功能既是支承作用到模板上的荷载，又是作业工人的施工平台架。

21世纪后，新型模板体系突出的发展如下。

1）模板的面板从单一的木胶合板模板，发展为竹胶合板、木面竹芯胶合板模板、铝合金模板和塑料模板等，并且，因为国家倡导绿色施工，铝合金模板因为周转使用次数多，能够实现百分之百回收，并且拼缝严密不漏浆，混凝土构件成型质量好等得到快速大量采用。

2）在模板支架方面，传统的扣件式钢管脚手架持续在现浇混凝土结构施工中普遍采用，轻型门式脚手架（主立杆 $\phi48$ 管径）在广州、湖南等地部分工程上少量采用；重型门式脚手架（主立杆 $\phi57$ 管径）在江苏桥梁工程上少量采用；碗扣式钢管脚手架持续在城市高架桥和公路桥的桥梁工程持续普遍采用，该支架特点是按国际惯例其立杆采用了 Q345 低合金钢管，单立杆可以承受 $40\sim50kN$ 荷载并规范化设置斜杆，大幅提升模板支撑架的整体稳固性，到今天已发展成为高支模的主流架体，在桥梁工程上开始推广应用。

3）在模板体系方面，基于铝合金模板的早拆模板体系真正在公建和高层办公楼工程的梁板楼面结构施工中得到应用，但如同当年"小钢模"的板块面积较小，安装与拆除的用工量偏大的缺点依然存在。在超高层建筑施工中，混凝土核心筒体结构施工的连带模板支撑的整体爬升作业平台技术得到迅速发展，其中代表性有中建的长行程液压千斤顶少支点一个施工层一次顶升到位的顶模技术和上海建工的短行程液压千斤顶多支点一个施工层多次顶升到位的整体爬升钢平台技术。在高度小于 $250m$ 的高层建筑施工中，分单元爬升的液压爬模技术也在一定数量的工程上得到应用。

4）在高层建筑施工的外脚手架方面，分段悬挑扣件式钢管脚手架、电动附着升降脚手架依然是主流外脚手架类型。但悄悄变化的是脚手架作业层的竹笆片变为钢网片，外围密目塑料网变为钢板网，单一的扣件式钢管脚手架变为部分开始采用盘扣式钢管脚手架。

现浇混凝土施工中模板脚手架涉及施工人员的作业安全，参与工程建设的业主、施工单位、监理单位和政府的管理部门均对模板脚手架的施工安全给予重点关注。回顾模板脚手架的发展史，不可否认与模板脚手架对应的国家标准、行业标准和产品标准在推广和应用新型模板与脚手架方面起到了关键的支撑作用。

5. 建筑工业化

建筑工业化指通过现代化的制造、运输、安装和科学管理的生产方式，来代替传统建筑业中分散的、低水平的、低效率的手工业生产方式。它的主要标志是建筑设计标准化、构配件生产工厂化，施工机械化和组织管理科学化。

建筑工业化颠覆传统建筑生产方式，最大特点是体现全生命周期的理念，将设计施工环节一体化，设计环节成为关键，该环节不仅是设计蓝图至施工图的过程，而需要将构配件标准、建造阶段的配套技术、建造规范等都纳入设计方案中，从而设计方案作为构配件生产标准及施工装配的指导文件。除此之外，PC 构件生产工艺也是关键，在 PC 构件生产过程中需要考虑到诸如模具设计及安装、混凝土配比等因素。与传统建筑生产方式相比，建筑工业化具有不可比拟的优势。提升工程建设效率。建筑工业化采取设计施工一体化生产方式，从建筑方案的设计开始，建筑物的设计就遵循一定的标准，如建筑物及其构配件的标准化与材料的定型化等，为大规模重复制造与施工打下基础。遵循工艺设计及深化设计标准，构配件可以实现工厂化的批量生产，及后续短暂的现场装配过程，建造过程大部分时间是在工厂采用机械化手段、一定技术工人操作完成。

建筑工业化首先应从设计开始，从结构入手，建立新型结构体系，包括钢结构体系、预制装配式结构体系，要让大部分的建筑构件，包括成品、半成品，实行工厂化作业。一是要建立新型结构体系，减少施工现场作业。多层建筑应由传统的砖混结构向预制框架结构发展；高层及小高层建筑应由框架向剪力墙或钢结构方向发展；施工上应从现场浇筑向预制构件、装配式方向发展；建筑构件、成品、半成品以后场化、工厂化生产制作为主。二是要加快施工新技术的研发力度，主要是在模板、支撑及脚手架施工方向有所创新，减少施工现场的湿作业。在清水混凝土施工、新型模板支撑和悬挑脚手架有所突破；在新型围护结构体系上，大力发展和应用新型墙体材料。三是要加快"四新"成果的推广应用力度，减少施工现场手工操作。在积极推广建设部十项新技术的基础上，加快这十项新技术的转化和提升力度，其中包括提高部品件的装配化、施工的机械化能力。

6. 混凝土概述

普通混凝土是由水泥、粗骨料（碎石或卵石）、细骨料（砂）、外加剂和水拌合，经硬化而成的一种人造石材。砂、石在混凝土中起骨架作用，并抑制水泥的收缩；水泥和水形成水泥浆，包裹在粗细骨料表面并填充骨料间的空隙。水泥浆体在硬化前起润滑作用，使混凝土拌合物具有良好工作性能，硬化后将骨料胶结在一起，形成坚强的整体。

混凝土的性质包括混凝土拌合物的和易性、混凝土强度、变形及耐久性等。

和易性又称工作性，是指混凝土拌合物在一定的施工条件下，便于各种施工工序的操作，以保证获得均匀密实的混凝土的性能。和易性是一项综合技术指标，包括流动性（稠度）、黏聚性和保水性3个主要方面。

强度是混凝土硬化后的主要力学性能，反映混凝土抵抗荷载的量化能力。混凝土强度包括抗压、抗拉、抗剪、抗弯、抗折及握裹强度。其中以抗压强度最大，抗拉强度最小。

混凝土的变形包括非荷载作用下的变形和荷载作用下的变形。非荷载作用下的变形有化学收缩、干湿变形及温度变形等。水泥用量过多，在混凝土的内部易产生化学收缩而引起微细裂缝。

混凝土耐久性是指混凝土在实际使用条件下抵抗各种破坏因素作用，长期保持强度和外观完整性的能力。包括混凝土的抗冻性、抗渗性、抗蚀性及抗碳化能力等。

现代混凝土的发展方向是商品混凝土，其特点是：集中搅拌，能严格在线控制原材料质量和配合比，能保证混凝土的质量要求；要求拌合物具有好的工作性，即高流动性、坍落度损失小，不泌水不离析、可泵性好；经济性，要求成本低，性能价格比高。

7. 信息化概述

建筑信息模型BIM（Building Information Modeling）是以三维数字技术为基础，集成建筑项目各种相关信息的产品信息模型，是对工程项目设施实体与功能特性的数字化表达。基于完整BIM模型可描述建筑全生命期各阶段建筑实体及其建设、使用过程的所有数据和信息，各参与方可随时查询、利用、更新和完善 BIM 模型信息，提高工程管理及决策水平。

近年来，BIM 技术无论在软件平台、工程示范、管理模式等方面，还是在标准、政策等方面都取得了长足的发展。尤其是 2013 年以来，国家及各地政府、部门先后发布了大量相关政策，互联网、物联网、云计算、人工智能等技术的发展既从技术上为 BIM 的发展带来了新的变革，互联网＋、大数据、装配式建筑、一带一路等国家发展规划的提出也为 BIM 的发展提出了新的要求。因此，有必要为近几年的 BIM 政策制定充分的调研分析，结合我国建筑业发展趋势为未来 BIM 政策的制定提供参考，更好地推动行业信息化变革与产业升级。

第二章 工程抗震

概述

我国是一个地震多发国家，近年发生的"5·12"四川汶川大地震、"4·14"青海玉树大地震、"4·20"四川芦山地震等，给我们带来了严重的灾害。公路桥梁作为生命线上的重要组成部分，一旦损毁，将严重影响救援和灾后重建。桥梁抗震越来越得到重视，目前已成为桥梁设计的必要内容。

在桥梁抗震方面，目前发展相对成熟，实际应用较为广泛的是减隔震技术。通过在梁体与墩台之间设置减隔震支座，一方面可以延长结构自振周期，减小地震力；另一方面，利用减隔震支座自身的阻尼性能进行滞回耗能，保护桥梁主体结构。

目前，应用较多的减震、隔震支座有普通板式橡胶支座、摩擦摇摆支座、铅芯橡胶支座和高阻尼隔震橡胶支座。高阻尼隔震橡胶支座（简称"HDR 隔震支座"）具有结构合理、外观简洁、阻尼效果好、技术性能稳定、维护成本低、耐久性能好等特点。HDR 隔震支座作为一种新型减隔震支座，经过近几年来的研究和应用，逐渐被桥梁工程界所接受。但是，由于设计工程师对高阻尼隔震橡胶支座的抗震性能、适用性、经济性等方面了解不够，且 HDR 隔震支座在抗震分析计算和参数选取上比普通板式橡胶支座复杂，因此在一定程度上阻碍了 HDR 隔震支座的推广应用。

第一节 高阻尼隔震橡胶支座对桥梁抗震性能的影响分析

（一）概述

高阻尼隔震橡胶支座是采用特殊配制的橡胶材料（如掺石墨）与钢板等构件硫化而成的一种橡胶支座。其橡胶材料黏性大，自身可吸收能量，在强震作用下，支座变形产生大阻尼，大量消耗进入结构体系的能量，以达到控制结构内力分布及大小的目的。

通过对 HDR 隔震支座进行试验研究，发现其滞回环面积比较饱满，根据《公路桥梁高阻尼隔震橡胶支座》JT/T 842—2012，可以采用双线性恢复力模型来模拟，如图 2-1 所示。图中，K_1 为屈服前刚度，K_2 为屈服后刚度，K_h 为水平等效刚度，X_y 为屈服位移，Q_y 为屈服力，X 为 E_2 地震作用下的容许剪切位移，Q 为对应 X 的水平剪切力。

HDR 隔震支座的屈服力 Q_y 较小，在地震作用下，支座容易屈服，从而发生弹塑性变形，通过快速往返运动大量消耗桥梁结构的振动能量，并将上部结构传递至桥墩、桥台的地震力控制在一定范围内。由于屈服后刚度 K_2 远小于屈服前刚度 K_1，从而水平等效刚度 K_h 很小，因此增大了桥梁结构的柔性，延长了自振周期，进而降低了桥梁结构的地震力响应。

与 HDR 隔震支座配套的滑动型支座是在支座本体上方增设了聚四氟乙烯板和不锈钢

板，在滑动摩擦前发生弹性，滑动之后摩擦力恒定，其力学模型如图 2-2 所示。图中，K_0 为滑动前水平刚度，X_y 为屈服位移，Q_y 为滑动摩擦力。滑动型支座的滑动摩擦力 Q_y 较小，在地震作用下，支座发生滑动后，通过往返运动、摩擦耗能，同时将上部结构传递至桥墩、桥台的地震力控制在滑动摩擦力 Q_y 以下。

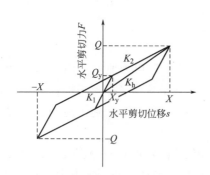

图 2-1　HDR 隔震支座双线性恢复力模型

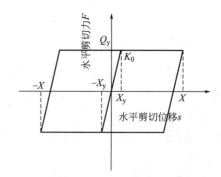

图 2-2　滑动型支座力学模型

（二）典型案例

四川省雅安至康定高速公路青衣江特大桥位于雅安市雨城区，大桥横跨青衣江库区，主桥推荐桥型方案采用（42＋75＋42）m 和（42＋70＋42）m 预应力混凝土连续梁跨越河堤，江中采用 4×46.5m 预应力混凝土简支 T 梁，两岸引桥采用多孔 30.5m、30.95m 预应力混凝土简支 T 梁，全桥长 1421.6m。桥梁结构分幅设置，半幅桥宽为 12.25m。本部分取其中具有代表性一联桥进行分析研究，孔跨布置为 4×30.95m，上部梁体横向由 5 片简支 T 梁组成，纵向采用桥面连续构造。桥梁结构如图 2-3 所示。

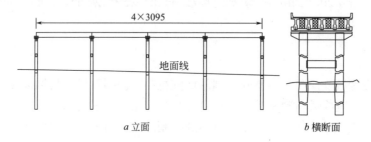

a 立面　　　　　　　　*b* 横断面

图 2-3　桥梁结构（单位：cm）

为方便研究，假定各桥墩高度相同、地质条件相同。墩高分别取 15、20、25、30m 四种情况。墩柱直径为 1.6m，桩基直径为 1.8m。

根据本项目两阶段施工图设计文件，中间 3 个桥墩处采用高阻尼隔震橡胶支座，型号为 HDR（Ⅱ）320×420×127-G0.8，即Ⅱ型矩形高阻尼隔震橡胶支座，纵桥向尺寸为 370mm，横桥向尺寸为 420mm，高度为 127mm，剪切模量为 0.8MPa；在剪应变为 150% 时，其主要力学参数为：$K_1 = 4170$kN/m，$K_2 = 1190$kN/m，$K_h = 1510$kN/m，$X_y = 10.1$mm，$Q_y = 42$kN，容许剪切位移 $X = 126$mm，竖向承载力 $P = 1360$kN，竖向压缩刚度 $K_v = 777000$kN/m，等效阻尼比 $\xi = 12\%$。2 个交界墩处采用滑动型支座，型号为

LNR（H）320×420×137，即纵桥向尺寸为370mm，横桥向尺寸为420mm，高度为137mm；其主要力学参数为：$K_0=1710$kN/m，$X_y=25.1$mm，$Q_y=43$kN，竖向承载力$P=1440$kN，竖向压缩刚度$K_v=735000$kN/m。

为对比研究，若采用常规静力设计，根据支反力和支座剪切位移计算结果，中间3个桥墩处普通板式橡胶支座的规格为GJZ300×450×63；其主要力学参数为：竖向承载力$P=1260$kN，动剪切模量$G_d=1.2$MPa，水平抗剪刚度$K_h=3600$kN/m，竖向压缩刚度$K_v=1464509$kN/m。交界墩处四氟滑板橡胶支座的规格为GJZF4300×450×65；其主要力学参数为：摩擦系数$\mu=0.06$，滑动前水平刚度$K_0=3600$kN/m，竖向压缩刚度$K_v=1464509$kN/m，滑动摩擦力Q_y根据恒荷载作用下的支反力计算。

"5·12"汶川大地震后，根据GB 18306—2001《中国地震动参数区划图》第1号修改单，本项目场地地震动峰值加速度为0.1g，地震动反应谱特征周期0.40s，场地类型为Ⅱ类，地震基本烈度为Ⅶ度。

【施工要点】

1. 桥梁抗震性能分析

根据JTG/TB 02-01—2008《公路桥梁抗震设计细则》，雅康路青衣江特大桥为B类，并采用两级设防，即在E1地震作用时，桥梁结构一般不受损坏或不需要修复，可继续使用；E2地震作用时应保证不致倒塌或产生严重结构损伤，经临时加固后可供维持应急交通使用。E1地震作用时，采用多振型非弹性反应谱法（等效线性化分析法）进行抗震计算。E2作用时，采用3组人工时程波进行非线性时程分析计算，取3组计算结果的最大值。E1地震作用（地震超越概率取50年10%）时，本项目的设计加速度反应谱如图2-4所示，抗震重要性系数取0.5，场地系数和阻尼调整系数均为1.0。E2地震作用（地震超越概率取50年2%）时的人工时程波如图2-5所示，最大加速度峰值为1.95m/s²。

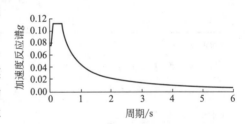

图2-4 E1地震作用时加速度反应谱

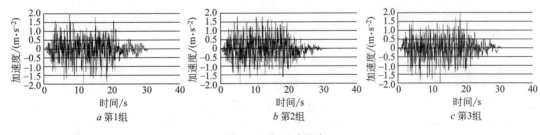

a 第1组　　　　　　　b 第2组　　　　　　　c 第3组

图2-5 人工时程波

E1和E2地震作用下，根据不同支座类型、不同墩高，各计算了8种工况。抗震计算采用空间有限元程序Midas Civil 2015。主梁、桥墩、系梁和桩基均采用梁单元，计算模型如图2-6所示。在进行E1地震作用下的多振型非弹性反应谱分析计算时，普通板式橡胶支座、四氟滑板橡胶支座、HDR隔震支座以及滑动型支座均采用弹性连接。其中四氟滑板橡胶支座和滑动型支座的水平剪切刚度为0，HDR隔震支座的水平剪切刚度取水平等效刚度。当 HDR 隔震支座的剪应变计算值不等于 150% 时，需要通过迭代计算确定其水平等效刚度。在进行 E2 地震作用下的非线性时程分析计算时，普通板式橡胶支座采用弹性连接；四氟滑板橡胶支座、HDR 隔震支座以及滑动型支座采用一般连接中双线性恢复力模型。

图 2-6　抗震计算模型

E1 地震作用下，分别采用普通板式橡胶支座（交界墩处为四氟滑板橡胶支座）和高阻尼隔震橡胶支座（交界墩处为滑动型支座），计算结果如表 2-1 所示。E2 地震作用下，分别采用普通板式橡胶支座（交界墩处为四氟滑板橡胶支座）和高阻尼隔震橡胶支座（交界墩处为滑动型支座），计算结果如表 2-2 所示。

E1 地震作用下桥梁结构响应　　　　　　　　　　　表 2-1

墩高(m)		设普通板式橡胶支座				设高阻尼隔振橡胶支座			
		15	20	25	30	15	20	25	30
纵桥向振动第1阶周期(s)		2.322	2.914	3.586	4.323	2.691	3.282	3.973	4.744
横桥向振动第1阶周期(s)		1.223	1.374	1.579	1.835	1.679	1.788	1.943	2.148
纵桥向地震响应	墩底弯矩(kN·m)	1150	1193	1197	1194	1085	1153	1177	1184
	墩顶位移(m)	0.018	0.026	0.035	0.045	0.017	0.026	0.036	0.046
	梁端位移(m)	0.028	0.035	0.043	0.052	0.032	0.039	0.047	0.057
	支座剪切位移(mm)	8.2	6.8	5.8	5.4	13.7	11.5	9.9	8.8
横桥向地震响应	墩底弯矩(kN·m)	728	914	1045	1136	665	880	1018	995
	墩顶位移(m)	0.004	0.007	0.011	0.015	0.004	0.006	0.01	0.013
	梁端位移(m)	0.017	0.019	0.021	0.024	0.021	0.023	0.025	0.027
	剪切位移(mm)	9.6	8.8	7.8	7.1	16.1	15.5	15.1	13.8

E2 地震作用下桥梁结构响应　　　　　　　　　　　表 2-2

墩高(m)		设普通板式橡胶支座				设高阻尼隔振橡胶支座			
		15	20	25	30	15	20	25	30
纵桥向地震响应	墩底弯矩(kN·m)	5080	5696	5889	6015	4603	5438	5670	5738
	墩顶位移(m)	0.078	0.124	0.169	0.224	0.072	0.122	0.171	0.226
	梁端位移(m)	0.123	0.16	0.201	0.254	0.129	0.164	0.212	0.26
	支座剪切位移(mm)	39	32	27.2	26.5	52.1	38.6	31.6	30

墩高（m）		设普通板式橡胶支座				设高阻尼隔振橡胶支座			
		15	20	25	30	15	20	25	30
横桥向地震响应	墩底弯矩（kN·m）	3042	3831	4519	4606	2146	2855	3321	3792
	墩顶位移（m）	0.017	0.03	0.048	0.062	0.012	0.022	0.033	0.052
	梁端位移（m）	0.065	0.075	0.09	0.092	0.063	0.084	0.084	0.097
	剪切位移（mm）	42.8	37.1	31.3	30	49.1	57.6	51.1	45.6

从上述分析结果可知，设置高阻尼隔震橡胶支座时与设置普通板式橡胶支座时相比：

1）能适当延长结构自振周期 $0.3\sim0.45$s；在 E1 地震作用下，HDR 隔震支座的剪切位移略小，其水平等效刚度 K_h 接近弹性刚度 K_1，隔震效果不明显。

2）在 E1 地震作用下，纵桥向墩底弯矩减小 $0.8\%\sim5.7\%$；横桥向墩底弯矩减小 $2.6\%\sim12.4\%$；墩高越矮，隔震效果越好。

3）在 E1 地震作用下，墩顶位移影响较小，但是梁端位移和支座剪切变形稍有增大，桥梁需要增加限位措施。

4）在 E2 地震作用下，纵桥向墩底弯矩减小 $3.7\%\sim9.4\%$；横桥向墩底弯矩减小 $17.7\%\sim29.5\%$；墩高越矮，隔震效果越好。

5）在 E2 地震作用下，墩顶位移和梁端位移影响较小，支座剪切变形量显著增大。

2. HDR 隔震支座的适用性分析

根据 8 种工况抗震分析计算，高阻尼隔震橡胶支座对延长结构自振周期、减小地震作用下桥墩内力有利，并且墩高不同，高阻尼隔震橡胶支座的隔震效果也不同，如图 2-7 所示。

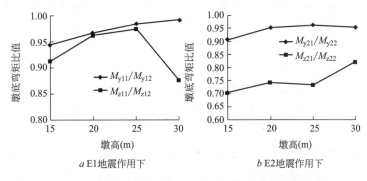

a E1 地震作用下   *b* E2 地震作用下

图 2-7　不同地震作用下墩底弯矩比值随墩高变化示意

图 2-7 中，M_{y11} 指 E1 地震作用下，设置高阻尼隔震橡胶支座时墩底纵桥向弯矩；M_{y12} 指 E1 地震作用下，设置普通板式橡胶支座时墩底纵桥向弯矩；M_{z11} 指 E1 地震作用下，设置高阻尼隔震橡胶支座时墩底横桥向弯矩；M_{z12} 指 E1 地震作用下，设置普通板式橡胶支座时墩底横桥向弯矩；M_{y21}、M_{y22}、M_{z21}、M_{z22} 为 E2 地震作用下相应的墩底弯矩。

从图 2-7 可以看出，高阻尼隔震橡胶支座对矮墩桥梁的减隔震效果要好于高墩桥梁；且对横桥向的减隔震效果好于纵桥向，说明当结构自振周期越小、刚度越大时，采用高阻尼隔震橡胶支座时桥梁的抗震性能较好。横桥向个别数据出现偏离，是因为桥墩在横桥向为框架结构，且各桥墩横桥向振动不一致。

同一支座，在同一条地震时程波作用下，墩高分别为15m、30m时HDR隔震支座的滞回环如图2-8所示。从图2-8可对比看出，桥墩高度越小，高阻尼隔震橡胶支座的剪切位移越大，滞回环面积越大，耗能作用越大。

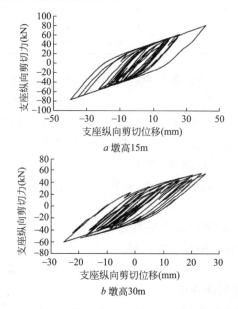

图2-8　HDR隔震支座在时程波作用下纵向剪切力-位移曲线

桥梁的跨径、墩高千差万别，不便从结构尺寸上来定量化评判高阻尼隔震橡胶支座的适用性，比较合适的指标是结构的自振周期，从加速度反应谱曲线和分析结果来看，当对结构地震响应起主要贡献的振型对应的自振周期都＜3s且地震烈度较高时，适宜采用高阻尼隔震橡胶支座。

【专家提示】

★ 高阻尼隔震橡胶支座在近几年逐步得到发展和应用，其水平等效刚度较小，能延长结构自振周期，同时具有双线性恢复力模型特性，在地震反复作用下能形成滞回环进行耗能，减小地震力。

★ 对于公路常规简支梁桥，通过与普通板式橡胶支座进行对比，在墩高较矮、结构自振周期较小时，采用高阻尼隔震橡胶支座可以改善桥梁结构的抗震性能；当墩高较大时，结构自振周期较长，高阻尼隔震橡胶支座的减隔震效果不明显。

★ 设置高阻尼隔震橡胶支座的桥梁，支座剪切位移和梁端位移稍大，需要配套设置纵向、横向限位装置，如挡块、钢拉杆、抗震缓冲橡胶垫等。

★ 当对结构地震响应起主要贡献的振型对应的自振周期都＜3s且地震烈度较高时，适宜采用高阻尼隔震橡胶支座。

专家简介：

杨艳，攀枝花学院交通与汽车工程学院，E-mail：37362770@qq.com

第二节　某文化中心临地铁隔振技术分析与应用

技术名称	临地铁隔振技术分析与应用
工程名称	某文化中心
施工单位	中国新兴建设开发总公司三公司
工程概况	某文化中心位于北京市石景山区，占地面积约8800m²，总建筑面积约4.1万m²，地下3层，地上8层，建筑高46.62m，主要建筑功能有文化馆、非物质文化遗产保护中心、展览馆、全民健身中心、博物馆、实体书店、多厅影院、地下车库及配套设施用房，如图2-9所示 图2-9　某文化中心效果

【施工要点】

在建地铁6号线穿越了本工程西北角正下方，地铁隧道结构顶部至文化中心基础底板距离5m，如图2-10所示。由于文化中心有影院、录音室、剧场、博物馆等对噪声与振动极为敏感的功能区域，因此需要对主体建筑进行隔振减振处理。

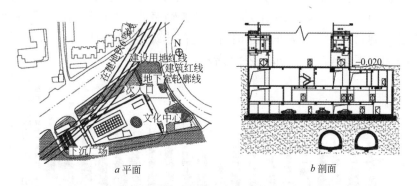

a 平面　　　　　　　　　　　　　　*b* 剖面

图2-10　在建地铁与文化中心位置关系

1. 噪声与振动控制方案选择

1）振动与二次辐射噪声限值

依据 GB 10070—1988《城市区域环境振动标准》，城市各类区域铅垂向 Z 级振动标准限值如表2-3所示。列车通过文化中心建筑时作为振动源，会将振动传递给建筑物，建筑物侧墙及楼板的振动会产生二次辐射噪声，依据 JGJ/T 170—2009《城市轨道交通引起建筑物振动与二次辐射噪声限值及其测量方法标准》，二次辐射噪声标准限值如表2-4所示。

城市区域环境振动标准限值（dB）   表2-3

适用范围地带	昼间	夜间
特殊住宅区	65	65
居住文教区	70	67
混合区、商业中心区	75	72

二次辐射噪声标准限值〔dB（A）〕   表2-4

适用地带范围	昼间	夜间
特殊住宅区	38	35
居住文教区	38	35
混合区、商业中心区	41	38

根据本工程的建筑功能划分，其所在区域为"居住文教区"，振动标准限值：昼间
70dB，夜间67dB；二次辐射噪声标准限值：昼间38dB（A），夜间35dB（A）。

2）振动与二次辐射噪声预测

为预估文化中心内部由地铁引起的噪声与振动情况，选择了具有类似地质条件的建筑
作为文化中心的类比建筑，该类比建筑物为位于地铁10号线正上方的1栋商业建筑，其
下土层结构从上至下依次为填土、粉细砂、粉土、卵石层，地铁隧道位于卵石层、顶部距
离类比建筑物基础层约60m。这与文化中心填土、粉土、卵石层的地质结构颇为相似，对
预估振动情况有很高的置信度。

在地铁运行高峰时段依据 GB 10070—1988《城市区域环境振动标准》测量该建筑物
在20次列车通过时的Z级环境振动1/3倍频带中心频率最大振级 VL_{zmax}，如图2-11所示；
并依据 JGJ/T 170—2009《城市轨道交通引起建筑物振动与二次辐射噪声限值及其测量方
法标准》测量该建筑物在5次列车通过时所引起的建筑物二次辐射噪声A声压级各1/3倍
频带中心频率最大振级 VL_{zmax}，如图2-12所示。

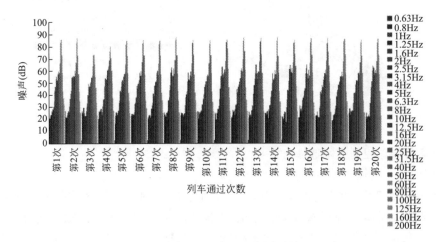

图2-11　Z级环境振动分频最大振级 VL_{zmax}

根据全身振动Z计权因子进行数据修正计算，地铁通过对建筑物所造成的环境振动在

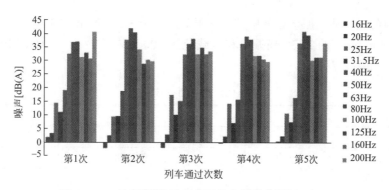

图 2-12 二次辐射噪声 A 声压级分频最大振级 VL_{zmax}

76.9～89.6dB（表 2-5），超过表 2-3 中所列出的昼间 70dB，夜间 67dB 的标准。环境振动最大 Z 振级 VL_{Zmax} 平均值高达 87.0dB，超过标准限值达 17.0dB。

20 次列车通过时环境振动 Z 振级　　　　　　　　表 2-5

测次	1	2	3	4	5	6	7	8	9	10
振级	87.9	88.7	76.9	82.2	86.5	87.3	86.6	89.6	87.3	86.9
测次	11	12	13	14	15	16	17	18	19	20
振级	88.1	89.1	88.9	89.2	87.3	88.1	88.4	87.9	87.1	87.8

根据全身振动 Z 计权因子进行数据修正计算，地铁通过对建筑物所造成的二次辐射噪声在 42.0～44.5dB（A）（见表 2-6），超过表 2-4 中昼间 38dB（A），夜间 35dB（A）的标准。二次辐射噪声 A 声压级平均值为 42.8dB（A），超过标准限值 4.8dB（A）。

5 次列车通过时二次辐射噪声 A 声压级〔dB（A）〕　　　　　　　　表 2-6

测次	1	2	3	4	5
二次辐射噪声	43.1	44.5	42	42.5	42.8

由于类比项目的地铁路段埋深为 60m，而地铁经过文化中心段埋深为 16.4m。按照能量衰减原理进行修正：距离每增加 1 倍，能量衰减 3dB。因此预测文化中心振动噪声情况的数据基础时，应考虑 6dB 距离衰减余量。

文化中心受地铁环境振动影响的预测值为：87＋6＝93dB；文化中心受地铁二次辐射噪声影响的预测值为：42.8＋6＝48.8dB（A）。

3）噪声与振动控制方案

为使文化中心的环境振动和二次辐射噪声情况符合国家标准，地铁方和文化中心需要共同承担的隔振量为 93.0－67＝26dB、降噪量为 48.8－35＝13.8dB（A）。

在建地铁下穿文化中心段采用钢弹簧浮置板减振措施，根据以往工程经验，钢弹簧浮置板的隔振量可达到 15dB。为使文化中心的各敏感功能区满足国家相关振动与噪声标准要求，采用橡胶隔振垫对文化中心建筑主体作被动隔振措施，其隔振量应≥10dB，同时二次噪声衰减量≥10dB（A）。

4）隔振材料选型

根据设计单位提供的重力荷载标准下基础反力，橡胶隔振垫材料需要承载 50～

$800kN/m^2$ 的荷载，从隔振垫系列中选出承载范围 $50\sim150kN/m^2$ 的 R480 隔振垫、承载范围 $150\sim300kN/m^2$ 的 R550 隔振垫和承载范围 $300\sim800kN/m^2$ 的 R800 隔振垫，隔振垫相应形变量如表 2-7 所示。

隔振垫性能参数　　　　　　　　　　　　　　　　　　表 2-7

型号	R480	R550	R800
厚度（mm）	30	30	30
荷载（$kN \cdot m^{-2}$）	$50\sim150$	$150\sim300$	$300\sim800$
形变量（mm）	$2.8\sim6.3$	$3.4\sim5.7$	$3.9\sim7.7$
固有频率（Hz）	$13.5\sim16$	$13.5\sim15$	$13\sim13.5$

隔振垫的固有频率会直接影响其隔振效果，其固有频率可随着材料厚度的提高而降低，考虑工程成本，采用 30mm 厚隔振垫，其固有频率如表 2-7 所示。根据既有工程经验，地铁引起建筑物振动的峰值频率通常在 $40\sim80Hz$，从隔振垫固有频率的倍频率起，3种型号隔振垫在振动峰值频率起到隔振作用。

2. 噪声与振动控制效果分析

1）隔振垫减振性能和声学性能测试

① 隔振试验：在清华大学建筑物理实验室进行隔振垫 R480、R550、R800 型号隔振试验。在实心混凝土隔振台上将重击球从距离振动台面 1m 的位置自由落体，测量分别由硬质钢块、隔振垫 R480、R550、R800 型号支撑的满足设计荷载的混凝土板的振动加速度级，测量数据如图 2-13 所示。

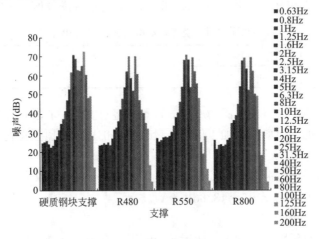

图 2-13　隔振试验实测数据

② 隔振量及降噪量计算：根据硬质钢块及隔振垫 R480、R550、R800 的隔振测量结果，计算隔振垫作为支撑物与硬质钢块作为支撑物时，混凝土板的 $0.63\sim80Hz$ 各 1/3 倍频带中心频率的隔振量（图 2-14）及 $16\sim200Hz$ 各 1/3 倍频带中心频率的降噪量（图 2-15）。

③ 隔振类比计算：以位于地铁正上方的某商业建筑的环境振动测量结果为振动类比源强，叠加隔振垫 R480、R550、R800 型号在实验室隔振台上得到的实测隔振量，计算得到铺设隔振垫后该商业建筑各 1/3 倍频带中心频率的环境振动值，如图 2-16 所示。根据

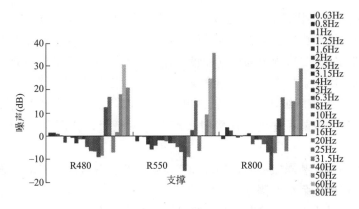

图 2-14　环境振动分频隔振量

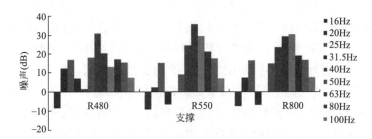

图 2-15　二次辐射噪声分频降噪量

全身振动 Z 计权因子进行数据修正计算，铺设隔振垫后环境振动 Z 振级分别为 72.0dB、76.3dB、74.3dB；计算铺设隔振垫前后 Z 振级之差，即得到各隔振垫的振动 VL_{zmax} 降低量，分别为 15.0dB、10.7dB、12.7dB（表 2-8）。

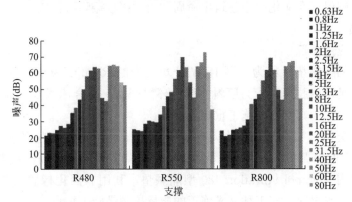

图 2-16　环境振动 Z 振级分频类比计算

隔振垫隔振量测试结果　　　　　　　　　　　　　　表 2-8

型号	R450	R550	R800
厚度（mm）	30	30	30
荷载（kN·m^{-2}）	150	300	800
振动 VL_{zmax} 降低量（dB）	15	10.7	12.7
二次辐射噪声 L_{Aeq} 降低量［dB(A)］	16.9	14.7	17.2

④ 二次辐射噪声类比计算：以位于地铁正上方的某商业建筑的轨道交通引起建筑物二次辐射噪声测量结果为二次辐射噪声类比源强，叠加隔振垫 R480、R550、R800 在实验室减振台上得到的实测二次辐射噪声降噪量，计算得到铺设隔振垫后该商业建筑各 1/3 倍频带中心频率的二次辐射噪声值。根据全身振动 Z 计权因子进行数据修正计算，铺设隔振垫后二次辐射噪声 A 声压级，分别为 25.9dB、28.1dB、25.6dB；计算铺设隔振垫前后 A 声压级之差，即得到各隔振垫的二次辐射噪声 L_{Aeq} 降低量，分别为 16.9、14.7、17.2dB（表 2-8）。

试验结果表明，安装隔振垫后，振动和二次噪声的衰减量均可满足标准限值要求。

3. 隔振垫物理性能耐久性测试

由于被动隔振措施为地下隐蔽工程，橡胶隔振垫在长期承受建筑重力荷载作用下，必须仍能保证良好的工作性能。对隔振垫 R480、R550、R800 分别选取 100mm×100mm×30mm 试样，在长期疲劳性能测试前后，使用荷载控制方式对试样进行压缩加载，获得荷载-位移曲线，并基于该荷载-位移曲线计算材料的比静态切线模量和静态切线模量；长期疲劳性能测试前后，进行试样不同初始应力下的动态性能测试，获取材料的比动态模量、动态模量、损失因子、固有频率等动态参数；以试样极限荷载的 50% 和 100% 分别进行 150 万次的循环荷载作用下的长期性能测试，其目的是：①获得长期性能测试过程中，材料动态参数的变化规律；②为材料的静态和动态性能在长期性能测试前后的变化提供基础。

根据测试结果，3 种型号的材料在长期循环压缩荷载测试前后，可以很好地保持材料的静态和动态性能，所有指标在长期循环压缩荷载测试前后的变化率均在 ±10% 以内，且绝大部分数据点的变化率在 ±5% 以内。长期循环压缩荷载作用，对材料的各项性能指标无显著影响，能够保证在文化中心建筑生命周期内发挥减振降噪作用。

【工程应用】

1. 隔振措施应用概况

本工程采用的隔振垫材料为德国 BSW 公司生产的 Regupol vibration 480、550、800 型橡胶隔振垫，是以橡胶聚氨酯为原料的绿色环保产品，符合德国及欧洲各项质量标准。在橡胶隔振垫的应用中，有下列施工重难点。

应用型号种类多：根据基底反力及外墙侧向土压力，底板处选用 Regupol vibration 480、550、800 型的隔振垫，3 种型号隔振垫交错布置，要求每块隔振垫准确定位，施工难度大；外墙选用 Regupol vibration 480 型隔振垫，利用非固化橡胶沥青防水涂料粘贴后，再喷涂沥青防水材料，多工种交叉施工的质量控制是施工重点。

单块橡胶隔振垫尺寸大：根据 BSW 厂家提供的数据，常规使用的隔振垫长边尺寸在 400mm 以内，而本工程使用的隔振垫长 2000mm、宽 1150mm，厚度分别为 15、10mm，施工中的铺装误差控制有极高要求。

单体工程用量大：本工程共需铺装约 23000m² 橡胶隔振垫，其中 Regupol vibration 480 型约 11700m²，Regupol vibration550 型约 6300m²，Regupol vibration800 型约 4800m²。如此大面积的隔振铺装施工，必须在施工中精细管理、严格履行验收程序，确保铺装部位准确、质量合格。

2. 施工流程

底面隔振垫施工：铺贴防水层→划分底面区块并标识→分层错缝安装隔振垫→铝箔胶带封贴对缝→铺设聚乙烯薄膜→浇筑细石混凝土保护层。

按照设计好的隔振垫应力分配图，用皮尺和记号笔在底面划线，将安装不同型号隔振垫的区域准确分隔开，并在每个独立分隔的区块用相应的彩色喷漆标志清楚（图 2-17）。

标记完成后开始安装隔振垫，应一个型号安装完成后安装另一型号，不得交叉施工。平面第 1 层隔振垫直接铺装在防水层上，第 1 层铺装完成验收后，将上一层直接铺装在下一层上。有条件时，第 2 层隔振垫铺装时要和第 1 层错缝，第 3 层要和第 2 层错缝。隔振垫之间对缝，严禁搭缝，对缝必须密实。最上层隔振垫对缝处用铝箔胶带粘贴，粘贴后用滚轮压实。

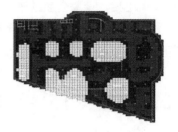

图 2-17　底板橡胶隔振垫布置

底板高低跨、集水坑、底板外防水导墙立面采用环保型专用橡塑胶水粘贴，每片隔振垫 3～6 个粘贴点，横向 3 个，竖向 1～2 个。粘贴点直径 200mm，中心间距均为 600mm。

外墙面隔振垫施工：喷涂非固化橡胶沥青防水涂料→粘贴 R480 型隔振垫→喷涂沥青防水材料→粘贴防水卷材。

R480 型隔振垫直接粘贴在非固化橡胶沥青防水涂料层上，用木槌敲实。隔振垫之间对缝，严禁搭缝，对缝必须密实。

在隔振垫上喷涂 2mm 沥青防水材料，将隔振垫之间可能存在的缝隙填满。

3. 施工验收

隔振材料进场后，施工单位会同建设单位、监理单位、材料代理商对隔振垫的商检证明资料、外观质量、规格尺寸进行共同验收，相关要求如表 2-9 所示。

铺装施工前，作业面防水层上不得有漏洞、气孔、空鼓、凸起等缺陷，不得有积水、砂石或其他任何杂物。

铺装完成后，建设单位、监理单位、施工单位共同对施工质量进行验收。

橡胶隔振垫施工验收要求　　　　　　　　　　　　　　　　表 2-9

	验收内容	验收指标	验收方法	要求
材料	外观质量	成型质量	目测	无明显孔洞、橡胶颗粒粘接不均匀等瑕疵
	规格尺寸	尺寸偏差	盒尺、游标卡尺	长、宽：±10mm；厚度：±1.5mm
作业面	基底	表面质量	目测	不得有漏洞、气孔、空鼓、凸起等缺陷，不得有积水、砂土或其他任何杂物
	外墙	表面质量	目测	不得有漏洞、气孔、空鼓、凸起等缺陷
施工质量	型号	—	现场检查	与布置图核对无误
	同层对接	缝隙尺寸	游标卡尺	对缝，严禁搭缝，对缝必须密实，缝隙宽度<5mm
	上下层错缝	—	现场检查	同型号隔振垫上下层错缝
	粘贴点	数量	现场检查	每片隔振垫 3～6 个粘贴点，横向 3 个竖向 1～2 个
	封缝处理	—	现场检查	铝箔胶带粘贴后用滚轮压实
	防渗处理	搭缝宽度	盒尺	聚乙烯薄膜搭缝拼接，搭缝宽度≥200mm，搭缝处用胶带粘贴

【专家提示】

★ 此项隔振技术的应用，通过实测计算、试验计算，精确预测隔振效果，结合建筑使用情况确定最佳隔振方案，并成功地完成了工程的隔振施工。地下轨道交通在城市建设中发展迅猛，难免会穿越地上建筑物，在一些深基坑或对振动较敏感的建筑物区域需要采用有效的主动及被动减振措施来减少振动对建筑使用功能的影响，故该技术有着广阔的应用前景。

专家简介：

李海青，中国新兴建设开发总公司三公司，E-mail：hai19891120@163.com

第三章 结构检测·鉴定·加固工程与案例分析

第一节 杭州国际博览中心既有结构室内改造拆除施工技术研究

技术名称	既有结构室内改造拆除施工技术研究
工程名称	杭州国际博览中心
施工单位	杭州市建设工程质量安全监督总站
工程概况	杭州国际博览中心适应性改造工程中,钢结构主体结构改造主要涉及会议1区、会展2区、屋面城市客厅平台等部位(图3-1)。其中拆除构件数1128件,主要为H型钢、钢管柱、拼接H型钢,总重约1870.766t。增加部位构件总数662件,主要为H型钢、箱形柱,总重约820.69t。 在改造工程施工中,改造工程施工区域分为第1区至第12区共12个施工区,如图3-2所示。针对室内改造拆除工程的施工特点,现以具有代表性的第3、9施工区域对新增夹层改造拆除施工技术进行说明  图3-1 改造区域示意 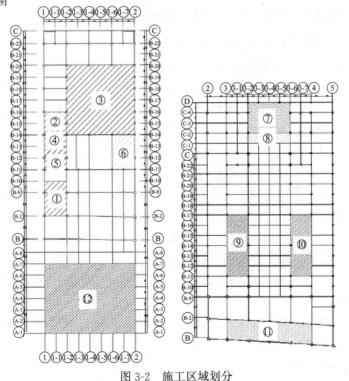 图3-2 施工区域划分

【工程难点】

1. 拆除结构施工难

由于在建筑内部进行局部区域结构的拆除，使用大型机械设备难，为保证起重机等大型机械作业，需对结构进行加固。

拆除过程中因为用到火焰切割，加热后的钢结构易产生塑性变形，影响拆除部分周围结构稳定性。

2. 水平运输及垂直运输

室内改造工程的施工受到周围已有建筑物约束限制，钢构件及施工设备无法直接运抵安装位置，需要进行多次倒运，水平及垂直运输难度大。

3. 解决措施

根据新设计方案，做好结构稳定验算与分析，编制改造工程专项施工方案并报批，现场严格按照已经获批准方案组织施工，针对拆装过程中可能出现的结构失稳问题，做好加固措施，必须坚持"先支后拆，后支先拆；先拆次构件，后拆主构件"的原则，合理安排施工工序。

根据施工任务划分施工区域，合理设置水平运输及垂直运输通道，选择合适的运输设备，制定现场内、外运输管理办法及日、周运输计划，指定专人负责场内外运输管理，根据现场变化及时调整运输计划，有序、高效地运输。

【施工要点】

1. 施工工艺流程

室内新增夹层改造拆除施工技术施工工艺流程如图3-3所示。

2. 室内新增夹层改造拆除工程施工方法及措施

第3施工区域为 B-20～B-14 轴交 1-2～② 轴之间的报告厅钢结构拆除改造工程，标高6.200～22.800m，主要拆除任务为：标高6.200m处水平钢框架层，单根最重钢梁重约33.427t；标高7.800m处倾斜阶梯层，单根最重钢梁重约12.63t；标高11.800m处夹层，单根最重钢梁重约3.27t；标高15.800m处2层，单根最重钢梁重约15t；标高21.400m处2层夹层，单根最重钢梁重约13.85t。

第3施工区域拆除作业从中央开始向四周渐进施工，标高6.200m水平钢框架层和7.800m处倾斜阶梯层上下2层，采用2台25t汽车式起重机拆除、1台10t叉车辅助作业。汽车式起重机路线通道铺设路基箱，部分较重构件拆除时下方设置支撑胎架，给起重机站位点的地下一层和二层设置支撑胎架，防止意外事故发生。

新增夹层拆除顺序如下：采用叉车安装支撑架结构（图3-4a）→人工拆除～汽车式起重机部分→铺设路基箱，使用起重机拆除21.000m标高构件→切除15.000m标高处钢梁钢柱→切除12.000m标高处钢梁钢柱→切除7.800m标高处钢梁钢柱（图3-4b）→拆除6.000m标高构件（图3-4c）。

针对第3施工区域改造施工设计要求，利用X-steel软件建立三维模型，以便指导拆除改造施工。

1）次梁拆除方法

对于无支撑胎架的次梁，采用卷扬机及人工拆除。首先砸除梁切割位置、焊接吊耳位

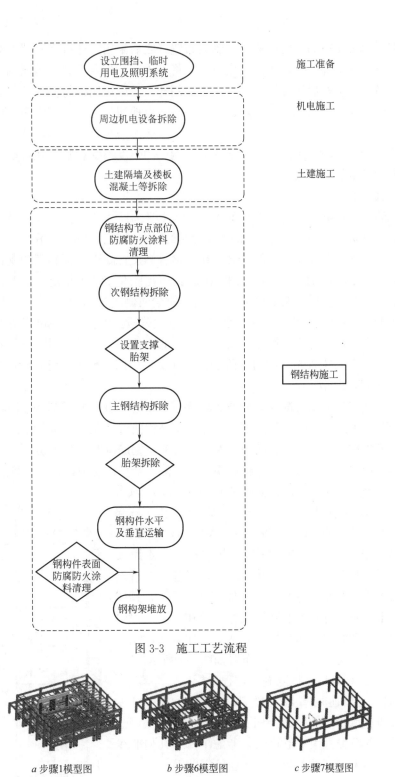

图 3-3 施工工艺流程

a 步骤1模型图　　　　b 步骤6模型图　　　　c 步骤7模型图

图 3-4 拆除步骤模型

置及焊接码板位置的防火涂料，然后焊接吊耳、码板，进而安装吊索或倒链，切割梁的两侧，采用卷扬机或者手拉倒链将次梁吊至地面。

对于需要设置支撑胎架的次梁，在胎架布置好之后采用上述拆除次梁的方法将该部分次梁拆除，对于剩余部分，利用高空作业车，将工人送至作业位置，给梁的上翼缘和腹板焊接吊耳，吊耳焊接好后连接倒链，再将腹板割开，最后用倒链将切除的部分缓慢放置安全位置，运至地面。采用此方法将剩余部分一点一点地切除完毕，切除完后将不平整的位置打磨平整。

在拆除次梁过程中防止被拆除次梁两侧的钢梁的强度不受影响，在切割次梁时可从被拆除次梁两侧钢梁的翼缘板边缘垂直切下。

2）主梁拆除方法

大跨度的主梁在拆除前先给主梁两侧架设支撑胎架，再焊接吊耳，吊耳焊接完成后，采用汽车式起重机辅助提吊，然后同时切割钢梁两侧，切除完成之后吊至地面。

对于无法使用汽车式起重机的主梁，在主梁两侧设置高于梁顶标高的支撑胎架，支撑胎架下端铺设 H 型钢，使得在拆除过程中支撑胎架上的力传到混凝土梁上，避免楼层板直接承受集中荷载。支撑胎架上设置 H 型钢，使梁两侧支撑胎架和 H 型钢构成龙门架形状，然后在 H 型钢上安装卷扬机或者手动葫芦依次分段拆除主钢梁和四周框架钢梁。

在拆除主梁过程中为防止钢柱的局部强度降低，切除钢柱周围用阻燃材料包裹，在切割主梁时保持距离钢柱 20mm 同时分段切割，切除之后用打磨机将切割面打磨平整。

3）钢骨柱拆除方法

由于钢骨柱外包钢筋混凝土，单根总重约 22t，为了保证拆除效率和拆除的安全性，将钢骨柱分两段拆除，拆除过程如下：首先采用高空曲臂作业平台车将工人送至相应工作位置分别将钢骨柱顶端、中间及底部的混凝土砸除，钢筋割断，漏出钢柱。然后在钢柱顶端焊接吊耳，用汽车式起重机将钢柱提稳进行割除，最后吊至地面，运出场外。

本工程考虑用 25t 汽车式起重机在 1、3 区吊装，汽车式起重机采用后侧方作业，起吊物体最大为 11t，汽车式起重机行走路线及工作支腿下部铺设 5 根 HW300×300×15×15 工字钢焊接成型的路基箱，汽车式起重机的行走路线即路基箱的铺设如图 3-5 所示，并且对汽车式起重机行走路线下部结构用支撑胎架进行加固，如图 3-6 所示，具体的汽车式起重机施工过程中的结构验算以及在拆除工程中支撑胎架的安装和胎架下部结构验算本文不作叙述，相关内容可以进微信群交流。支撑胎架布置如图 3-7 所示。

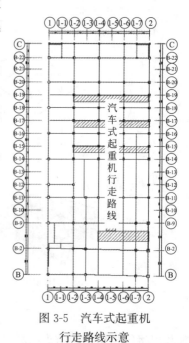

图 3-5　汽车式起重机
行走路线示意

4）第 9 施工区域结构拆除施工过程分析

利用国际大型通用有限元软件 ANSYS11 的 Multiphysics 分析模块来完成，采用 beam188，link10 单元，计算方法采用二阶弹性大变形算法，考虑了材料几何非线性的影响，从而考虑了结构构件的弹性稳定性。

第 9 区改造施工过程中，结构最大组合应力约 60.4MPa，远低于 Q345 设计应力值；结构最大挠度约 −12.5mm；水平位移均不超过 2mm，施工过程中结构状态稳定，施工措施合理，方案可行性较好。

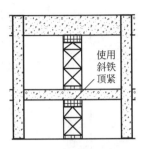

图 3-6　地下室支撑胎架布置

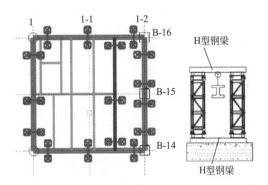

图 3-7　胎架支撑布置

【专家提示】

★ 经过对第 3、9 施工区域改造施工过程研究，能更好地了解到新增夹层改造拆除施工所遇到的问题，目前使用状况良好，证明改造加固方法正确有效，为后续类似改造施工积累了宝贵的施工经验。

专家简介：

陈安东，杭州市建设工程质量安全监督总站副站长，高级工程师，E-mail：1063168834@qq.com

第二节　无粘结预应力混凝土楼板开洞改造施工技术

（一）概述

在房屋改造项目中，常常遇到要针对既有楼板进行开洞的情况。普通混凝土楼板开洞会破坏原有传力路径，导致洞边板块承载力降低。而对于无粘结预应力混凝土楼板，由于预应力筋在楼板中通常为多跨连续布置，开洞则可能由于预应力钢筋的切断导致开洞楼盖出现结构安全问题。同时，如果施工中出现预应力筋的不当截断，其产生的冲击作用极易造成安全事故。限于目前技术手段，在无粘结预应力混凝土楼板开洞改造施工中，还只能采用预应力筋先放张再重张的施工工艺，在此过程中由于楼板受力体系的显著变化而引起的施工安全风险控制需要予以特别重视。

（二）典型案例

技术名称	无粘结预应力混凝土楼板开洞改造施工技术
工程名称	长沙某商住楼
检测单位	长沙理工大学土木与建筑学院
工程概况	长沙某商住楼建造于 2004 年，位于长沙市火车站附近，建筑总高度 99.8m，采用大底盘双塔楼结构。其大底盘裙楼共 3 层，建筑总高度 14.4m，采用无粘结预应力混凝土楼盖结构，原设计为普通商业物业。2013 年 6 月，为了提升物业档次和服务质量，业主决定增设自动扶梯，需要对楼板进行大尺寸开洞改造。

如图 3-8 所示,开洞区域位于楼板板格的角部,开洞尺寸为 7.3m×3.4m;原设计中此区域楼盖采用双向无粘结预应力布筋(ϕ^s15.2mm 钢绞线),其中开间方向上布筋间距为 400mm,进深方向上布筋间距为 500mm

工程概况

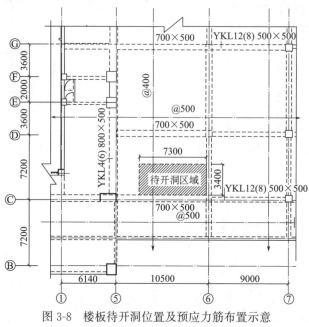

图 3-8　楼板待开洞位置及预应力筋布置示意

由于洞口边缘封闭组合钢板框加固方案仅适用于楼板开洞尺寸较小的情况,而本工程楼板开洞尺寸较大,此时宜采用洞边新增支撑梁法进行加固。如图 3-9 所示,本工程设计采用了洞边新增支撑梁法加固,同时采用碳纤维布对洞口周边板面进行加固。

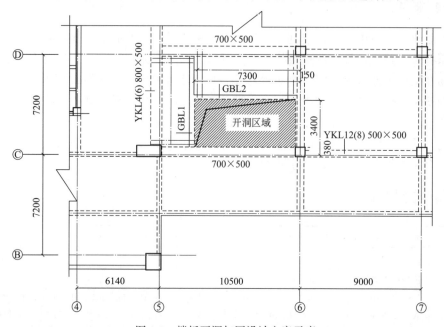

图 3-9　楼板开洞加固设计方案示意

【工程要点】

1. 临时支撑设置问题

由于楼板中无粘结预应力筋通常为多跨连续布置，当开洞尺寸较大时，施工中对预应力筋连续切断会导致多跨板块承载力的严重下降，因此一般要求对受影响区域的楼板设置临时支撑系统。由于受到下层支撑楼板受力安全的限制，临时支撑系统通常只能选择满堂支架，同时需配合可调支托，确保临时支撑设置时与所支托楼板间为有效支撑。

设置临时支撑系统会大大增加无粘结预应力混凝土楼板开洞改造项目的成本和工期，同时影响开洞板块周边板格及其下一楼层相应区域的正常使用，因此通过技术手段解决需设置临时支撑的问题会有明显的经济效果。

通过对模拟预应力筋切断的有限元分析发现，当每次仅切断 1 根预应力筋时，相邻板格所能承受活荷载设计值仅下降不超过 $0.18kN/m^2$，在短期使用条件下，不会出现楼板结构受力安全问题。因此，本工程采用逐根预应力筋切断、重张的施工工艺，解决了需要设置临时支撑的问题。

2. 新增支撑梁施工时间问题

当采用满堂支架临时支撑时，新增支撑梁可以在洞口处混凝土凿除后，再进行施工。本工程未采用临时支撑，当进行洞口混凝土凿除时，会由于开洞板块传力路径的破坏，在洞口边缘产生较严重的应力集中，可能导致开洞范围以外的楼板出现破坏。

模拟凿除开洞处混凝土开洞板块的施工过程应力状态，取施工活荷载标准值为 $0.5kN/m^2$，恒荷载标准值取楼板自重和装修面层 $0.6kN/m^2$，考虑凿除混凝土洞口尺寸为 7.3m×3.4m，不设置支撑梁与设置支撑梁的分析结果如图 3-10 所示。

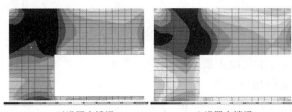

a 不设置支撑梁　　　　　*b* 设置支撑梁

图 3-10　凿除混凝土后板应力云图

从图 3-10*a* 可以看出，当不设置支撑梁时，开洞板块在开洞边缘右上角区，开洞范围外板顶出现高拉应力区（3.6MPa），在开洞边缘左上角区，开洞范围外出现高剪应力区（−2.16MPa）。从图 3-10*b* 可以看出，设置支撑梁后，开洞板块在开洞边缘右上角区的板顶拉应力降低到 0.7MPa，在开洞边缘左上角区的剪应力降低为−0.88MPa。

因此，从确保施工过程结构安全的角度出发，本工程确定先完成新增支撑梁的施工后，再进行洞口处混凝土的凿除施工。

3. 预应力筋放张及重张

为解决预应力筋放张的安全施工问题，采用预应力钢筋放张装置，重新设计了专用的预应力钢筋放张装置，如图 3-11 所示。

待新增支撑梁施工完成后，可进行开洞处混凝土的凿除及预应力放张及重张施工，具体实施步骤如下：

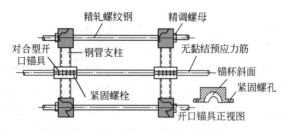

图 3-11 专用预应力钢筋放张工具

① 在开洞区域位置下方设置满堂支架平台系统，作为预应力筋放张及重张时施工操作平台、施工废料堆料平台和安全防护平台。

② 根据检测结果，对待开洞区域的预应力筋位置进行放样；按图 3-12 所示，在垂直于待开洞口边缘，对各预应力筋进行放张及重张作业开洞区放样。

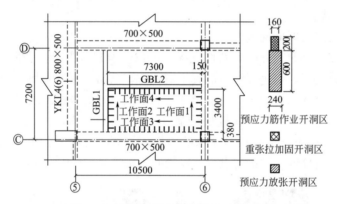

图 3-12 预应力放张楼板作业开洞示意

③ 按图 3-12 所示的作业面先后顺序，根据放好的开洞区位置，按照每次 1 根预应力筋，采用人工剔凿法进行楼板开洞。

④ 去除放张开洞区内的预应力筋护套和油脂，安装专用预应力筋放张工具，利用对合型开口锚具稳固夹持预应力筋后，向内旋转精调螺母，待放张工具内部的预应力筋完全松弛后，对其进行切断；缓慢向外旋转精调螺母，使外部预应力筋慢慢松弛，卸除放张工具。

⑤ 清理重张拉开洞区，在清理出的槽口内安装螺旋式间接钢筋，高强无收缩灌浆料填实，待强度达到要求后，安装夹片锚和锚垫板，进行预应力筋的重张拉。

循环③～⑤，完成全部开洞区域内预应力筋的放张和重张施工。

4. 施工工艺流程

合理的施工工艺流程可以降低施工成本、提高施工作业的安全可靠性。针对本工程的具体实际情况，采取如下的施工工艺流程（图 3-13）。

【专家提示】

本文结合长沙某高层裙楼楼板开洞改造项目，对无粘结预应力混凝土楼板开洞改造施工方案设计中，若干关键技术问题进行了分析和说明，得出一些可供参考的建议。

★ 在无粘结预应力混凝土楼板开洞改造项目中，宜通过控制预应力筋单次切断数量

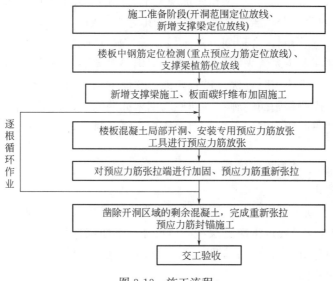

图 3-13　施工流程

来解决需要设置大范围施工临时支架问题。

　★ 开洞尺寸较大，设计有新增支撑梁时，宜先完成新增支撑梁的施工，再进行楼板混凝土凿除。

　★ 在开洞改造施工中，宜采用专用的预应力筋放张工具，平缓完成预应力的释放，确保预应力筋切断时的施工安全。

专家简介：

许红胜，长沙理工大学土木与建筑学院副教授，E-mail：hongsheng74@163.com

第三节　老旧小区住宅楼综合改造技术与管理

技术名称	老旧小区住宅楼综合改造技术与管理
工程名称	中央国家机关投资改造的西罗园 21 号楼综合整治项目
施工单位	中国新兴建设开发总公司二公司
工程概况	本工程为中央国家机关投资改造的西罗园 21 号楼综合整治项目。该工程为单体建筑,建成于 1985 年,总建筑面积为 14580.79m²,建筑高度 68.7m。其中地上 22 层,地下 3 层。综合整治设计包括建筑节能改造、建筑内公共部位整治、建筑单体外部整治、室内设备管线及洁具整治、室外环境整治、地下室及地下人防改造整治六大内容。其中重点改造内容为外檐阳台栏板加固、外墙增加保温并重新涂刷、更换节能外窗、空调室外机规整;屋面原有做法拆除重新施工;户内暖气系统更换,厨房卫生间内上下水、燃气管道的更换并恢复防水及装饰;电梯厅楼梯间等公共区域重新装修

【工程难点】

　本工程为老旧小区综合整治项目，楼内共有 8 个单元 176 户，进户施工且住户不搬离。通过分析，将工程的特点和难点总结如下。

1. 综合改造特点

1）住户对改造的意愿、是否配合工程改造直接关系到整个工程的施工策划。

2）入户改造、带户施工，扰民和民扰现象不可规避，大量的居民协调工作尤为重要。

3）结合施工内容，兼顾居民生活，合理安排施工计划。

4）充分考虑气候影响，合理划分流水段，确定施工顺序。在外檐装修和室内暖气系统改造时，力争要在冬季寒流来临之前完成，但仍要考虑不可预见因素的影响导致计划工期会延误数日。在组织施工时要优先进行西侧、北侧背阳面的外檐装修和户内暖气系统改造，再进行东侧、南侧朝阳面的施工。即使工期未如期完成，朝阳面剩余的外檐施工也可在大气温度较高的时间段内完成，东、南面住户未能及时供暖也不至于由于体感阴冷而无法过夜。

5）拆除阶段施工噪声不可避免，要制定详细的施工计划。

2. 综合改造难点

1）拆除前需切断上下水，如何解决居民正常生活是小区改造工程的难点。

2）由于住户外窗已经过多次更换，洞口尺寸、平面位置错综不一。

3）户内改造点多面广，项目管理人员无法时时逐户监管到位，户内物品如何保护、避免污染和破坏是难点。

4）如何保证住户家中有人配合正常入户施工关系到工程是否能够按时顺利展开。

5）带户施工改造时确保安全是此类工程的安全管理难点。

【施工要点】

1. 楼内临时上下水体系安装与应用

为了解决因改造时切断上下水对居民正常生活的影响，经过研讨，在本楼的废弃垃圾道安装了临时上下水系统，并在每层设置取水龙头和墩布池供居民生活使用。

2. 外保温与窗框节点处理技术

增加外墙保温会有个别外墙出现保温压框现象，这种做法容易造成渗漏水，且外观上减少了外窗的可视面积，极不美观，如图 3-14 所示。

为避免发生冷桥和减少无窗时间过长给住户带来的影响，采用对传统的钢副框进行替换，不再使用 20mm×40mm 的钢副框，取而代之的是与外窗框型材一致的塑钢副框，如图 3-15 所示。

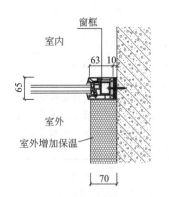

图 3-14 外墙保温与窗框冲突节点

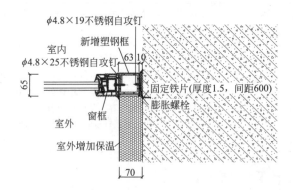

图 3-15 外窗塑钢副框节点

这种做法在避免发生冷桥现象的同时很好地解决了室外收口问题，同时还很好地简化了室内恢复的问题，简单的一步打胶即可完成。

3. 外窗口避免渗漏水做法

1）外窗应安装于结构实体之上，窗框外皮距结构应≥30mm；如果窗框安装与结构平齐，会有渗漏水隐患，更不得安装于外保温板范围内。

2）窗框与结构洞口之间空隙处外侧可采用保温砂浆分遍抹灰封堵，内侧空隙用发泡胶填充（由发泡胶直接填充的空隙宜≤20mm）。对于个别结构洞口尺寸偏差或者磕碰损伤较严重的，需要先对结构进行修补，再进行空隙封堵。

3）窗口上做滴水槽，在窗口下做金属披水板的措施避免窗框渗漏水现象，如图 3-16 所示。

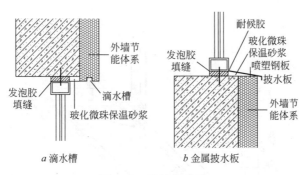

图 3-16　防渗漏做法

4. 阳台栏板加固技术

1）将空裂的面层饰面和抹灰层剔除。

2）对外露钢筋进行除锈处理，并涂刷阻锈剂。

3）清除剔凿后的阳台栏板竖向拼缝内和阳台栏板与底部挑板的水平拼缝内的松散混凝土和砂浆，采用聚合物水泥灌浆料将水平缝灌满，竖向缝用水润湿后填抹聚合物砂浆找平至未剔除的饰面层，厚度 30mm。

4）绑扎 HRB400 级 ϕ6 钢筋网片，双向间距 200mm，钢筋与主体结构和挑板采用植筋方式连接，植筋深度 60mm，如图 3-17 所示。

5）抹聚合物砂浆找平厚度 25mm（将钢筋网片压入找平层中）。

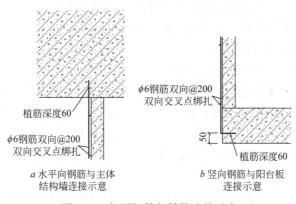

图 3-17　加固钢筋与结构连接示意

5. 双向可调式空调室外机支架研制

由于建设单位要求对原有外墙上安装零乱的空调室外机进行统一规整，因此本工程空调室外机需要重新安装。老旧小区设计没有空调板，需要安装空调支架。如果在保温施工后安装空调支架，会造成固定空调支架的膨胀螺栓在外保温内的自由端较长，无法保证空调支架的整体刚度，需要在外保温施工前安装空调支架。空调支架安装的横向间距是根据空调室外机下部的支腿间距确定的。不同规格、品牌的空调室外机下部支腿的间距不同。为了尽量减少对住户的打扰、提高工作效率，项目部自主研制了双向可调式空调支架，满足了不同规格、品牌、功率在2匹以内的空调室外机统一间距安装的需求，如图3-18所示。

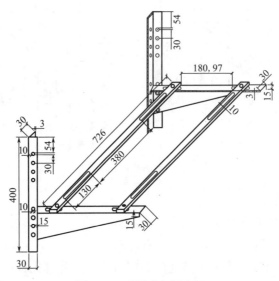

图 3-18　可调式空调支架

6. 综合改造的组织管理

1）与住户沟通

改造前做好入户调研工作，逐户建立档案。同时与住户签订拆改协议，明确拆改内容及范围。

拆除前要至少提前1周时间通知住户改造计划。管道更换后的恢复工作则要求住户要给予大力配合，保证工序衔接，尽快完成装修恢复。

2）减少对住户正常生活的影响

由于本次改造不涉及住户电路系统改造，因此在改造期间可以通过提供电磁炉解决做饭问题；通过在楼内公共区域每层设置临时上下水来解决生活用水问题；此外可以在合理空置房设置公共卫生间来解决居民洗澡、上厕所问题。

逐户测量窗口尺寸，编号登记，可在入户走访时同步进行，确保加工窗框尺寸精确。在外窗拆除安装时要核实确定该户外窗是否已进场待装，保证拆除、安装两道工序同日完成，杜绝无窗隔夜。

改造工程与新建工程不同，顶层为居民住房。为避免突发降雨和屋面湿作业造成屋面渗漏，可在拆除后立即做1层聚乙烯丙纶临时防水，避免发生渗漏给住户带来损失。

3）合理安排组织工序

本工程开工时间为 2014 年 8 月 20 日，考虑到居民夏季使用空调和雨期施工等影响因素，外檐施工和空调室外机拆除安排在 2014 年 10 月 1 号开始，2014 年 11 月 15 日完成；为避开冬雨期施工影响，保证工程质量，同时考虑外墙施工所用吊篮拆除后方可进行屋面施工，屋面拆除工程安排在 2015 年 3 月 1 日开始，2015 年 4 月 1 日完成。

组织排水管道拆除施工时，务必将整个竖向排水立管所涉及的用户家中的马桶和热水器内的存水泄水完毕后，再进行排水管道拆除，拆除顺序由上向下进行，避免楼上住户恶意使用排水对楼下已经拆完的住户家中造成污染。

拆除卫生间墙面、地面时要谨慎剔凿避免对暗埋管道造成破坏，不慎破坏需及时发现及时修补，对于修补后的暗埋管道要在末端安装丝堵并按规范打压检测确保无渗漏后再进行下道工序施工，避免出现渗漏造成返工等诸多不良影响。

【专家提示】

★ 西罗园 21 号楼综合整治项目不仅包括外檐及屋面节能改造、公共部位翻新，还涵盖了室内各种管线更换、装修恢复，且整个改造期间楼内住户不能搬离安置，需带户施工。通过精心策划、严格管理，勇于创新、积极协调，内外改造彻底不留隐患，整体效果良好，改善了居住环境，不但达到了改造后的预期目标，而且获得了建设单位和全楼住户的一致好评。作为首批试点项目为同类老旧小区改造积累了经验，具有一定的借鉴意义。

专家简介：

杨志峰，中国新兴建设开发总公司二公司教授级高级工程师，100071，E-mail：jishuchu6@126.com

第四节　既有公共建筑改造中光伏建筑一体化设计研究

（一）概述

1. 既有公共建筑面临的能耗问题

根据《中国建筑节能年度发展研究报告 2015》能耗状况统计，从用能总量来看，既有公共建筑的能耗已经成为中国建筑能耗中比例最大的一部分。清华大学调查数据显示：我国国家机关办公楼和大型公共建筑虽占城镇面积不足 4% 的占有量，却消耗着近 22% 的城镇总耗电量。这个数目为同等面积普通民居的 10～20 倍，是发达国家同类建筑的 1.5～2 倍。将既有公共建筑节能改造作为重点，带动其他既有建筑节能改造的实施，可以以点带面地为建筑节能发展起到积极示范作用。正如清华大学江亿院士所说，我国建筑用电主要集中在住宅和公共建筑（一般性和大型公共建筑）2 个主要类型，其中，仅部分设备改造就可以节约能耗 30%～50%，而全面节能措施应用可以节约能耗 50%～70%。可见，既有公共建筑的绿色节能改造已成为建筑节能减排和发展绿色城市面临的主要待解决问题之一。

2. 既有公共建筑光伏一体化的优势（EPBIPV）

光伏建筑一体化（BIPV），是指与建筑物同时设计、施工、安装，并与建筑物形式结合的太阳能光伏发电系统，也称为"构件型"或"建材型"太阳能光伏一体化建筑。BI-PV中的光伏系统既为建筑提供电力，又在形式上作为建筑构件和材料而存在。

基于这个意义，本文提出既有公共建筑光伏一体化EPBIPV（existing public building integrated photovoltaic）的概念，即首先在既有公共建筑改造前对建筑进行评估，确定建筑具有安装光伏系统的可实施性，然后将光伏系统融入建筑改造设计和施工中，使其既满足建筑职能（围护功能和设计美学），又能满足光电转换职能。

(二) 典型案例

1. EPBIPV

（1）EPBIPV的经济和环境优势

物尽其用是建立资源节约、环境友好型社会的原则。EPBIPV正是以该原则为核心的改造模式。首先，既有公共建筑光伏一体化设计的对象是既有公共建筑，相对于拆除老建筑再造新建筑的环境影响、资源消耗、经济投入来说，在既有建筑上进行改造更具有可持续的综合效益。其次，经过评估，具有采用光伏系统一体化改造设计可能性的既有公共建筑，其成本主要由初始投资和维护费用两部分组成。而光伏一体化系统运行简单，维护费用不高，主要的经济成本分析主要集中在初始投资和有效发电量。初始投资中，光伏组件及逆变器等关键设备部分投入占了整个系统投资成本的60%。从2009年开始，该部分的成本直线下降；根据IHS分析，欧洲太阳能组件价格可能降低20%；2016年4月欧洲太阳能联盟（SAFE）新研究证实，太阳能价格可以更低。

（2）EPBIPV的附加效益

既有公共建筑光伏一体化设计的附加效益体现在建筑形式、技术、造价等各个方面：①对建筑外围护结构表面有效利用（屋顶和墙面）这使得既有公共建筑在不破坏原有建筑功能、结构和周边环境的基础上，能够更加高效地利用昂贵的土地。②光伏电池的形式多样化也为光电一体化在既有公共建筑中的融合提供了条件。为了适应多元需要，光伏电池的形式从单面不透光超白玻电池，衍生出双面发电透光电池；由硬质电池板，发展出半柔性和柔性电池；另外，还有新型彩色光伏模块。③光伏构件安装在屋顶或者墙体上，可以直接吸收太阳能，同时遮挡直射阳光，降低室内热负荷。

2. BIPV模式

随着光伏与建筑一体化水平不断提高，一体化形式的可行性选择也日益丰富：①屋顶结合安装坡屋顶、平屋顶，功能：保温隔热、采光、照明、遮阳、通风；②立面结合安装光伏幕墙、光伏遮阳板，功能：保温隔热、采光、遮阳、节省建筑面积。光伏与建筑一体化应用技术可以利用太阳能的可再生能源来发电，又可作为多功能建筑材料构成实际的建筑构件，为建筑提供采光、遮阳、通风等附加功能。

（1）屋顶光伏建筑一体化

建筑物屋顶具有日照条件好、不易受遮挡、可以充分接受太阳辐射等优势。利用光伏屋顶一体化可以充分利用屋顶空间。设计中，屋顶光伏系统存在3种做法：开放支架安装、封闭屋顶支架安装、多功能直接支架安装（图3-19）。既有公共建筑屋面BIPV改造要解决的问题比较复杂，要根据改造工程的实际现状来选择相适合的改造措施，过程中应特别注意保温和防水两方面的处理。

a 开放支架安装PV
（一体化程度最低）　　　*b* 封闭屋顶支架安装PV
（较完整的一体化）　　　*c* 多功能直接支架安装PV
（完全整合型一体化）

图 3-19　屋顶光伏系统

1）斜坡屋顶形式：公共建筑的屋顶形式中采用斜坡屋顶较为广泛。其中包括单坡、双坡、四坡、弧形坡等形式，具体因设计需要而异。安装在坡屋面上的光伏组件应选择顺坡镶嵌或顺坡架空设置。顺坡架空在坡屋面上的光伏组件与屋面间宜留＞100mm 的通风间隙，以降低光伏组件背面的升温和确保安装维护的空间。

2）平屋顶形式：平屋顶上设置光伏模块时，组件与水平面之间应该有一个倾角。为了使光伏阵列获得单位活动面积上最多最理想的全年太阳能发电量，光伏阵列的倾角应该按照光伏方阵所在的地理位置考虑。

由于各地接受太阳辐射情况均不同，在水平面直射和散射辐射已知的条件下，需要根据太阳高度角和方位角计算倾斜面辐射总量。通过公式计算，可以得出不同地区最佳倾角，如上海 30°，北京 36°，广州 22°，昆明 24°等。另外，由于模块间会互相遮挡，因此屋顶只有一部分面积可布置阵列，要降低"模块面积/屋顶面积"的比值。平屋顶的光伏一体化设计结合太阳朝向形成锯齿状屋面，也可以起到采集光能，同时丰富内部空间的效果。

（2）改造中的结合方式及防水保温

1）结合方式：在屋顶的 BIPV 应用中，不同种类的结合方式可以被利用起来，如与传统集成框架、非集成框架、屋顶材料等结合，如图 3-20、图 3-21 所示。而在光伏模块

a 集成框架

b 非集成框架

c 屋面材料

图 3-20　斜坡屋顶

a 集成框架

b 独立支撑结构

c 屋面材料

图 3-21　平屋顶

上，选择也非常广泛，如框架式模块、金属基底的透明可变或薄膜结构、太阳能电池屋面瓦、透明单晶模块、彩色太阳能电池模块等。基于不同的结合要求，所有的模块参数（机械的和电动的）都可以预制。

2）防水保温：光伏屋面体系的防水可以分为 3 部分：屋面板内部防水、屋面板上下连接防水和屋面板左右连接防水。光伏屋面板内部防水存在于与边框组件和框架之间的缝隙处，可以将密封橡胶条放置于缝隙之上，然后装上防水盖条。屋面板上下连接防水系统是常见的屋面板搭接防水，所以屋面板的施工方向是严格按照从下到上安装的。光伏屋面左右连接防水是在左右连接缝隙上加防水盖条，这个系统中施工可以不用依照顺序，比较灵活，屋面系统完成后统一安装防水盖条。

光伏屋顶的保温性能可以从屋顶的热惰性指标和传热阻两个方面来分析。如封闭通风流道的光伏屋顶的热惰性指标和传热阻最大，带通风流道的光伏屋顶的次之，不带通风流道的光伏屋顶的再次，但要比普通屋顶的指标都高。因此在相同条件下封闭通风流道的光伏屋顶单位时间内、单位面积上的热损失最小，对建筑节能最有利。

（3）立面光伏建筑一体化

建筑的外立面可以提供给光伏系统采集光能，其优势在于立面往往有足够的面积。根据 BIPV 与建筑立面结合的位置不同，光伏发电系统在立面整合中通常主要有光伏遮阳和光伏幕墙。

1）光伏遮阳构件：遮阳构件在建筑中的应用不仅可以遮挡太阳辐射，保证建筑通风，节约夏季空调制冷用能，同时也能成为建筑立面的一种重要的组成元素。将光伏模块与建筑外遮阳面板结合，不仅不影响建筑功能使用，满足建筑遮阳需要，还能利用太阳能为建筑提供电力，实现遮阳、装饰和发电等多项功能的协调统一。光伏遮阳构件的布置方式有水平、垂直，以及由此演化出的综合遮阳方式，如图 3-22 所示。

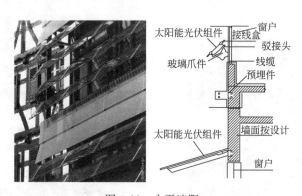

图 3-22　水平遮阳

2）光伏幕墙：光伏幕墙是光伏电池与建筑立面结合的另一种形式，能够充分利用建筑的立面面积。但光伏幕墙若完全垂直于水平面，则光电转化效率只有光伏板朝向阳光最佳倾角效果的 30%～40%。根据玻璃结构和建筑立面结合情况的不同，光伏幕墙主要有外挂式光伏幕墙（图 3-23a）、夹层玻璃光伏幕墙、双层光伏幕墙、光伏窗、结构式光伏幕墙等。

内置百叶式光伏幕墙（图 3-23b）属于双层光伏幕墙中的一种常见做法，是在双层玻

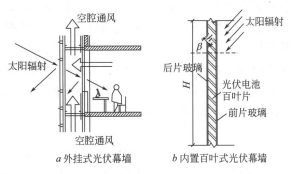

图 3-23　光伏幕墙形式

璃中加入 1 层倾斜百叶状的非晶硅光伏组件。通过光伏百叶发电，同时遮阳。百叶式光伏幕墙中的关键点在于百叶的倾斜角度 β 的确定。设定一个 $H \times L$ 的百叶式光伏幕墙单元，百叶尺寸为 $h \times L$，倾角为 β，百叶受光面积 S 与倾角和太阳阴影范围的关系为：

$$S_{(x)} = (h - h')HL / [(h - h')\sin\beta + h\cos\beta\tan h_s]$$

式中　　H——幕墙单元高度（mm）；

　　　　h——光伏百叶高度（mm）；

　　　　L——光伏百叶宽度（mm）；

　　　　h'——太阳直射点到光伏百叶阴影端距离（mm）；

　　$h - h'$——太阳直射点到光伏百叶受光端距离（mm）；

　　　　h_s——当地夏至日太阳高度角；

　　　　β——光伏百叶倾斜角度。

【施工要点】

为了保证光伏建筑的高效性、实用性、美观性等因素，既有公建光伏一体化设计要综合考虑各方面因素，如与既有公建的整合设计、安全要求、技术措施等。在设计过程中，应采用整体设计理念，在保证建筑功能、结构和美观原则的前提下，充分发挥光伏系统的作用。

1. 改造原则

（1）安全性原则

光伏组件的安全性是光伏一体化设计中的首要原则。在既有公建中，BIPV 系统除了其本身的光电转化职责外，必须同时满足作为建筑物构件所承担的受力、隔热、防水、遮阳等建筑职能。在整合过程中，光伏组件根据不同的安装方式和部位，会有相应的力学性能要求，同时也要做好电气安全性的处理。主要包括：①光伏组件在建筑上的分布应尽可能均匀，过于集中的布置对受力不利；②针对既有建筑的特殊性，应对改造加建光伏构件部位的结构安全性进行检测；③置于屋顶的光伏构件或者光伏幕墙的结构安全要按照国家相关的规范设计，通过计算确定光伏玻璃组件的厚度与强度，满足风压变形、空气渗透和雨水渗透 3 种性能要求；④光伏组件安装时要注意连接器的安装位置和性能要求，要满足电气安全要求，并且根据设计规范配置带电警示标示，提供安全措施。

（2）适用性原则

在对既有公共建筑进行光伏一体化设计之前，需对其进行屋顶结构功能性评估、立面太阳辐射量分析以及发电量与用电负荷及变压并网能力需求匹配评估。既有公共建筑中作为光伏开发过程中可利用性评估的一部分，屋顶结构性评估主要依据建筑物屋顶的结构类型、建筑物已使用的年限以及是否存在安全隐患；立面太阳辐射量则是分析建筑所在地太阳各个季节的高度角和方位角；能力需求匹配评估是以日间用电量匹配值 K_d 和变压器容量匹配值 K_t 为变量，来衡量光伏电站电量的消耗与变压并网能力。以这 3 方面的前期分析作为基础，可使 EPBIPV 设计更高效。

（3）高效性原则

光电转化是 BIPV 系统的主要职能。在保证其安全、适用等基本原则的基础上，要考虑如何实现光伏发电系统的电量输出最大化。保证光电转化效率可以通过以下一些方法：①建筑为南向可较好地争取日照；②若既有建筑为其他朝向，光电构件的安装应尽可能朝向太阳直射光方向，若有遮挡，也至少应满足 $4h/d$ 的日照时间要求；③光伏系统设计中，应注意组件排列与形状，以及电缆的长度，这些均会造成电压和电流的不同。要根据实际情况调整光伏组件的连接，优化整体发电效率；④设计时，应使组件的安装倾角 $> 10°$，利于雨水冲刷积尘或积雪，保持表面洁净，以保证光电转化率。

（4）美观性原则

光伏技术因为其采集太阳光的特殊性，对建筑立面的外观效果有重要的影响。好的改造设计应是整体化的设计，将光伏系统融入建筑立面，运用点线面的统一与对比、比例与尺度、节奏与韵律等的美学法则，使光伏系统成为建筑中不可或缺的元素。

1）统一、对比：在设计中，光伏组件和建筑的风格与尺寸关系可以是和谐统一的，与建筑的其他构件融为一体。如德国 EWE 体育馆，可动的光伏单元既作为太阳能遮阳系统，又作为发电系统，与传统玻璃结构融为一体。仅从色彩深度上做了区分。在一些情况下，根据设计风格的需要，光伏组件也可以与建筑其他构件产生对比。通过对比来达到色彩或者形式的碰撞。如 Oekotec3 柏林办事处外立面，上部采用光伏系统作为材质，下部采用传统石材和周边建筑呼应。上下色彩、材质均产生强烈对比，使建筑在传统形式中也诠释了现代建筑的技术魅力。

图 3-24　瑞士诺华公司办公楼

2）比例与尺度：光伏组件的比例尺度应与建筑整体相协调。如瑞士巴塞尔的诺华公司办公楼（图 3-24），建筑屋顶有 85% 的面积为光伏电池。光伏系统与建筑整体已融为一体，以一种统一的比例尺度将立面与屋顶不同的材质联系起来。

3）节奏与韵律：节奏与韵律代表着规律性，是重复与变化过程中的统一。这种有秩序的变化会在动态的发展中产生建筑的整体美感。如 Sainsbury 的一个自助加油站屋顶采用了曲线形的光伏构件排布方式，既符合屋顶的建筑形式需要，又满足了采集太阳能的要求。曲线形的韵律感给原本单调的建筑带来了灵动感（图 3-25）。

2. 优化方法

公共建筑因其耗能巨大，位于所有建筑单位面积能耗量之首。在公建能耗中，室内温度调节所占的耗能量比例相当大，约占建筑总能耗的 70%。公建用电时间段比较集

图 3-25　Sainsbury's 自助加油站

中，虽然耗电量大，但管理集中，因此节能存在很大潜力。另外，因为公共建筑往往为多功能、大体量建筑，外观造型因此多样。这为光伏组件的整合设计提供了可利用的因素。

　　结合公建的用电及造型特点，既有建筑光伏一体化改造的方法可以总结为针对光伏系统建筑职能与发电职能设计、优化的过程。总结为以下 3 点：①优化设计流程：利用 BIM 软件，建立 EPBIPV 的外观、辐照度和电气一体化设计的支持平台。平台使用建筑组件与光伏组件进行光伏建筑的集成设计，通过 C♯ 编程扩展接口获取模型的全部数据，进行转化后分析，最终得出可视化结果。以此来判断项目设计的合理性和可行性，并且就现有光伏利用与建筑设计脱节的问题，实现设计和分析上的无缝化。②优化布置范围：为了最大化利用太阳能，可以通过改造时扩大南向屋顶面积，将屋顶与立面整体设计，增加光伏遮阳构件等方法增加光伏组件的布置面积。③优化接受光照条件：这里涉及设置方位角、倾斜角和阴影遮挡 3 方面要求。首先，北半球地区太阳东升西落，0°（正南向）为最佳方位角，朝向偏离则接收太阳辐射量较少。因此，最佳方位角应尽可能控制在正南（0°）向东西偏转 20°以内；其次，最佳倾角数值上接近当地纬度值，当然也要考虑到系统供热与供电需求。如，若是优先考虑夏季发电量，最佳倾角可取当地纬度减 15°；若优先考虑冬季发电量，最佳倾角可取纬度加 15°。再次，避免周边环境和建筑自身产生的阴影，可借助专业软件（Ecotect analysis，Sunlight 等）模拟基地范围内 1d 可能存在的阴影区域，合理规划光伏组件的布置范围；避免相邻光伏组件形成的阴影，可以利用公式 $dl = \cos\beta + \sin\beta\tan\varepsilon$（$d$ 为相邻光伏组件之间的距离，l 为光伏组件的长度，β 为光伏组件倾斜角，ε 为冬至日太阳正午时方位角），计算出合理间距和组件倾斜角。

　　【专家提示】

　　★ 公共建筑的能耗在总建筑能耗中占据比重大，节能空间也大，而且示范效应强。因此，从既有公共建筑改造的角度考虑光伏系统整合具有显著意义。在此背景条件下，本文立足于既有建筑光伏一体化改造的经济、环境优势和附加效益，通过对光伏建筑一体化模式的分析与量化研究，以及既有公共建筑改造中光伏一体化的原则和优化方法的提出，以期为大量现存的既有公建提供节能改造参考，实现其更好的经济和环境效益。

专家简介：
姜妍，南通大学建筑工程学院，E-mail：34623893@qq.com

第五节 某高层建筑钢管混凝土柱检测与数值模拟分析

(一) 概述

由于钢管混凝土中的混凝土具有较强的抗压能力，钢管具有良好的抗弯能力，在一起作用时钢管混凝土的承载力、延性、防火性、抗震性、耐腐蚀性能都大大提高。利用钢管壁对内部混凝土的保护作用，可以减少混凝土的自然损坏，增加耐久性。因此钢管混凝土被广泛地应用于高层建筑、桥梁结构、地铁车站、大跨工业厂房等建筑物。尤其是钢管混凝土柱与钢筋混凝土梁所构成的结构，更符合我国建筑行业的要求。但钢管混凝土在实际工程中也有一些弊端，如适用范围仅限于柱、桥墩、拱架等，钢管的对接、制作要求较高，管内混凝土的浇筑质量无法直观检查等，所以在应用过程中也产生一些问题。由于目前对钢管混凝土的理论研究还处于偏低水平，结构研究没有深入，所以在实际工程中遇到问题应进行多方面研究。

(二) 典型案例

技术名称	某高层建筑钢管混凝土柱检测与数值模拟分析
鉴定单位	中国建材检验认证集团股份有限公司
工程概况	本项目位于山西省，建于 2015 年，为地下 3 层、地上 34 层混合结构高层建筑。该工程混凝土柱的设计强度等级为地下 3~23 层 C60，24~34 层为 C50。现场工作人员于 2016 年 2 月发现该建筑 9 层至顶层部分钢管混凝土柱外层混凝土出现开裂等情况，个别柱子出现粉碎性裂缝或返碱现象(图 3-26)。为了解该建筑钢管混凝土柱的现状，对该建筑钢管混凝土柱的混凝土强度、钢筋配置、裂缝宽度及深度进行了检测 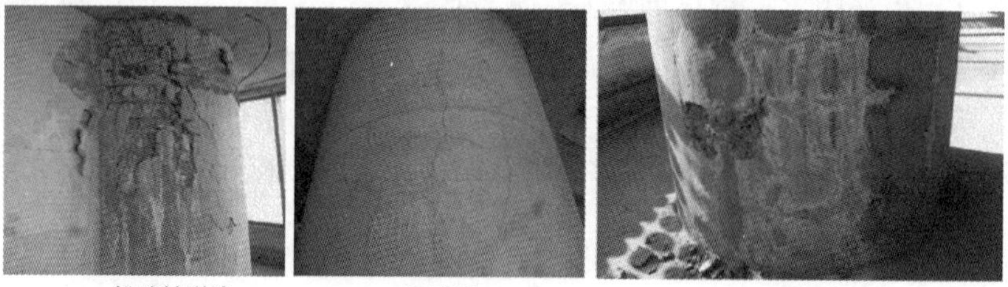 *a* 粉碎性裂缝　　　　*b* 裂缝　　　　*c* 返碱 图 3-26　柱缺陷

【检测结果】

1. 混凝土强度检测

依据 GB/T 50344—2004《建筑结构检测技术标准》和 JGJ/T 294—2013《高强混凝土强度检测技术规程》，采用回弹法对钢管混凝土柱的混凝土强度进行检测并进行单个构件的混凝土抗压强度推定，强度设计值为 C60 的钢管混凝土柱外层混凝土强度检测结果为 60.2~77.1MPa；强度设计值为 C50 的钢管混凝土柱外层混凝土强度检测结果为 54.6~64.2MPa。总体来说，混凝土强度推定值与设计强度相符。

2. 钢筋配置、钢筋保护层厚度检测

依据《建筑结构检测技术标准》、GB 50204—2015《混凝土结构工程施工质量验收规范》和 JGJ/T 152—2008《混凝土中钢筋检测技术规程》对钢管混凝土柱的钢筋配置、钢筋保护层厚度进行检测，结果如下：①箍筋间距与设计基本相符；②所检钢管混凝土柱纵向钢筋数量与设计相符；③部分钢管混凝土柱的钢筋保护层厚度比设计值小。

3. 裂缝检测

依据《建筑结构检测技术标准》对钢管混凝土柱裂缝的宽度、深度、长度等进行检测，结果如下：①23 层以上所检钢管混凝土柱的裂缝多集中于该楼南侧，9～22 层所检钢管混凝土柱裂缝多集中于该楼北侧，这可能与建筑的不均匀沉降有关；②所检钢管混凝土柱的裂缝宽度范围在 0.06～5.2mm，深度在 13～180mm。

4. 裂缝监测

为了解裂缝是否在后期继续发展，在柱典型裂缝的末端位置抹直径 100mm 的石膏饼，由于石膏饼凝固较快，且不产生收缩裂缝，所以后期可根据石膏饼是否产生裂缝判断柱裂缝是否发展。监测过程中每周观测 1 次，经过 2 个月的观测，石膏饼没有产生裂缝，说明柱上的裂缝没有继续发展。

【原因分析】

现场发现 9 层以上的柱子都有不同程度的裂缝开展情况，个别柱子损坏严重，存在多条横向裂缝和竖向贯通裂缝，裂缝形式多表现为中间宽、两端细，还有一部分柱子裂缝细小，多发生于柱子表层。由于混凝土强度基本满足设计要求，那么可暂时不考虑强度不足造成的影响，根据现场检测情况及其他资料分析可知，主要裂缝原因分析如下。

混凝土于 8 月份浇筑，在硬化过程中水泥水化产生大量的水化热，内部热量无法散发，且太原 2015 年 8 月份室外最高温度 31℃，2016 年 1 月份突遇寒流，最低温度零下 21℃，混凝土表面温度散发较快，形成较大的温差，使混凝土表面收缩，产生一定的拉应力，当拉应力大于混凝土的极限抗拉强度时，致使混凝土表面产生裂缝，但受内部钢管的约束作用，混凝土裂缝大多发生在表面，且混凝土与钢材的热膨胀系数不一样，钢材的热膨胀系数比普通混凝土的热膨胀系数约大 20%，在冷热交替过程中，钢材的热膨胀和冷收缩变形大于混凝土的变形，导致钢管表面与混凝土分开。

混凝土浇筑过程中水灰比过大，多余的水在钢管内存留无法排出，形成脱空区，且冬季预冷时混凝土内的水冻结，形成冻胀力，使钢管产生向外的变形，当春季温度升高后，冰开始融化，冻胀力消失，使钢管和混凝土产生变形差异，导致裂缝产生，后期施工方为检测钢管内混凝土的质量，安排专业人员在柱子下部钢管上钻了直径 10mm 的孔洞，内部有大量的水喷出，最后约流出 200L 水，说明柱子的破坏及裂缝和内部的水有很大的联系。

由于混凝土表面水分蒸发速度大于内部蒸发速度，使外部混凝土收缩变形大于内部，产生干缩裂缝。这种现象主要与混凝土的配合比、环境温度及外加剂有关。

硅酸盐水泥水化过程中产生的 $Ca(OH)_2$ 由于混凝土外表面水分的蒸发而随着混凝土内部的水分外移，$Ca(OH)_2$ 到达混凝土表面后与空气中的 CO_2 和水分发生化学反应产生不溶于水的白色沉淀 $CaCO_3$，使混凝土松散、膨胀而导致开裂。

个别柱头破损严重的柱子可能是由于结构局部受均布荷载或集中荷载作用，产生内力和弯矩，超过设计荷载，柱子在较大荷载作用下产生斜裂缝，导致柱头破坏。

个别柱子由于保护层厚度不够，使钢筋与外界接触造成生锈，产生的铁锈体积是相应钢筋体积的 2～4 倍，生锈过程中钢筋产生锈胀力，对混凝土产生向外的力而造成开裂。

设计院在设计过程中安全系数以理论为主，未考虑施工过程中的不确定性，部分钢筋配置不合理，抗剪环设置不合理，软件计算与实际受力不符。

施工过程中，没有完全按照图纸施工，施工过程不严谨，混凝土振捣不密实，且混凝土配合比不均，混凝土保护层不够，拆模过早，浇筑过程中钢筋位置变化等。

【数值模拟】

1. 模型介绍

为了验证现场检测的可靠性，采用 ABAQUS 对该建筑开裂最严重的 15 层 5 号钢管混凝土柱进行了数值模拟分析，如图 3-27 所示。混凝土柱直径 1500mm，钢管厚度 50mm，混凝土强度等级为 C60，钢管和混凝土采用 C3D8R 实体单元，钢筋采用 Truss 单元，钢管和混凝土之间的相互作用采用罚函数摩擦模型，抗剪环与钢管采用 Tie 约束，钢筋采用 Embed 命令嵌入到实体单元中。混凝土本构模型采用 ABAQUS 自带的混凝土塑性损伤模型，通过 GB 50010—2010《混凝土结构设计规范》中提供的应力-应变曲线公式计算得到 C60 的混凝土本构关系曲线。模型底部约束 x、y、z 3 个方向的位移，柱顶施加均布荷载。

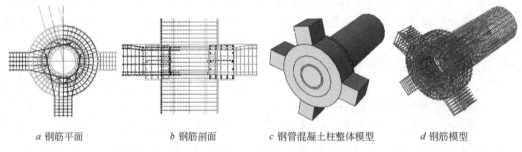

| *a* 钢筋平面 | *b* 钢筋剖面 | *c* 钢管混凝土柱整体模型 | *d* 钢筋模型 |

图 3-27　有限元模型

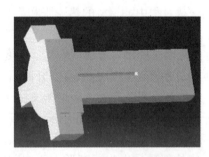

图 3-28　钢管混凝土柱缺陷有限元模型

为了验证钢管混凝土柱内缺陷的影响，在钢管内柱子上模拟了一个直径 0.2m、长度 2m 的圆柱形缺陷（图 3-28），与没有缺陷的钢管混凝土柱进行对比分析。

2. 结果分析

在均布荷载作用下，钢管混凝土柱最大应力发生在钢管上，钢管承受的应力远远大于混凝土承受的应力，且有缺陷时钢管的应力小于无缺陷时钢管的应力，缺陷位置混凝土的应力比较集中。

在均布荷载作用下，钢筋最大应力发生在柱头周边，且竖向钢筋的应力大于其他钢筋所受的应力。

在均布荷载作用下，有缺陷时抗剪环承受的应力小于无缺陷时抗剪环承受的应力，且上部抗剪环承受的应力大于下部抗剪环承受的应力，说明当混凝土存在缺陷时抗剪环的作用效果将降低。

在均布荷载作用下，有、无缺陷时柱子压缩破坏最严重的位置都位于柱头部位，但有缺陷时压缩破坏值是无缺陷时压缩破坏值的 1.7 倍，在实际工作中一定要注意柱头位置的质量情况。

在均布荷载作用下，柱子的下部变形大于上部变形，且有缺陷时环梁受力减小，有缺陷时柱子下部的竖向变形大于无缺陷时柱子下部的竖向变形，混凝土与钢管因强度不同，呈现出不同的变形趋势。

【专家提示】

★ 本文以实际工程为例，在对某高层建筑钢管混凝土柱进行了混凝土强度、钢筋配置、裂缝宽度及深度检测后，根据现场情况分析了钢管混凝土柱开裂的各种原因，并提出了预防措施。同时应用有限元软件对钢管混凝土在有、无缺陷情况下的破坏情况进行了数值模拟研究，模拟结果与现场破坏情况相符，很好地说明了模拟与现场检测结合的重要性，为今后的工程施工及工程检测提供了参考，避免类似工程事故的再次发生。

专家简介：

张科，中国建材检验认证集团股份有限公司，E-mail：zhangke1528@qq.com

第四章 钢结构

第一节 广西园林园艺博览会主展馆钢结构施工技术

技术名称	钢结构施工技术
工程名称	广西园林园艺博览会主展馆
施工单位	江苏沪宁钢机股份有限公司
工程概况	第四届广西(北海)园博会主展馆结构分为 2 个部分:外壳采用单层网壳结构,杆件截面 4 层以下为箱形,34 层以上为圆管;展馆内楼层采用钢框架结构,结构依靠 3 个楼梯核心筒作为抗侧构件。结构总高度为 23.25m。外部拱形钢柱为圆弧形单曲面箱形结构,截面规格为□650×500×25×25~□400×250×16×16 等;外部拱形钢柱间有 3 道 φ700×30 环梁,之间为铰接连接;屋盖穹顶为钢管网壳结构,截面为 φ351×14~φ180×6 等;整个外部安装 6mm 厚的蒙皮结构,如图 4-1 所示。内部结构主要为核心筒与楼层。核心筒钢结构由劲性钢柱与钢梁构成。核心筒劲性柱为拼制 H 型钢与拼制 HH-T 异型钢,其截面为 H250×250×20×30、H300×300×20×30、H+H930×1000×30×30;核心筒钢梁为 BH300×300×20×30 拼制型钢。钢管柱截面为 φ1500×40。F2~F4 楼层主钢梁截面为□1300×750×34×50~□1200×600×34×40、H1000×400×20×34 等,最大跨度为 31m;其余均为 H 型钢梁 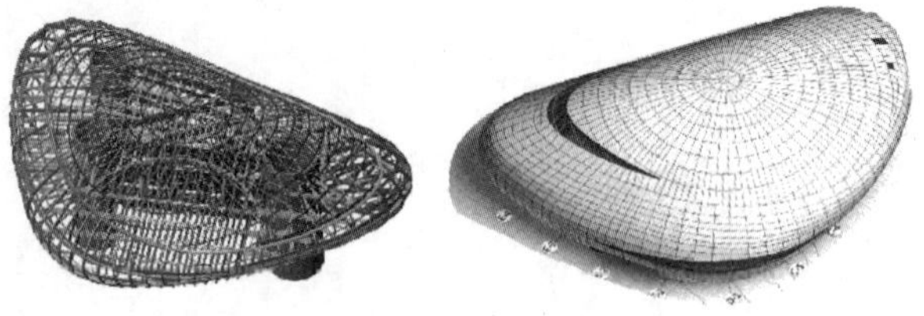 ![图 4-1 主展馆轴测图] *a* 钢结构　　　　　*b* 蒙皮屋盖 图 4-1 主展馆轴测图

【工程难点】

屋盖跨度大、造型不规则。屋盖结构为大跨度网架(壳),结构形式多样,周边有地下室,吊装半径较大。

外罩拱柱外带蒙皮,安装难度大。圆弧形单曲箱形外罩拱柱共 60 件,外部覆盖 6mm 厚的蒙皮结构。拱柱单吊安装,则嵌补工作量大;分块安装,则临时支撑设立困难。

楼层箱梁跨度大、单件质量大。楼层□1300×750×34×50~□1200×600×34×40 钢梁,跨度达 28~31m,质量最大为 31t;起重机只能站位于主展馆外围,吊装半径较大。

曲面形屋盖测量、校正和定位难度大。曲面形屋盖的安装测量、校正和定位不同于其他结构,选择测量控制点亦较为困难。

高强度钢焊接量大、质量要求高。钢结构构件材质大量采用低合金高强度钢 Q345B、Q345GJB,且板厚最大达 40mm,如何确保现场焊接质量亦是钢结构现场施工重点。

【施工要点】

主展馆钢结构主要是地下室钢结构、地上楼层钢结构、外罩钢结构、屋盖钢结构4大部分。

1）地下室钢结构需与土建穿插配合施工，主要采用汽车式起重机吊装。包括埋件、核心筒劲性钢柱（梁）、钢管柱等钢构件的安装。

2）地上楼层钢结构的安装主要采用SCX2500履带式起重机（主臂48.75m）进行安装。包括地上楼层钢柱、核心筒钢柱及钢梁、楼层主钢梁及次钢梁等钢构件的安装。

3）外罩钢结构的安装主要采用分块空间原位安装。由于外罩拱结构带有蒙皮结构，临时支撑无法竖立，故需利用楼层钢结构采用拉结固定的方式进行安装。吊装过程中，外罩拱结构分块单元需与楼层钢结构配合从一端同时双向对称向另一端穿插安装。安装次序如图4-2a所示。

4）屋盖钢结构的安装主要采用临时支撑辅助分块空间原位安装。采用SCX2500履带式起重机（主臂48.75m＋塔臂39.6m）在F3局部位置与F4上竖立临时支撑，从中间向两侧安装穹顶网壳分块。安装次序如图4-2b所示。

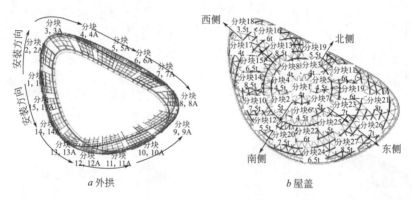

图4-2 安装次序示意

【施工要点】

1. 技术准备

（1）安装分区划分

根据土建施工顺序要求，严格按土建施工计划和提交的作业面进度要求，结合本工程土建的施工顺序及提交钢结构作业面的时间等要求，外拱钢结构施工划分为A、B、C 3个分区；屋盖穹顶划分为A、B、C、D 4个分区等附属结构进行组织施工。施工分区示意如图4-3所示。

（2）临时支撑体系的设置

根据吊装要求，结构吊装局部需设置临时支撑架，以便分段（块）就位，按分段（块）质量进行计算，确定大跨度箱梁、局部外拱结构分块、屋盖穹顶分块安装采用的截面为1.5m×1.5m格构式临时支撑，周边与外拱结构连接的钢梁下设支撑采用ϕ351×10单管支撑。临时支撑吊装到位后用缆风绳进行固定，同时与地面、混凝土基础或楼层梁固定。

大跨度箱梁分段接头位置设置格构式临时支撑。楼层与拱环梁连接端位置均设置ϕ351×10单管支撑，首层单管支撑下端采用预埋件连接的方法固定，其余均与下层楼层

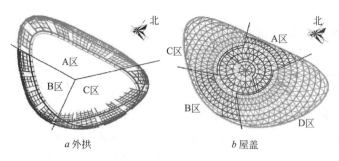

a 外拱   *b* 屋盖

图 4-3　施工分区平面

钢梁固定。屋盖穹顶网壳分块安装，在分块端位置设置格构式临时支撑。临时支撑安装平面布置如图 4-4 所示。

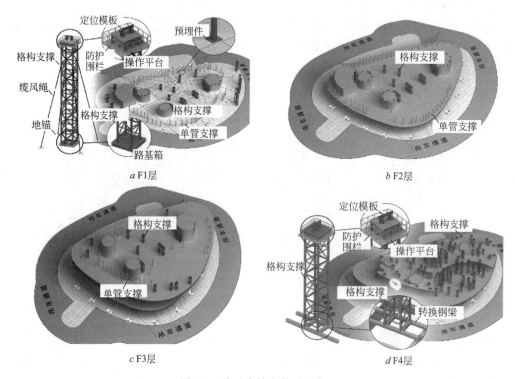

a F1层   *b* F2层

c F3层   *d* F4层

图 4-4　临时支撑安装平面布置

（3）主要钢结构安装分段划分

根据起重机性能及现场总平面布置要求，结合现场的实际情况及采用的安装方法，为保证构件能够满足起重机的起重量，对主要钢结构进行分段或分块，具体分块如图 4-2 所示。外拱结构共计划分 30 个吊装分块；屋盖穹顶共计划分 27 个吊装分块。

2. 关键技术

（1）主展馆大跨度箱梁安装

主展馆大跨度箱梁主要位于 1、2、3 号核心筒、钢管柱间，最大跨度为 31m。根据现场吊装的起吊能力及安装方法，采用分段安装方式进行安装。

大跨度箱梁共计 12 件，每件箱梁分为 3 个节段，约 10t/节段。在分段位置及箱梁端核心筒结构侧各设置 1.5m×1.5m 格构式临时支撑。采用 SCX2500 履带式起重机（主臂 48.75m）站位于结构外围进行安装。钢箱梁逐层进行安装，同一楼层箱梁未焊接并检验合格、核心筒混凝土未达到设计强度前，箱梁支撑不得拆除。

（2）外拱结构安装

外拱结构安装时根据现场吊装的起吊能力及安装方法，划分为若干吊装单元（分块），外拱结构所属的钢柱、环梁、支座等均在工厂加工制作后运至现场，在现场进行吊装分块拼装。

楼层内框钢结构安装完成后，楼层四周边缘与拱连接的钢梁外侧下端楼层上设置独立支撑（因拱暂时未安装到位，故此部分钢梁呈悬挑状），首层为混凝土层，独立支撑下设置预埋件，独立支撑下端与埋件焊接；其余楼层为钢结构，独立支撑下端直接焊接在楼层钢梁上。SCX2500 履带式起重机（主臂 48.75m）站位于结构外围进行吊装，将分块直接吊装就位。经测量校正合格后，吊装单元与楼层钢梁焊接固定。

（3）屋盖穹顶网壳安装

屋盖穹顶网壳安装时根据现场吊装的起吊能力及安装方法，采用分块安装方式进行，由中间向南北两侧安装，使之形成稳定体系。再安装东西两侧，直至安装完成。分块间的嵌补杆件采用履带式起重机进行安装。

（4）测量控制技术

钢结构施工测量主要包括：测量控制网的布设、钢结构安装定位测量控制、施工过程监测等。其中埋件安装测量、外拱结构安装测量、屋盖穹顶分块安装测量及过程监测为钢结构安装测量的重点，如图 4-5 所示。

1）大跨度箱梁分段安装，主要测量控制梁顶标高、梁分段两端中心位置。

2）安装外拱下部分块结构时，外拱结构下端支座下端与预埋板紧密连接后，用全站仪测量控制外拱结构弦杆中心坐标。

3）安装外拱上部分块结构及屋盖穹顶分块时，跟踪测量定位。主要控制测量分块两侧及与周边分块的所有连接节点。

4）在测量控制点上粘贴十字交叉形 48mm 宽的透明胶辅助找准中心点，做好中心线并粘贴激光反射片。校正时通过缆风绳及倒链调节空间位置并固定。

5）高强度钢焊接技术

高强度钢的焊接主要分布在柱-柱、牛腿-钢梁、钢梁-钢梁、外拱分块-外拱分块、穹顶网壳弦杆-弦杆等现场对接焊缝。焊缝要求均为全熔透一级焊缝，焊接工作量大，且多为高空作业，对焊工技能要求高。

根据钢结构安装特点，通过焊接工艺评定结果，现场焊接采用药芯焊丝 CO_2 气体保护焊（FCAW）工艺。在焊接过程中，严格按照焊接工艺评定要求进行施焊，严格执行焊前预热、层间温度控制、焊后缓冷等措施，确保焊接质量。焊缝冷却至环境温度后进行外观检查，24h 后进行 UT 检测，焊缝检测合格后打磨除锈涂装。

【专家提示】

★ 第四届广西（北海）园林园艺博览会主园区建设项目——主展馆钢结构，由箱形外拱柱支撑体系与屋盖单层网壳组成。主展馆外部均覆盖 6mm 厚的蒙皮结构，主展馆内

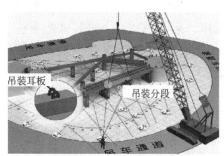

a 大跨度箱梁分段

c 外拱上部分块

b 外拱下部分块

d 屋盖

图 4-5　安装测量示意

部为 3 层钢结构框架楼层。外拱柱外带蒙皮结构，无法采用常规辅助临时支撑的安装方法。经研讨并模拟仿真计算，采用先内框后外罩的施工次序，内框钢柱钢梁先行安装，与外拱连接的钢梁采用独立支撑辅助安装，再利用已安装的内框结构作为可靠固定物，以拉结形式固定外拱分块。

专家简介：

唐香君，江苏沪宁钢机股份有限公司，项目技术负责人，E-mail：hngjtxj@yeah.net

第二节　宁夏国际会议中心蜂窝状网架施工技术

技术名称	蜂窝状网架施工技术
工程名称	宁夏国际会议中心
施工单位	江苏沪宁钢机股份有限公司
工程概况	宁夏国际会议中心是中阿经贸论坛永久性会址，也是宁夏具有重要国际影响力的大型会展建筑。中心主要设置含350 座的中心会议厅、1500 座的剧场式会议厅、600 座的阶梯报告厅，满足 3000 人会议宴会的多功能厅各 1 个，中、小会议厅 28 个，祈祷室 2 个，新闻发布厅 2 个及辅助用房。 中心的整体设计取义于"天圆地方"的构图理念，充分运用了阿拉伯和我国回族 2 种文化元素，建筑外立面覆有一层薄纱网外壳，外观形态宛若回族的饰帽和面纱，建筑效果如图 4-6 所示  图 4-6　建筑效果

【施工要点】

1. 结构特点

本工程整体结构为正方形,结构边长为156.68m,建筑高度47.13m。建筑主体功能结构为框架建筑结构,在主体结构外侧,为了建筑造型的美观效果,设计布置了"天圆地方"的外纱结构,如图4-7所示。

外纱钢结构工程结构采用外三角形、内六边形蜂窝状网架结构,杆件均采用Q345B无缝钢管。外纱上、下弦杆及腹杆规格主要为$\phi159\times6$、$\phi159\times8$,支座支撑杆件主要为$\phi351\times16$、$\phi450\times16$、$\phi650\times25$。节点形式:8.000m标高以下相贯节点及所有支撑杆支座均采用铸钢节点,屋面支座采用铸钢抗震球铰支座,铸钢节点材质为G20Mn5QT;8.000m标高以上节点采用钢管相贯焊接节点。蜂窝状网架结构如图4-8所示。

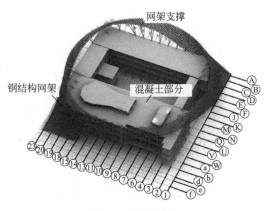

图4-7 外纱结构

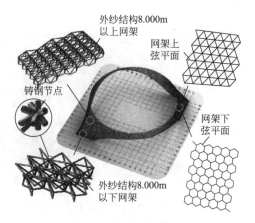

图4-8 蜂窝状网架结构

外纱支座分布于外纱网架结构两对角位置,外纱支座为整个外纱网架结构的主要承重支撑结构,其支座底部通过埋件与基础承台固定。外纱上部支撑结构主要承担外纱网架结构的侧向承重要求,通过屋面埋件与混凝土结构固定。外纱网架支撑节点如图4-9所示。

2. 施工方案

本工程采用"工厂散件发运+现场地面分块拼装+分块高空吊装"的总体施工方案。安装采用1台350t履带式起重机作为主要吊装机械,1台250t履带式起重机进行辅助安装。

由于外纱结构旋转对称,为保证工期减少胎架制作时间,考虑重复利用胎架,将分块进行旋转对称划分,安装时按照分层分区交替吊装施工,分段安装示意如图4-10所示。

本工程外纱结构分为A、B、C、D 4个分区,

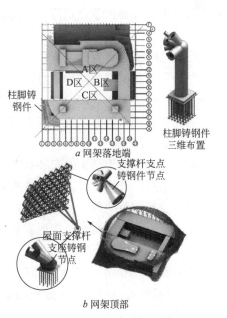

a 网架落地端

柱脚铸钢件三维布置

b 网架顶部

图4-9 支撑节点

A区与C区、B区与D区分别为旋转对称结构，根据结构分区特点，将施工分区划分与结构分区一致。

根据结构特点将每个分区构件进行分层安装，安装时先从A、B区落地端自角部向两边、自下而上的顺序进行。A、B区施工完成2层后按同样的顺序进行C、D区的施工，交替施工最终在2个角部进行合龙。

（1）分块拼装

根据本工程的结构特点及分块划分，将外纱钢结构吊装单元划分成2种典型拼装分块：带相贯节点的分块；带铸钢节点的分块。

带相贯节点的分块拼装时采用双层胎架进行立体拼装，立体拼装前先进行局部杆件的小合龙，小合龙单元经检验合格后再放到整体拼装胎架上进行大合龙，小合龙单元如图4-11所示。

图4-10 蜂窝状网架分段安装

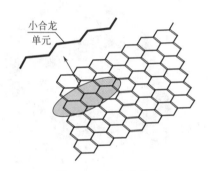

图4-11 小合龙单元

带铸钢节点的分块拼装时采用双层胎架进行立体拼装，拼装时先根据铸钢节点的定位坐标进行下弦杆铸钢节点定位，再安装下弦杆，然后定位上弦铸钢节点，最后安装上弦杆及腹杆。

（2）临时支撑布置

结合本工程网架的结构特点及分块划分，共设置55个格构式临时支撑，支撑规格为$1.5m \times 1.5m$，高度为$10 \sim 35m$，支撑立杆采用$\phi180 \times 6$的钢管，支撑腹杆采用$\phi89 \times 6$的钢管，落地网架部分设置单点支撑，合龙网架部分设置竖向支撑及联系支撑。

（3）分块吊装

本工程外纱网架结构的安装状态近乎于立面，网架吊装过程根据分块的外形尺寸考虑设置4个吊点，采用1台大型履带式起重机直接吊装就位。根据分块吊装就位的角度在吊具上合理设置调节葫芦，分块吊离地面后利用手拉葫芦进行分块角度调节，然后边抬高边调节，直至分块角度调节至接近安装角度为止。

分块吊装步骤如下。

1）网架分块吊装采用大型履带式起重机进行捆绑吊装，吊装采用4点吊（部分采用3点吊），吊点设置应根据网架分块的结构重心进行布置，且应充分考虑网架分块吊装过程中的吊装变形分析（图4-12a）。

2）网架分块吊装就位时，首先进行网架分块下部与支撑上安装定位模板进行初步固定。若分块下部为外纱钢网架时，则进行下部嵌补杆件与节点的初步固定（图4-12b）。

3）分块竖向通过安装临时支撑模板或下部分块节点初步固定后，350t履带式起重机不松钩，利用80t履带式起重机安装屋顶斜钢支撑，穿好连接销轴，确保网架分块安装定位后的侧向稳定，调节好网架的空间定位精度，符合要求后焊接网架下部嵌补杆件，嵌补杆件焊接完成后松钩（图4-12c）。

4）网架分块通过竖向支撑及侧面支撑连接固定后，采用全站仪对网架分块的安装位置精度进行进一步测量，如发现超差时，应及时进行调整，直至网架分块安装精度符合设计要求（图4-12d）。

图4-12　外纱钢结构安装步骤

【专家提示】

★ 随着全国各地各类大型建筑新建和扩建，类似这种结构复杂、新颖的工程还会相继在全国乃至全世界出现，本工程方法简单又实用，无论从经济性、实用性，还是操作的安全性都能满足施工要求。

专家简介：

徐纲，江苏沪宁钢机股份有限公司，E-mail：hngjzhglb@163.com

第三节　苏州高新区文体中心体育馆钢屋盖滑移技术

技术名称	钢屋盖滑移技术
工程名称	苏州高新区文体中心体育馆
施工单位	中亿丰建设集团股份有限公司
工程概况	苏州高新区文体中心体育馆结构类型为框架＋钢支撑结构，主体结构为地下1层，地上4层，典型层高为6m，主体结构高29.1m，建筑长192.0m，宽120.0m，体育馆屋盖为钢桁架结构，长117.6m，宽92.4m，高6.0m，其中上弦与下弦为组合型构件，腹杆为H型钢，支座处竖腹杆为箱形构件，楼面吊杆为H型钢，材质均为Q345B，屋盖总用钢量约5400t

【工程难点】

体育馆屋盖结构安装高度达 29.1m，平面投影面积为 10866m²，结构自重达 5400t，杆件众多。若采用常规的分件高空散装方案，需搭设大量高空脚手架，高空组装、焊接工作量巨大，而且存在较大的质量、安全风险，施工难度可想而知，并且对整个工程的施工工期会有很大影响，方案技术经济性指标较差。

根据以往类似工程的成功经验，本工程采用整体累积滑移安装：将体育馆屋面结构分成 13 个标准滑移单元，每 2 榀桁架为 1 个滑移单元；在体育馆北侧 33～34 轴 2 层混凝土楼面上搭设满堂脚手架，铺设竹排片作为拼装平台，拼装胎架。在 B-3、B-12 轴混凝土梁 B-8 轴由水平正放三角桁架和竖向四肢格构柱组成的体系上各设置 1 道滑移轨道；用 120t 履带式起重机分段将单榀桁架吊装至拼装平台，将分段桁架焊接成整体并与滑移轨道连成一体；安装液压爬行器，采用液压同步滑移技术同步顶推第 1 个滑移单元，从轴向轴滑移 8.4m 后暂停；在拼装区域上拼装下一榀桁架，使用 2 台汽车式起重机安装 y 轴方向连系杆件并使其与前部结构形成整体；依次类推，完成整个屋盖结构的液压累积滑移。

【施工要点】

1. 滑移总体思路及流程

在北侧的 33～34 轴区域搭设支撑架，铺设拼装施工作业平台，沿 B-3 轴、B-12 轴和 B8 轴各布置 1 条滑移轨道，如图 4-13 所示。x 轴方向主桁架在地面散件拼装成若干分段，利用 1 台 120t 履带式起重机吊装至高空平台，对接成整榀桁架后再向前滑移施工。

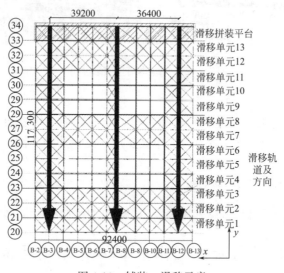

图 4-13　铺装、滑移示意

首先拼装、对接完成 20 轴、21 轴的 2 榀 x 轴方向主桁架及之间的 y 轴方向连系桁架后形成滑移单元，进行第 1 次滑移，滑移距离为 8.4m；其后每拼装完成 1 榀 x 轴方向主桁架及相应的 y 轴方向连系桁架后进行 1 次滑移，每次滑移 8.4m，共滑移 13 次，滑移由 34 轴向 20 轴方向进行。滑移过程中应注意观察桁架的变形情况，同时观察滑移轨道上的标注尺寸，保证滑移的同步性。

屋盖结构滑移到位后，拆除两侧支座处滑移轨道系统，然后塞装柱顶支座，按 x 轴方向轴线割除滑靴后，将桁架与支座焊接，完成结构的滑移施工。设计要求施工阶段支座可滑移、屋面做好方可将支座固定成固定铰支座，故滑移到位后先安装两侧支座，但支座与底板不焊接，采取卡板限位即可，保持可滑动状态。

屋盖滑移、安装流程：预埋件放置（①滑移轨道预埋件；②辅助措施预埋件）→四肢格构柱安装（①B-8 轴滑移轨道部分；②20～21 轴、33～34 轴悬挑部分）→水平三角桁架安装（①B-8 轴滑移轨道部分；②20～21 轴、33～34 轴悬挑部分）→33～34 轴拼装平台搭设（采用钢管扣件式满堂脚手架）→安装滑移轨道→安装液压爬行器→地面分段拼装、对接 20 轴桁架→高空对接 20 轴桁架成整榀（采用 120t 履带式起重机，吊至平台南侧）→拼装、对接 21 轴桁架→高空散装 y 轴方向连系桁架→进行第 1 次滑移（从 34 轴向 20 轴滑移 8.4m）→拼装、对接 22 轴桁架→重复散装 y 轴方向桁架及滑移操作直至最后 1 榀桁架滑移到位→卸载→切除辅助胎架。

2. 滑移施工措施设计

1）混凝土梁上滑移轨道及滑动支座预埋件设计

B-3 轴与 B-12 轴布置的滑移轨道需在土建施工时首先进行预埋板预埋工作。预埋板宽 200mm，长 400mm，厚 25mm，每间隔 800mm 设置 1 块。同时，需保证轨道底面与混凝土梁顶面贴紧，不能贴紧时，可每隔 200～300mm 在轨道下垫塞钢板，使轨道与混凝土梁紧密贴合，预埋板设置要求位置准确。

因设计要求施工阶段支座可滑移，屋面做好后才可将支座固定成铰支座。故屋盖桁架滑移到位后安装两侧支座时，支座与底板先不焊接，采取卡板限位即可，保持可滑动状态，待三层吊挂层及屋面系统安装完毕后再割除限位板，焊接支座与预埋件之间焊缝。根据施工模拟分析，施工过程中支座水平位移值≤10mm，极限温差作用下的水平位移值最大≤20mm，考虑部分余量，限位板与支座底板净间距取 35mm。支座埋件及支座分别如图 4-14、图 4-15 所示。

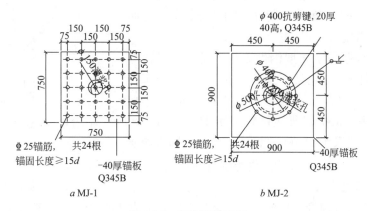

a MJ-1　　　　*b* MJ-2

图 4-14　支座埋件示意

2）滑移轨道设计

滑移共设 3 条滑移轨道，分别沿 B-3 轴、B-12 轴和 B-8 轴，其中 B-3 轴、B-12 轴轨道设置在混凝土梁顶部，B-8 轴轨道及 20～21 轴、33～34 轴悬挑部分由格构式支撑架和顶部通长的正三角桁架组成轨道基底，在三角桁架上铺设滑移轨道。

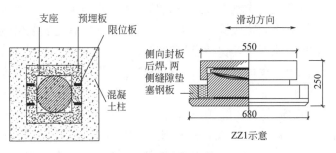

图 4-15　支座示意

轨道铺设时需在滑移梁与柱上弹出轴线，根据此轴线分开 2 根分轴线，以控制滑移轨道安装精度。将滑移轨道放置好，调整滑移轨道的顶面标高，最后焊接牢固。滑移轨道的轴线精度由两侧的定位分轴线保证。

3）滑靴设计

滑靴布置原则为：保证每台液压顶推器受载均匀；尽量保证每台泵站驱动的液压顶推器数量相等，提高泵站利用率；在总体布置时，要认真考虑系统的安全性和可靠性，降低工程风险。根据本工程特点，在每个 x 轴方向主桁架与轨道交界处附近下部设置 1 个滑靴。本工程拟布置滑靴数量为 42 个，分布较均匀，可有效传递钢结构自身的竖向荷载和顶推器的水平顶推力。滑靴需具有的功能为：具有较大的承载能力，可以将钢结构的质量有效地传递给下部重型轨道；与滑移轨道有较大的接触面积，具有一定的稳定性；具有一定的抵抗侧向荷载的能力。

根据以上要求，滑移轨道底部至滑靴顶部高度为 270mm，比成品支座（250mm）高 20mm，以方便滑移到位后支座安装。中间桁架轨道上滑靴设计时，因 24～30 轴 7 榀 x 轴方向桁架中部比两端高度较低（下弦形心高差 2.4m），故该 7 榀桁架下轨道需采用如图 4-16 所示的滑靴形式。

中间轨道滑靴采用 H 型钢做立柱，通过 4 根圆管斜撑于 2 个方向的屋盖桁架下弦上，沿着滑移方向每根立柱通过圆管连接起来，传递液压顶推器的水平推力。其中立柱规格为：顶推器所在位置采用 H400×400×25×30，其余位置采用 H300×300×12×18，圆管加强管斜向规格为 $\phi89×5$，立柱间圆管加强管规格为 $\phi245×10$。

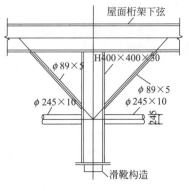

图 4-16　变截面桁架滑靴构造

4）滑移顶推节点设计

对顶推器进行合理设置是确保整个累积滑移施工成功的关键。合理的顶推器设置可使滑移过程中整个结构受力均匀、结构稳固。根据滑移轨道的布置情况和整个结构的特点在以下位置设置 9 个顶推器：20、24、27 轴线上。顶推器工作时需要一定的作业空间，故顶推器与滑靴的接触点离轨道面需保持一定高度，并为了不妨碍顶推器的工作将纵向设置连系杆，设置在滑靴顶部，顶推器顶推力通过滑靴传递到顶推杆上再通过系杆均匀分散到整个结构上。

因体育馆钢桁架屋盖支座处下弦杆直接焊接于成品支座顶面,未设置支座牛腿短柱,其净高只有支座高度250mm。为满足顶推器的工作净空需要,避免设置转换梁,将顶推器位置处下弦杆后装,同时在滑移过程中设置临时加强杆,连接断开的2段下弦杆,加强杆的强度需不小于单个顶推器水平推力的大小,本馆采用2[32a焊接于下弦杆两侧。

5)滑移轨道胎架设计

体育馆桁架屋盖跨度达75.6m,若只在两侧混凝土结构梁上采用2道滑移轨道会使桁架跨中在滑移过程中的竖向变形过大,最大竖向位移值达147mm,因此在桁架跨中位置增设1道滑移轨道,滑移轨道通过滑移胎架支撑,另南北两侧20~21轴、33~34轴悬挑部分滑移轨道也采用胎架支撑;滑移胎架由水平正放三角桁架和竖向四肢格构柱组成,其中三角桁架贯通,上弦杆采用H600×500×20×30,下弦杆采用H400×300×14×20,腹杆采用B200×10,材质均采用Q345B。三角胎架高2000mm,宽1415mm。竖向四肢格构柱平面尺寸为2m×2m,竖向节间距为2m,格构柱立杆截面为B200×10,腹杆截面为B89×6,材质均为Q235B。

【专家提示】

★ 体育中心钢屋盖安装采用液压滑移,若采用常规的分件高空散装方案,需搭设面积为1万m²,高29m的满堂脚手架,且高空组装、焊接工作量巨大,存在较大安全隐患,与传统高空散拼相比节约了130万元施工措施费,杜绝了安全隐患。且液压滑移采用的是地面散拼与高空拼接相结合的方法,分区域施工,提高了拼装速度,每个滑移单元仅需6d即可安装完成,与传统高空散装相比大大提高了安装速度,节约工期约25d。通过这次施工,掌握了滑移过程中的重点、难点。

专家简介:

王磊,中亿丰建设集团股份有限公司,E-mail:624414971@qq.com

第四节　无锡恒隆广场屋面钢结构施工技术

技术名称	屋面钢结构施工技术	
工程名称	无锡恒隆广场	
施工单位	中建一局集团建设发展有限公司	
工程概况	无锡恒隆广场项目位于无锡市崇安区中心位置,北临人民中路,南向后西溪街,西至健康路,东侧为规划道路,四面临街。总占地面积约3.7万m²,总建筑面积约为3.73万m²,该项目包含1个大型高级购物中心、2栋超高层办公大楼及地下室。塔楼1地下4层,地上44层,屋顶标高243.980m;塔楼2地下4层,地上35层,顶架标高199.450m;购物中心地下4层,地上6层,楼高约48m。无锡恒隆广场效果如图4-17所示。 本工程塔楼1、2均采用型钢混凝土框架+钢筋混凝土筒体结构体系。塔楼1屋顶有1个高度约50m的"皇冠"钢结构,其主要材质为Q345C级钢,主体用钢量约为2200t,外围幕墙钢结构约600t。塔楼1使用2台动臂塔式起重机M760D和K500L完成吊装	 图4-17　无锡恒隆广场效果

【工程难点】

高度 204～250m 的屋顶"皇冠"钢结构独立成体系，包括框架柱、梁，中间纵横向桁架结构和外围悬挑幕墙钢结构。其中纵横 12 榀桁架通过约 2000 根预埋螺栓与核心筒结构连接，另有 13 根外框柱也通过预埋锚栓与结构连接，如何保证其定位的准确性是安装的一个重点；安装 T1、T2 节外框柱时，23m 高处与核心筒结构无连接，如何保证框架柱的安全稳定是安装的另一个重点；外围悬挑幕墙钢结构杆件多、截面小，如何安全有效地完成施工是一个难点。

有 2 榀桁架与动臂塔式起重机存在冲突，且在进行屋面"皇冠"钢结构安装时，动臂塔式起重机需完成最后一次爬升。如何解决与塔式起重机冲突部位桁架的安装和保证塔式起重机正常爬升是施工的一个难点。

本工程的作业位置较高，且构件数量多，存在悬挑小构件，施工难度大。如此高空作业环境的施工，克服工人恐惧心态、安全防护是本工程需要解决的一项重要工作。

【施工要点】

1. 钢柱及桁架分段

根据屋顶"皇冠"钢结构特点，外框钢柱最高 44.34m，分 4 段（图 4-18）。第 1 段重约 11t，长 14.65m。钢梁通过牛腿或耳板与钢柱连接。

屋顶共 12 榀桁架，其中 8 榀横向桁架，4 榀纵向桁架。横向桁架设计为通长，纵向桁架断开分跨安装。结合塔式起重机吊重及桁架位置，桁架 TRUSS1a、TRUSS1、TRUSS4、TRUSS5、TRUSS6 5 榀桁架分 3 段，其他横向桁架分 2 段，如图 4-19 所示。

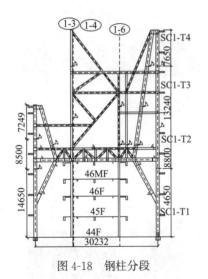

图 4-18　钢柱分段

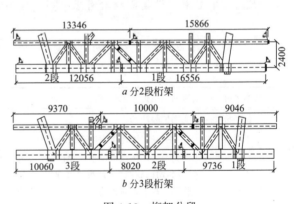

图 4-19　桁架分段

纵向桁架断开分片安装，每跨构件在工厂加工成 Z 形构件，现场整片分跨安装。为防止运输及吊装过程中变形，在两端增加∟100×10 角钢支撑，如图 4-20 所示。

外围幕墙小构件原则上尽量与主构件一起加工，无法一起加工的散件尽量在地面拼装成整片，然后

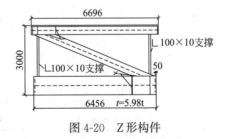

图 4-20　Z 形构件

整体安装，尽量减少高空散件拼装。

2. 总体安装顺序

根据屋顶"皇冠"钢结构特点及工程进度目标，44F顶混凝土结构施工完成后，立即开始T1节钢柱的吊装，同时做好稳定加固措施；安装完T2节钢柱的吊装后，进行桁架层构件安装；然后T3、T4节钢柱及梁由北向南依次安装，先确保面向商业裙房的北侧和东侧完成封闭，然后完成另外两侧钢构件的安装。

先安装完钢框架的主体构件，再安装外围幕墙钢结构，按照业主开业要求提前封闭北侧和东侧，然后再封闭西侧和南侧。

与动臂塔式起重机冲突部位的桁架先采用临时支撑措施使桁架形成体系，拆除动臂塔式起重机后再安装此部分桁架及钢构件。

3. 集群锚栓预埋施工

预埋锚栓包括外框钢柱柱脚锚栓和桁架与核心筒连接锚栓2部分，其中桁架预埋锚栓沿桁架构件方向通长布置，纵向间距250mm，并列2排，横向间距235mm，锚栓规格均为M30，有2000多套。为满足后续桁架的安装，2000多根集群预埋锚栓须精准无误。桁架与核心筒结构连接节点如图4-21所示。

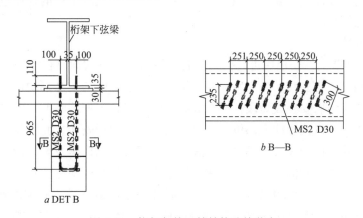

图4-21 桁架与核心筒结构连接节点

施工前技术人员针对锚栓排布进行详细定位核对，把与桁架加劲板、纵横向节点与腹板冲突的部位进行调整，避免定位冲突。提前用8mm厚钢板制作定位板，把锚栓整体固定在定位板上进行预埋，使用全站仪进行精准定位，做好加固措施，做好混凝土浇筑过程监控，确保预埋定位的精度度。预埋时对锚栓端部涂抹黄油及包裹保护。

4. 钢柱钢梁安装

主框架外围共计24根H型钢柱，其中13根通过预埋锚栓与主体连接，11根与塔楼主体钢骨框架柱柱顶钢板焊接连接。外围框架内44根钢柱，外围悬挑幕墙钢结构113根小截面箱形钢柱分段后，所有钢柱、钢梁均使用K500L、M760D2台动臂塔式起重机完成吊装。

根据钢柱分段位置，安装完T2节钢柱后才能安装桁架，形成稳定的框架体系，T1、T2节钢柱高度达23.45m，与核心筒没有任何连接。为增加外框架构件的稳定性，确保安装桁架前框架结构的施工安全，安装T1节钢柱时，每根钢柱与核心筒间增加了1道型钢水平支撑，型钢规格为 H400×400。临时支撑立面、连接节点分别如图 4-22、图 4-23所示。

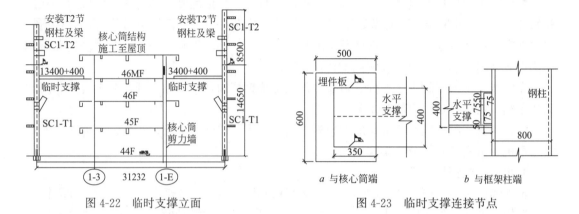

图 4-22 临时支撑立面   图 4-23 临时支撑连接节点

主框架钢梁与外围悬挑幕墙钢结构梁共计 695 根，大部分梁长约 5.4m，其中约有 430根须现场进行安装焊接。安装时按照先主梁后次梁，先下层后上层的顺序进行。与塔式起重机冲突部位的钢梁后安装。

5. 钢桁架安装

完成外框 T2 节钢柱安装后进行桁架安装。除与动臂塔式起重机冲突部位的 2 榀桁架外，其他桁架均可正常安装。先安装横向桁架，后安装纵向桁架 Z 形构件。对于分 2 段的桁架先安装较长段，后安装较短段；对于分 3 段的桁架，先安装两侧，后安装中间段。

与动臂塔式起重机位置冲突部位的 2 榀桁架分 3 段进行安装。此 2 榀桁架的中间段须在塔式起重机拆除后再安装。为解决受塔式起重机部位影响桁架及梁的后安装，正常安装时，在塔式起重机左、右侧增加临时支撑梁做连接，保证结构整体性和稳定性。

在桁架上下弦标高处均增设临时支撑。临时支撑梁应避开塔式起重机外轮廓 250mm。桁架下弦临时采用 H600×800×35×35 和 H400×400×13×21 做支撑梁，桁架上弦标高处采用 H400×400×13×21 做支撑梁。

M760D 塔式起重机拆除后，使用 K500L 塔式起重机安装相应部位的桁架及梁；K500L 拆除后，使用 WQ16 屋面式起重机安装相应部位的桁架和钢梁。桁架和钢梁安装完成后，拆除临时支撑梁，然后封闭塔式起重机洞口部位的混凝土结构。

6. 外围幕墙钢构件安装

东西侧外围幕墙钢构件主要有 CSB2、CSB3 两种箱形构件，共约 320 根杆件，整体悬挑出主结构约 1m，CSB3 与外框钢柱在工厂完成焊接，随着钢柱安装，现场进行 CSB2 梁安装，使用临时连接板临时固定。

南北侧外围幕墙构件主要有 CSB1、CSB2、CSB3 三种箱形构件，共约 475 根，最大悬挑部位达约 4.5m，最长构件长 10.6m。CSB1 变截面钢梁通过主体构件上的预留牛腿进行连接，所有构件均为现场焊接。为减少吊装次数及减少现场仰焊焊接，每 2～3 跨的CSB1 钢梁和相应下层 CSP1 钢柱及 2 层 CSB2 梁在现场地面放样完成焊接，然后整体吊装，最后安装每跨间的 CSB2 钢梁。

【专家提示】

★ 本工程通过对屋面"皇冠"钢结构的合理分段，采取数量极大的集群锚栓预埋定位措施、23m高单独立柱的临时固定措施、与塔式起重机冲突部位钢梁安装措施、外围幕墙钢梁临时连接及整体拼装措施、高空安全防护及操作平台等系列施工措施，解决了施工中不可避免的困难，降低了施工成本，确保了"皇冠"钢结构的施工工期和质量。

专家简介：

李景文，中建一局集团建设发展有限公司高级工程师，E-mail：1002440568@qq.com

第五节 新沈阳南站中央站房大跨度拱形平面钢桁架施工技术

技术名称	大跨度拱形平面钢桁架施工技术
工程名称	新沈阳南站中央站房
施工单位	中铁建工集团有限公司北京分公司
工程概况	沈阳南站位于沈阳市大浑南地区，三环高速南侧、沈营街西侧，东侧与沈阳桃仙机场相邻，为沈阳市铁路枢纽"三主一辅"客运布局的重要一环。中央站房钢结构包含夹层、房中房及屋面桁架等。屋顶结构标高为37.500m，高架层结构标高为8.745m，夹层结构标高为16.400m

【工程难点】

中央站房的结构形式如图4-24、图4-25所示，下部为钢框架结构，屋盖为桁架结构，主桁架顺轨道方向布置，跨度21m＋66m＋21m，两侧悬挑8m，桁架间距12～22m。钢柱规格为P1600×35，屋面桁架的杆件规格有B400×450×25×25、B200×200×8×8等。钢梁主要尺寸1400mm×800mm，材质均采用Q345B。

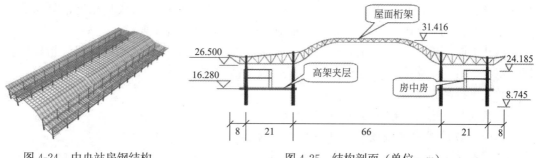

图4-24 中央站房钢结构　　　　图4-25 结构剖面（单位：m）

工期紧中央站房的施工工期2014年6月1日至9月28日，仅120多日时间，在短时间内完成中央站房的安装是本项目难点。

既有线运行对施工过程影响：施工过程中，需保证哈大线既有线不间断，列车高速运行会对施工过程产生干扰；列车振动造成的土层扰动，有可能造成新安装结构的不均匀沉降，振动也会造成焊接质量下降。

66m 跨大桁架拱形桁架方案选择通过上述信息并结合本工程结构特点、施工进度等因素分析，66m 跨大桁架可以采用多种施工方案，如何选择中央站房的安装方案是难点。

【施工方案】

分段吊装方案：主桁架分 3 段吊装，分段点位置设置临时支撑架。其主要优点是施工布置灵活，对下部其他作业影响小；缺点是高空对口工作量大，需要设置较多的临时支撑。

双机抬吊方案：采用 2 台 400t 履带式起重机抬吊，主要优点是无须拼装胎架，高空作业量较少；缺点是桁架只能在站房楼层上拼装，对场地要求高，对楼层上其他作业影响大。

整体提升方案：主、次桁架全部在地面拼装成整体后提升到位。其主要优点是高空作业量很少、速度快；缺点是桁架只能在站房楼层上拼装，对场地要求最高，对楼层上其他作业影响很大。

考虑到中央站房结构有多专业施工，且中间涉及铁路转线，整体提升方案虽然在质量、工期、安全方面均有很大优势，但是灵活性最差，可操作性风险很大，综合考虑决定不采用；而方案 1、2 各有优劣，下面对方案 1、2 进行深入比较，确定最终方案。

1. 分段吊装方案

方案细节：中央站房 66m 跨大桁架采用分 3 段吊装方案，在横向主桁架两侧采用 400t 履带式起重机，按照图 4-26 所示分段；分段吊装方案可以在站房屋盖外侧进行拼装再吊装和高空对接。在主桁架下部分段处搭设支撑架，对接完成后卸载，从一侧往另一侧进行，施工时保留 2 个柱距内的支撑架，防止结构成型前过度变形。在方案前期对各过程进行施工模拟，计算出最大变形和最大附加应力。

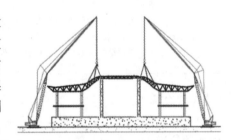

图 4-26 分段吊装

施工过程分析：采用 MIDAS/GEN 8.0；荷载为桁架自重，自重系数取 1.1。

分析结论：施工过程中，桁架最大变形为 34mm，最大应力为 47MPa，施工过程中，结构变形和应力均较小，满足规范要求；分步施工完毕与结构一次成型相比，附加变形 3mm，附加应力 12MPa；附加变形和附加应力均较小，满足施工要求。

吊装工期分析：主桁架吊次 45 榀，临时支撑数量 30 个，采用 2 台起重机，桁架吊装效率每台 2 吊/d，支撑架吊装效率每台 8 吊/d，吊装工期 45/2/2+30/2/8=13d。

2. 双机抬吊方案

方案细节：选用 2 台 400t 履带式起重机塔式工况，构件散件运输至现场后，在中央桁架屋盖下部进行拼装；拼装完成后由 2 台 400t 履带式起重机每侧 4 个吊点同时起吊，从而完成桁架吊装（图 4-27）。安装按照南北方向推进，在 2 榀桁架安装完成后，及时进行垂直度找正，并设置缆风绳稳固，然后安装次桁架及檩条，使桁架形成稳定的空间结构。

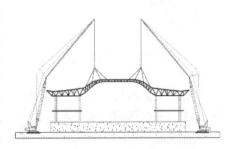

图 4-27 双机抬吊

施工过程分析：采用 MIDAS/GEN 8.0；荷载为桁架自重，自重系数取 1.1。

分析可得结论：施工过程中，桁架最大变形 36mm，最大应力 48MPa；分步施工完毕与结构一次成型相比，附加变形 5mm，附加应力 12MPa；附加变形和附加应力均较小，满足施工要求。

吊装工期分析：主桁架吊次 15 榀，采用 2 台起重机，抬吊效率为 1 吊/d，吊装工期 15d。

3. 最终方案确定

通过以上分析和方案介绍，2 种方案的变形与应力均能满足规范要求，下面就 2 种方案的工期与经济性进行对比：①分段吊装工期 13d，机械费：台班×数量×单价＝13×1×2＝26 万元，支撑费：吨位×单元＝100×0.15＝15 万元，对其他作业基本无影响；②双机抬吊工期 15d，机械费：台班×数量×单价＝15×1×2＝30 万元，支撑费为 0，对其他作业影响较大。

从以上看出，分段吊装与抬吊工期差别不大，机械与措施费用相差 17 万元，但是分段吊装对其他部位工作影响更小，且有灵活性的优势，综合考虑，选用分段吊装的形式。下面简述分段吊装所需支撑架的布置和施工分析。

4. 分段吊装施工过程

400t 履带式起重机从两边同时开始安装钢管混凝土柱，安装支撑架，支撑架采用 2m 标准节，装分段桁架与支撑架相连端采用 4 根∟63×5 拉结固定（图 4-28）；在楼面与地面分别搭设拼装胎架，25t 汽车式起重机进行桁架的地面拼装；将分段桁架安装就位，一端与已安装就位的结构相连，另一端架在支撑架顶端；400t 履带式起重机完成平面主桁架剩余分段单元，平面桁架补杆；安装下一榀平面主桁架，以及纵向次桁架，形成稳定的空间体系，进行檩条安装，依次安装全部桁架。

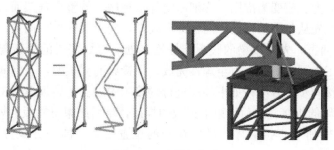

图 4-28　支撑架构造

5. 分段吊装施工过程分析

步骤 1 吊装钢管混凝土柱，楼层钢梁；楼层钢梁最大应力 39.3MPa。

步骤 2 安装屋盖主桁架，形成稳定框架；最大竖向变形 13.1mm，出现在楼层钢梁处，桁架竖向变形小；杆件最大应力 38.72MPa。

步骤 3 安装屋盖次桁架，形成完整整体；在 8.745m 标高楼面搭设支撑架；最大竖向变形 13.04mm，出现在楼层钢梁处，桁架竖向变形小；杆件最大应力 38.23MPa。

步骤 4 安装屋盖跨中第 1 段桁架；最大竖向变形 13.05mm，出现在楼层钢梁处，桁架竖向变形小；杆件最大应力 38.53MPa。

步骤 5 安装屋盖跨中第 2 段桁架；最大竖向变形 13.05mm，出现在楼层钢梁处，桁架竖向变形小；杆件最大应力 38.49MPa。

步骤 6 安装屋盖跨中横向次桁架；最大竖向变形 13.04mm，出现在楼层钢梁处，桁架竖向变形小；杆件最大应力 38.51MPa。

步骤 7 安装屋盖跨中纵向次桁架；最大竖向变形 13.04mm，出现在楼层钢梁处，桁架竖向变形小；杆件最大应力 38.5MPa；支撑架底部最大支反力 37.6kN。

步骤 8 屋盖卸载，拆除支撑架；最大竖向变形 27.2mm；杆件最大应力 45.2MPa。

步骤 9 安装檩条、玻璃天窗；最大竖向变形 36mm；杆件最大应力 47.51MPa；结构一次成型时，最大竖向变形 34.13mm，杆件最大应力 46.75MPa。

结论：①施工过程中，结构最大变形为 36mm，最大应力为 45.51MPa，施工过程中，结构变形和应力均较小，满足规范要求。②分步施工完毕与结构一次成型相比，附加变形 1.9mm，附加应力 1.2MPa；附加变形和附加应力均较小，满足施工要求。这说明该分布施工方案安全合理。

6. 吊索选择

本工程吊装选用 6×61＋1 钢丝绳，缆风绳、拉索等选用 6×19＋1 钢丝绳。

钢柱吊装钢丝绳选用最大吊装构件重 16.3t，构件设吊点 2 个，钢丝绳近似垂直状态，每个吊点钢丝绳受力约为 82kN，在安全系数 $K=8$ 的情况下，选用直径为 41.5mm 的 6×61＋1 钢丝绳。

钢桁架吊装钢丝绳选用构件最重达 11.7t，构件设吊点 4 个，钢丝绳近似角度＞45°，每个吊点钢丝绳受力约为 42kN，在安全系数 $K=8$ 的情况下，选用直径为 30.5mm 的 6×61＋1 钢丝绳。

7. 焊接顺序

焊接以控制应力、应变为准则，详细制定焊接顺序。就整个框架而言，柱、梁等刚性接头的焊接施工应先从整个结构的中间构件上施焊，先形成框架后向左、右扩展焊接。对柱-梁连接的焊接而言，先焊接梁的腹板与柱连接处，再焊接梁的翼板与柱的连接；焊接梁的腹板时，两工人同时焊接，直至焊接完成；焊接梁的翼板时，若空间允许，两工人对称焊接，保证焊接同步；否则按如下顺序进行焊接：先进行上翼板焊缝 30% 的焊接，再进行下翼板焊缝 30% 的焊接，之后结束上翼板的焊接，最后结束下翼板的焊接。对屋盖桁架而言，按照图 4-29 所示焊接顺序，最后在⑥的位置合龙，同一分段位置按照下弦→上弦→腹杆的顺序。

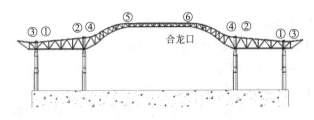

图 4-29　焊接顺序

【施工要点】

1. 施工图深化设计及计算机下料技术

为保证整个施工周期，如何确保深化设计进度是本工程一个非常重要的环节，施工单位经过多年施工类似性质项目的技术积累，形成了一套特殊的设计手法——计算机数字化虚拟建造技术，对于本工程深化设计将采用该新方法加以实现。

首先进行空间虚拟建模，然后将该单线模型导入2个以上的结构分析计算程序，进行空间受力分析，以加快深化设计进度；再按调整后的杆件截面进行空间实体建模，最后将模型导入专用生成详图的Xsteel软件中，自动生成全部深化设计图，在理论上保证100%深化设计质量，从而为能保证整个施工进度创造有利条件。

2. 钢结构制作与安装实行计算机在线管理系统技术

钢结构加工制作在工厂内完成，到现场进行安装，两者之间需要紧密配合协同，确保发运到施工现场相应构件的准时、配套，直接影响钢结构的施工进度，针对项目构件数量多，将实行计算机在线管理，做到甲方、监理、公司总部等相关部门能使用计算机在线管理软件在线监督，钢构件加工厂、现场项目部实行计算机在线协同工作，即每个钢构件从深化设计开始编制计算机管理码，整个加工制作过程进行信息跟踪管理，进行计算机信息仓储、发运管理，到现场后每个构件进行信息上网登记，做到制作开始到安装完成全过程在线管理，同时相关方能进入系统进行查询与监督。

3. 三维激光扫描虚拟预拼装技术

针对本工程将采用三维激光扫描虚拟预拼装技术对构件进行工厂预拼装，以满足现场安装精度要求，提高施工效率。采用三维激光扫描测量技术与BIM技术进行结合，通过对已加工完成的构件进行点云扫描，利用软件对安装特征（关键点、螺栓孔）进行对比分析，实现软件虚拟预拼装。对加工完成后的构件进行复测，解决由于加工误差超限导致现场无法安装情况，大大提高工程效率，杜绝构件返厂修改风险，提高现场施工效率。

4. 构件运输定位技术

构件运输定位系统主要原理：在运输构件上安装临时信号发射设备，然后采用信息化管理系统对信号进行处理，通过卫星系统对构件运输车辆实时监控。构件运输车辆均配置GPS定位设备，方便调度人员随时了解车辆实时位置。

5. BIM管理系统的应用技术

在本工程实施过程中拟运用BIM技术协同进行项目各阶段、各专业的一体化设计、施工，保障钢构、幕墙系统高标准、集成化穿插流水施工。同时，通过各专业系统间互相检查、计算机虚拟建造保障施工质量，及时、高效发现问题并解决问题。

6. 构件二维码信息追溯技术

结合本工程构件数量多、规格多的特点，引入构件二维码技术，充分发挥二维码的唯一性、可识别性及可追溯性，对出厂构件实行统一编码，将保证构件从深化设计、制作、运输、安装过程中使用同一代码，避免构件漏运、错用等现象发生。

【专家提示】

★ 对于大跨度、大吨位钢桁架结构，必须针对其施工特点、难点进行施工方案的比较和优化。本文结合新建铁路沈阳南站中央站房钢桁架施工，详细介绍了分段吊装、双机抬吊两种吊装方案的比选，比较了两种方案的优劣，确定"分段吊装"为最佳施工方案。

★ 对施工过程采用合理的数值仿真模拟，对钢桁架在施工过程中的各种工况进行定量分析，保证了施工过程中的质量和安全，并详细介绍了支撑架的布置形式，说明支撑架卸载过程应注意的问题。最终卸载后的结构变形与设计结果基本吻合。

★ 通过 BIM 技术的运用，能够为复杂项目的建设提供增值。

★ 施工完成后，对桁架跨中位置进行了测量，挠度值与施工分析相比偏差均在 10％以内。

专家简介：

邓凯，中铁建工集团有限公司北京分公司副总经理，高级工程师，E-mail：762119948@qq.com

第六节　吉林市人民大剧院钢结构工程施工技术

技术名称	钢结构工程施工技术
工程名称	吉林市人民大剧院
施工单位	浙江精工钢结构集团有限公司
工程概况	吉林市人民大剧院位于吉林市东山区，总建筑面积 37 000m²，地上 4 层，地下 1 层，由大剧院、小剧院和电影院等组成，如图 4-30 所示  图 4-30　吉林市人民大剧院

【工程难点】

剧院屋面为钢结构，共分为 2 层，上层屋面为单层网壳，下层屋面由单层网壳和双层网架组成；屋面最高点标高为 36.300m，屋面为不规则曲面，结构造型复杂，如图 4-31 所示。单层网壳结构杆件为圆管，规格为 P203×8～P402×16，材质为 Q345C；双层网架结构为抽空三角锥网架，三角锥边长为 2000mm，结构杆件为圆管，规格为 P70×4～P245×12，焊接球规格为 WS200×6～WS600×25，共 10 种规格，材质均为 Q235C。屋盖下部混凝土楼面顶部，由型钢梁和桁架梁组成，分别搭在标高不同的剪力墙上，共分为 8 个单体；钢梁最大跨度 24.0m，桁架最大跨度为 35.0m，高度 3.37m，均采用 H 型钢构件；钢梁最大截面规格为 H1 500×600×30×40，桁架弦杆规格为 H500×300×20×20，材质均为 Q345C，本工程结构总用钢量 4 300t，如图 4-32 所示。

1. 结构焊接顺序的选择及合龙时机的掌握

本工程为空间管结构体系，结构主要呈空间整体受力模式，构件受力关联性大，结构合龙的环境温度以及焊接顺序的选择对结构成型后的内力状态影响很大，必须制定合理的构件焊接顺序，以及严格按照设计要求的温度荷载来控制结构成型（即合龙），在实现设计与施工状态的统一条件下，进一步确保结构的安全性。

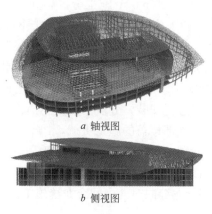

a 轴视图

b 侧视图

图 4-31　剧院结构示意

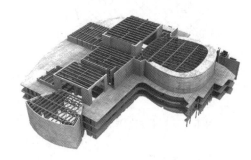

图 4-32　楼面钢结构示意

　　将屋盖合理划分成独立的 3 个安装分区，设置 3 道合龙缝，安装时当达到设计温度荷载条件时才进行结构最后的合龙，通过合龙缝的设置能同时减小温度、焊接应力对结构整体受力状态的影响。合龙缝设置如图 4-33 所示。另外，在每个安装分区的构件焊接上，采用"单杆双焊、双杆单焊"的焊接工艺，最大可能地降低焊接残余应力，如图 4-34 所示。

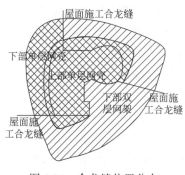

图 4-33　合龙缝位置分布

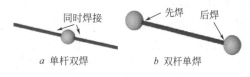

a 单杆双焊　　　　*b* 双杆单焊

图 4-34　焊接工艺示意

2. 双曲面结构复杂，结构形式多样

　　本工程屋面为双曲面结构，分为高低屋面，高低屋面在主入口位置又要进行重合，结构找型精度要求高；同时本工程的结构类型包括了网壳、焊接球网架、大截面单梁、H 型钢平面桁架等多种类型，对施工组织增加了难度。

　　为保证工程顺利进行，尽量采用地面小单元拼装后分片、分段吊装，临时支撑的方法，减少高空作业量，提高安装精度；同时对吊装单元进行计算机模拟分析，计算吊装变形和安装变形量，提前进行预起拱，制定详细的起拱、卸载方案。

【施工要点】

　　本工程钢结构工程现场安装主要分为土建结构顶部楼盖钢结构安装和网架屋面安装 2 个阶段。其中土建结构顶部楼盖钢结构按 8 个单体，分为 8 个施工分区，采用 1 台 300t 和 1 台 200t 履带式起重机分别吊装桁架和钢主梁，次梁采用塔式起重机进行吊装。

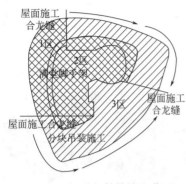

图 4-35 屋盖钢结构施工分区

屋盖网架钢结构共划分 3 个施工分区，如图 4-35 所示，2 块单层网壳和 1 块双层网架。考虑单层网壳结构刚度较弱，采用下部搭设满堂脚手架、小分片吊装施工；吊装分片采用 2 台 80t 履带式起重机，杆件补装采用就近塔式起重机施工。3 区双层网架采用"地面拼装、分块吊装"方式进行安装，分块下搭设三角格构支撑架；机械采用土建顶部楼盖的施工机械，1 台 200t 和 1 台 300t 履带式起重机，分块之间后装杆件采用塔式起重机进行吊装；吊装共分 42 个吊装块，分块最大重 26t，安装时从两端合龙缝同时向中间合龙缝施工。

【施工工艺】

1. 焊接球心定位装置

焊接球网架，结构定位均是以焊接球球心为定位点；网架拼装时，常规施工球心定位都是在地面先打点做好标记，再通过标记点搭设支撑胎架，最后在拼装胎架上放置焊接球，在此过程中，胎架的搭设均基本是以肉眼来判断搭设精度，精度较差。同时在用水准仪测量焊接球位置时，由于球心无法测量，通常把水准仪标尺放置于焊接球正上方，近似找到球心，人为误差很大，精度难以保证。

本工程发明一种焊接球球心点定位装置。装置为一段圆管加一块圆形封板组成，定位装置组装时，需保证封板圆心与圆管圆心在同一直线上，并在圆形封板的圆心标志十字线。施工时，将球心定位装置放置于焊接球顶部，在封板上放置一个十字水平尺，通过不断调节装置的水平位置，当十字水平尺的两个气泡均位于中心位置后，说明球心定位装置已经放置准确；此时，装置顶部封板的十字标线中心即为焊接球球心的正上方位置。

2. 焊接球抓取装置

本工程双层网架结构中含有大量的焊接球，近 4000 个。为便于焊接球吊装，通常我们会在焊接球上焊接一个吊装耳板，通过耳板实现对焊接球的抓取。这种方法需要对焊接球进行焊接，焊接球安装完成后，还需采用火焰对耳板进行切割，施工较为烦琐，成本也较高，同时耳板的焊接与割除，极易对焊接球母材产生破坏。

此外，若结构安装完成后再进行割除，由于结构已受力成型，割除耳板产生的热量，会影响焊接球附近杆件内力变化，对结构产生影响。由于耳板的存在，焊接球在运输过程中，为避免耳板的破坏以及保证堆放的空间，需要调整焊接球的摆放角度；安装过程中对焊接球的堆放也会产生较大限制，以便于焊接球的抓取，施工较为费时费力。

为避免采用焊接球耳板吊装抓取方式，本工程设计了一种焊接球抓取装置，如图 4-36 所示。本装置由固定部分和提取部分 2 块组成；固定部分为一个圆环形球托，由 2 块活动连接的半圆钢条组成，其中一个半圆钢条可以绕另一个半圆钢条的一端相对转动。提取部分由 4 个吊带组成，吊带下部设有吊钩。吊装时，将可以活动的球托固定于焊接球下部，吊带的吊钩固定于球托的凹槽中，通过吊装吊带即可实现对焊接球的吊装。

3. 合龙缝节点设计

本工程钢结构屋面面积较大，同时工程焊接量也较大，为减小温度对结构内力的影响共设置了 3 条合龙缝。常规合龙缝结构杆件有 2 种施工方式：待屋面其他结构杆件安装完

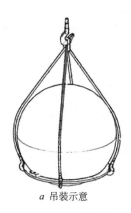

a 吊装示意　　　　　　　　b 球托

图 4-36　焊接球抓取装置

成后，最后吊装合龙缝处结构杆件进行施工；合龙缝处结构杆件随结构一起安装，先点焊固定，待其他杆件安装完成后，最后再焊接合龙缝处焊缝，完成合龙。以上 2 种方式，均有一定的缺点。

最后吊装施工合龙缝处杆件方式，需要二次倒用机械吊装，同时由于外侧结构已安装完成，合龙缝最内侧杆件吊装容易出现卡杆现象。采用临时点焊方式，当合龙缝两侧结构边界约束较强、施工工期较长时，合龙缝处温度应力会较大，存在点焊焊缝拉裂情况，同时点焊焊缝也会对杆件产生一定的内力作用，不能较好地消除温度带来的影响。

合龙缝处杆件一端按设计要求正常焊接，另一端设计成图 4-37 所示连接节点，通过圆管内的衬管与焊接球先点焊连接，在端口上部设置一个可以水平滑动的连接槽，实现合龙构件在温度荷载作用下的自由伸缩。当两侧结构安装完成后，仅需焊接完成合龙节点处焊缝即可，圆管上部的连接滑槽，因在结构上部，从下部看不见，不影响结构美观，可留在结构上，无须割除。

4. 网壳卸载装置

本工程单层网壳结构安装时，需要在脚手架上搭设

图 4-37　合龙缝连接节点

临时支撑，网壳安装完成后，需卸载网壳。因单层网壳刚度较弱，卸载位移量较大，若采用单点卸载，可能会导致相邻支撑受荷增加、下部脚手架体承载力不足问题；多点同步卸载对卸载装置要求较高，多使用液压千斤顶或沙箱进行卸载，施工成本较高。

本工程采用一种千斤顶分级卸载装置，可实现单点分级卸载方式进行施工，保证单根支撑架的卸载，对相邻支撑架影响较小。如图 4-38 所示，千斤顶分级卸载装置通过瓦片撑支撑上部圆管网壳结构，瓦片撑下部通过圆管套筒固定，圆管套筒下部设置若干弧形垫片。卸载时，通过千斤顶支撑起上

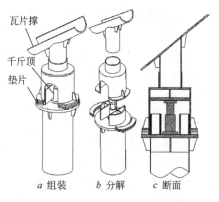

a 组装　　b 分解　　c 断面

图 4-38　千斤顶分级卸载装置

部网壳质量后，抽出一块钢垫片回落千斤顶，实现支撑点一级卸载。整个网壳卸载时，可以逐个对支撑架进行逐级卸载，实现整个网壳的分级同步卸载。本卸载装置千斤顶可以循环使用，施工便利，成本较低。

【专家提示】

★ 吉林市人民大剧院钢结构工程，主要采用了地面拼装、分块吊装施工技术。本文系统介绍了其钢结构施工的重难点和施工思路，详细说明了施工过程中的关键施工工艺，主要包括焊接球心定位装置、焊接球抓取装置、合龙缝节点设计和网壳卸载装置。

专家简介：

赏根荣，浙江精工钢结构集团有限公司副总经理，高级工程师，E-mail：shanggengr
@jgsteel. cn

第七节　某展览馆异形复杂管桁架钢结构施工关键技术

技术名称	异形复杂管桁架钢结构施工关键技术
工程名称	科技展览馆
施工单位	甘肃省建设投资(控股)集团总公司
工程概况	甘肃省庆阳市城市规划,科技展览馆位于世纪大道西侧,民俗博物馆东侧,占地 1.33hm²。工程整体设计为流线型长方体,由多条不同弧度不同高度的流线型长方体组成,寓意庆阳未来发展一浪高过一浪,整体形状看似舞动的绸缎,层次丰富,新颖别致。本工程地上 4 层,一层为综合展区;二层为文化展区;三层为科技展区;四层为规划展区。  图 4-39　工程效果 结构类型为框架钢管桁架组合结构,钢结构为空间异形管桁架结构,总建筑面积为 11 658.68m²。4 层独立柱标高因有钢结构预埋件,标高各不相同,作为主桁架支点的框柱结构最低标高+16.300m,最高点标高为+29.950m。如图 4-39 所示本工程异形管桁架上、下弦杆采用直径 180mm、厚 10mm 及直径 180mm、厚 12mm 2 种管件,腹杆采用直径 95mm、厚 6mm 及直径 108mm、厚 5mm 2 种管件。本工程管桁架支座间最大跨度为 14.8m,最小跨度为 7.2m

【工程难点】

1. 无法采用整体顶升和多点支撑高空拼装技术

本工程属于大跨度异形管桁架屋盖钢结构工程，工程 8 条主轴线为 8 道主桁架，每道主桁架造型都不一致，形体变形幅度较大，空间形体复杂，各支点标高不一致，故无法采用整体顶升技术。若使用较大段桁架高空分段拼装，大段桁架起重量较大，塔式起重机无法吊装，且本工程占地面积较大，50t 汽车式起重机起吊半径不足以吊装建筑物中间部位桁架，故本工程也无法采用多点支撑高空拼装技术。

2. 采用高空散拼焊接技术及关键技术

本工程前期策划中，也考虑到上述问题，通过与设计单位多方沟通，多方专家论证，最终决定采用高空散拼焊接技术进行安装。采用高空散拼焊接技术，即将每跨主桁架的上弦杆和下弦杆运至高空进行焊接，焊接时固定位置即为设计支点框架柱，上、下弦杆焊接完成后，再进行腹杆焊接，故此方案为主桁架逐段在设计的支座之间焊接完成，焊接时支撑点即为设计支座，支座间最大跨度14.8m，故不涉及焊接完成后的整体卸荷，固本工程采用高空散拼焊接方案的关键技术，主要在于以下技术重点：对焊接节点的相贯线切割要求精度较高，对大弧度上、下弦杆的机械弯曲成型精度要求较高；对现场焊接的施工精度及焊接变形控制要求较高，高空焊接工作量大，而且节点全部采用钢管与钢管相贯通接点，焊接较复杂，焊缝检测较复杂；高空散拼吊装的施工顺序及定位；主桁架上、下弦杆三维空间的精确定位要求较高。

【施工要点】

1. 钢管相贯线切割精度控制

钢管相贯线的切割采用圆管数控相贯线切割机进行。采用五维或六维相贯线切割机对钢管相贯线切割，切割成与主管外表面互相吻合的空间曲线形式；若支管壁厚≥6mm时应切坡口。切割钢管时，应考虑主管为曲杆等因素对其切割轨迹的影响，下料时严禁采用人工修正方法修正切割完的钢管。本工程通过采取数控相贯线切割机，数控相贯线切割机型号为HID-300EH、HID-600EH等，可切割钢管规格为$\phi 60 \times 5 \sim \phi 1850 \times 100$，有效地保证了端部相贯线的加工质量。钢管端部相贯线切割后的允许偏差如表4-1所示。

端部相贯线切割后的允许偏差 mm 表4-1

序号	项目	允许偏差
1	直径 d	$\pm d/500$,且控制在± 5.0内
2	构件长度 L	± 3.0
3	管口圆度	$d/500$,且$\leqslant 5.0$
4	管径对管轴的垂直度	$d/500$,且$\leqslant 3.0$
5	弯曲矢高	$L/1\,500$,且$\leqslant 5.0$
6	对口错边	$t/500$,且$\leqslant 3.0$

2. 弧形钢管加工制作

由于建筑要求本工程的管桁架需要弯弧，应控制好桁架钢管的弯曲加工精度要求，因桁架弦杆最大管径仅为直径180mm、厚12mm的管件，结合实际情况，采用CDW24S-500型数控自动型弯机冷加工。

3. 高空散拼焊接

（1）高空焊接难点

本工程屋盖为空间桁架体系，焊接工程量主要包括：桁架弦杆分段对接焊接、腹杆与弦杆相贯焊接、支座焊接、屋面梁焊接等。主要在现场拼装焊接，部分高空焊接，以Q345B等合金高强钢为主，以保证整体焊接质量。Q345B等合金高强钢焊接性能较好，但随着强度级别的增加，淬硬性和冷裂倾向会随之增大。高空条件下对焊接操作影响较大，尤其是当高空风速较大且贯穿于现场焊接施工全过程中，尤其是对气体保护焊的影响较大。本工程空间管桁架截面均为圆钢管，节点类型为相贯节点。杆件数量多，焊接量大。本工程中主桁架采用了厚壁钢管，钢管厚度增加会加大焊缝金属熔敷量，从而使焊接变形及应力增大，同时焊缝裂纹敏感性也相应加大。

（2）焊接施工

桁架弦杆与弦杆的对接焊接中，焊接坡口形式如图4-40a所示，焊接位置为水平固定，焊接方法为SMAW（手工电弧焊）。

桁架的对接焊缝焊接时要预热。通常采用柔性履带式电加热片伴随预热，加热片布置如图4-40b所示，预热温度为120～150℃。预热范围：焊缝两侧，每侧宽度应大于焊件厚度的2倍，且≥100mm。预热应均匀一致。层间温度为120～200℃。焊后缓冷。

斜腹杆与铸钢件的对接焊缝焊接中，焊接坡口形式为相贯焊接，焊接位置为全位置，焊接方法为SMAW（手工电弧焊）。

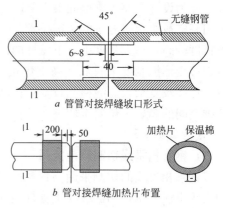

图4-40 对接焊缝坡口形式

弦杆与腹杆的相贯焊接中，焊接坡口形式为相贯焊接，焊接方法为SMAW（手工电弧焊）或TIG（惰性气体钨极保护焊）＋SMAW。

钢管相贯线焊缝位置沿钢管周边分为A（趾部）、B（侧面）、C（跟部）3个区域。当$a≥75°$时A、B、C区采用带坡口的全熔透焊缝，当$a≤35°$时，C区采用角焊缝，若焊缝高度大于1.5倍支管壁厚，各区相接处坡口及焊缝应圆滑过渡，如图4-41所示。

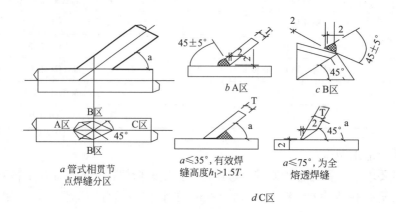

图4-41 相贯焊接坡口形式

焊缝返修中采用碳弧气刨清除缺陷，确认彻底清除后，用砂轮机清除渗碳层，然后补焊，工艺同正常焊接。焊缝同一部位不宜超过2次返修。

焊接过程质量控制重点：①焊接层间温度；②焊道间熔渣必须彻底清除；③焊接速度、焊接电流、电压应与焊接工艺指导书一致，若发现按照焊接工艺指导书施工有焊接缺陷时应立即通知焊接技术负责人；④尽量一次焊完，防止焊接冷裂纹。

（3）焊接变形控制

焊接施工顺序对焊接变形和焊后残余应力有很大影响。焊接时结构焊缝应合理，使结构受热点在整个平面内对称均匀分布，避免因受热不均而产生扭曲和较大的焊后残余应力。工程中综合使用了以下方法控制焊接变形，对工程质量控制起到很好的效果。

（1）反变形法

按照事先估计好的焊接变形的大小和方向，在装配时预加相反的变形，在构件上预制出一定的反变形，使之与焊接变形相抵消来防止焊接变形。本工程中反变形法主要应用在预埋铸钢件与腹杆焊接中，铸钢件每条环焊缝由 2 名焊工对称施焊，多层多道焊防止变形。腹杆两端同时焊接，且腹杆存在多条相贯焊缝，焊缝较集中，采用 1 条相贯焊缝焊接完毕冷却后，再焊接相邻的反向相贯焊缝，以防止应力向同一方向集中，抵消焊接变形。

（2）焊接顺序

焊接顺序一般依照下述原则：收缩量大的焊缝先焊；对称焊；长焊缝焊接时采取对称焊、逐步退焊、分中逐步退焊、跳焊等焊接顺序。本工程焊接顺序为先焊主弦杆管与管对接焊缝；焊完一条再焊另一条，同一管件的 2 条焊缝不得同时焊。焊接时由中间向两边对称跳焊，以防扭曲变形。

（3）对称施焊法

对于对称焊缝，至少 2 人同时对称施焊，对大的结构可采取多人同时施焊，使焊缝间相互制约，结构不会发生整体变形。本工程中对称施焊法主要用于主桁架上、下弦杆的焊接，即从相邻 2 个支座处开始向中部焊接上、下弦杆，焊接合龙时，在地面使用全站仪全程监控上、下弦杆中轴线位置，防止偏移。

（4）刚性固定法

本工程主要采用专用夹具在杆件焊接前定位并刚性固定。

4. 焊缝无损检测

本工程除全熔透焊缝质量为一级外，支座节点为一级，其余为二级，角焊缝质量为三级，项目部施工现场配备有资格的专业检测人员，进行焊缝外观检查和无损探伤的自检工作，并做好焊缝检查探伤记录。此外委托兰州理工大学土木综合实验中心按照规范要求，对本工程焊缝质量进行检测，检测仪器为 CTS-22 型超声探伤仪，经检测全部合格。

现场焊接将以通过的焊接工艺评定来确定焊接工艺的各项参数。本工程的焊接工艺参数类似管桁架工程的焊接工艺评定。

焊缝探伤检测前由专人采用磨光机打磨焊缝表面及两侧的飞溅物，确保探头滑动自由。

依据设计图纸的要求和无损探伤规范来判别焊缝焊接质量，出现问题及时上报，根据焊缝缺陷部位进行分析，编制相应的修改工艺，报监理单位确认，确认后由专职质检员跟踪及时组织焊缝返修，完毕后安排复检，出具检测结果。

5. 管桁架高空散拼吊装

（1）异形管桁架安装总体流程

钢柱吊装→脚手架平台搭设，现场进行桁架拼装→Ⓐ，Ⓗ轴处 2 榀桁架（HJ-1、HJ-4b）吊装→HJ-2、HJ-2a、HJ-3、HJ-3a、HJ-3b 桁架①轴外侧部分吊装→其余部分进行高空散拼焊接、雨篷桁架吊装，安装完成所有的桁架结构。

（2）管桁架高空散装

本工程大部分桁架采用满堂脚手架高空散装的方法进行安装，在脚手架平台上使用脚手架钢管搭设拼装胎架，使用塔式起重机进行材料的垂直运输，根据桁架的实际位置进行拼装作业。

满堂脚手架搭设在桁架下部搭设满堂脚手架，用于桁架安装。满堂脚手架采用扣件式钢管脚手架，脚手架的搭设应符合 JGJ 130—2011《建筑施工用扣件钢管脚手架安全技术规范》的要求。本工程满堂脚手架用于高空散拼焊接操作平台，局部用于焊接时暂时固定上、下弦杆，不用于支撑主桁架支点。脚手架搭设如图 4-42 所示。

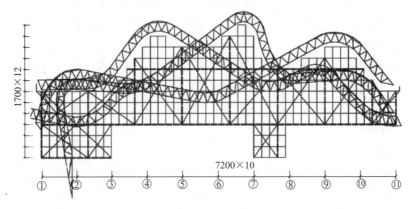

图 4-42　脚手架搭设剖面

高空拼装放线采用经纬仪在脚手架平台上放出桁架的正投影线，作为桁架拼装的控制线。在组装平台上按 1∶1 比例弹出构件投影线。

桁架上、下弦杆定位钢管吊装于操作架上，按平台上的底线配以全站仪进行精确定位，定位时以投影线为基准进行检查，钢管吊装后需进行固定，为保持其刚度要求，设计专用固定夹具。

腹杆组装弦杆定位焊接后，进行桁架腹杆组装。

拼装检测横向空间桁架为工程关键构件之一，制作完成后，根据深化设计图纸进行组装精度的检测。记录测量数据，对局部超差部位实施矫正。

6. 高空散拼焊接的三维空间精确定位

高空散拼焊接时，对测量精度提出了更高要求。配置徕卡全站仪进行钢结构安装过程的监控。标高和轴线基准点的向上投测一定要从起始基准点开始量测并组成几何图形，多点间相互闭合，满足精度要求并将误差调正。如果局部尺寸有误差，应调整施工顺序和方向，利用焊接收缩适量调整安装精度。

钢结构测量除加强自检、配备专人监测外，对主要控制点复核检测，对焊接前后的测量结果进行一定比例的抽检，以防误差的累积传递，从而保证测量精度满足验收要求。

【专家提示】

★ 钢管的相贯线切割已经很普遍，但在现场散拼焊接施工中，对钢管的相贯线切割精度及桁架钢管的弯曲加工精度提出很高的要求，若加工精度不高，现场焊接施工中再次产生焊接变形，误差较大，可能导致钢构件废弃，从而影响施工进度。

★ 相对于管桁架整体吊装施工，管桁架高空散拼焊接施工成本较低，管桁架的管壁一般较薄，对现场焊接工艺要求及操作水平要求较高，通过现场精细化管理、强化质量及操作控制，可以达到设计既定目标，完成施工任务。综合使用 4 种焊接变形控制方法，对工程质量控制起到很好的效果，制定合理的散拼吊装焊接安装顺序，对总体施工进度和施工质量起到很好的控制。

专家简介：

温纯厚，甘肃省建设投资（控股）集团总公司高级工程师，E-mail：617228303@qq.com

第八节　超高建筑群塔综合体钢结构关键施工技术

技术名称	超高建筑群塔综合体钢结构关键施工技术
工程名称	上海国际金融中心
施工单位	上海市机械施工集团有限公司
工程概况	上海国际金融中心是由上交所、中金所和中国结算3幢塔楼、整体地下室和空中连廊等结构组成的超高建筑群塔综合体(图4-43)，钢结构总量约6万 t。3幢塔楼呈品字形分布，均采用"双核心筒＋外框＋加强桁架"的混合结构体系(图4-44)。上交所塔楼地上32层，高210m，平面尺寸72m×72m；中金所塔楼地上30层，高190m，平面尺寸72m×52m；中国结算塔楼地上22层，高147m，平面尺寸42m×72m。3幢塔楼在双核心筒间以及核心筒顶部区域分别设置3道巨型支撑桁架，桁架高10～15m。在3幢塔楼的7～9F设有3层高度的呈T形布置的空中连廊，将群塔连通，连廊采用"核心筒＋巨型桁架＋框架"的混合结构体系(图4-45)，总长158m，净跨最大75m，采用了大量的高强钢材(Q420、Q460)  图4-43　上海国际金融中心效果 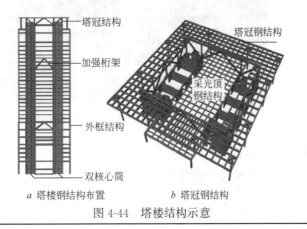 a 塔楼钢结构布置　　　　b 塔冠钢结构 图4-44　塔楼结构示意

工程概况	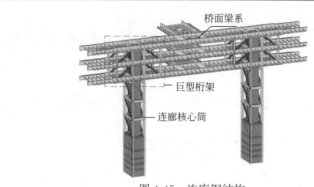 图 4-45　连廊钢结构

【工程难点】

本工程建筑群体较多、体量巨大、体系复杂，对施工组织、施工技术和施工工艺要求较高。结合工程实践，介绍了建筑群体钢结构工程中的施工组织、塔楼塔式起重机应用、塔楼钢结构施工、廊桥吊装、廊桥钢结构施工等技术。

【施工要点】

1. 施工组织设计

本工程基坑施工采用顺逆结合施作工艺，即前阶段整体逆作，后阶段塔楼先顺作，其余区域后逆作，施工布置如图 4-46 所示。钢结构施工结合基坑施工组织设计，采用综合施工技术路线：塔楼地下室顺作阶段，汽车式起重机立栈桥进行钢结构吊装，利用栈桥码头作为钢构件的临时堆场；塔楼地上部分施工阶段，大型动臂塔式起重机进行钢结构吊装（图 4-47）；连廊钢结构施工阶段，核心筒采用汽车式起重机吊装，巨型桁架和桥面梁采用行走式动臂塔式起重机吊装（图 4-48）。

图 4-46　塔楼地下结构施工布置

2. 塔楼钢结构施工

本工程 3 幢塔楼楼层面积分别为 5000、3700、3000m²，每幢塔楼均选用 2 台动臂塔式起重机设置在核心筒内。

塔式起重机选型及布置：上交所和中金所塔楼均选用 1 台 750t·m 和 1 台 500t·m 的

图 4-47　塔楼地上结构施工布置

图 4-48　连廊钢结构施工布置

动臂塔式起重机，中国结算选用 1 台 720t·m 和 1 台 420t·m 的动臂塔式起重机。上交所和中金所塔楼高度超过 200m，且核心筒墙体承载力较高，采用内爬施工工艺；中国结算塔楼高 140m，且核心筒墙体承载力较低，采用附墙的施工工艺。

塔式起重机搁置梁布置：综合考虑搁置梁的承载力、安装和拆除的可行性、搁置梁及配套埋件及牛腿等因素，最终采用经济性和功能性最优的变截面箱梁设计方案（图 4-49、图 4-50）。变截面箱梁极大地减小牛腿和核心筒内置埋件的尺寸，具有较好的经济性。

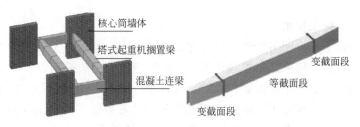

图 4-49　塔式起重机搁置梁

塔式起重机拆除技术：3 幢塔楼的塔式起重机拆除采用"中拆大、小拆中、小自拆"的技术路线，先用起重性能小的动臂塔式起重机拆除起重性能大的动臂塔式起重机，然后利用 ZSL200 拆除起重性能小的动臂塔式起重机，再用 ZSL120 拆除 ZSL200 塔式起重机，最后

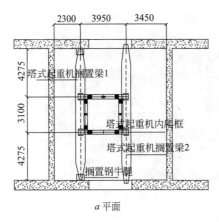

图 4-50 塔式起重机搁置梁平立面布置

ZSL120 完成自拆。其中，ZSL200 和 ZSL120 塔式起重机是为上海中心大厦塔式起重机拆除量身定做的新型起重机型，可取代传统的 Q10 和 Q6 型号的塔式起重机，具有更为优越的起重性能和可装拆性能。以中国结算塔楼为例的塔式起重机拆除平面布置如图 4-51 所示。

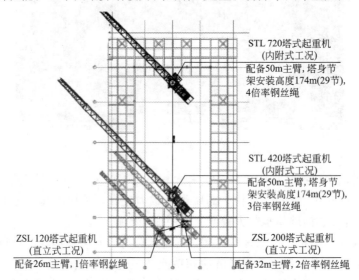

图 4-51 塔式起重机拆除平面布置（中国结算塔楼）

3. 塔楼钢结构施工技术

塔楼钢结构施工，全面考虑结构逐级加载、结构功能需求、工效质量等各种要素，综合采用了纵横向流水搭接施工、模块化施工、跟踪测量及分级控制等多种施工技术。

外框钢结构横向受制于楼面面积大的工况，实行平面内区段划分、流水施工，解决了地面堆场的不足，合理压缩了楼承板的施工周期；纵向实行钢框架先行施工，钢管柱（每节构件顶部侧面开设浇筑圆孔）内混凝土的浇筑随楼板后续施工，在立面上实现了钢结构、楼承板及混凝土的流水施工，合理节约了工期，降低了混凝土浇筑的安全风险。

巨型支撑桁架设置在双核心筒间，跨度达到 25m，体量巨大。采用"地面拼装、双机抬吊、延迟终固"的施工技术，施工监测结果表明，施工过程累积加载引起的残余应力控制在较低的水平，达到了预期的效果。

采光顶结构具有外观和幕墙支承的高精度要求，采用"预变形、跟踪测量和精度分级控制"的方法，严格将钢结构的偏差精度控制在毫米级，取得了良好的效果。

塔冠钢结构采用网格梁系结构，跨度大、悬空高，采用模块化施工技术，利用立柱和桁架筒2个支撑点，进行纵横向的模块分段施工和结构补缺，实现了无支撑超高空的精准吊装（图4-52）。

图 4-52 塔冠钢结构模块化施工

4. 廊桥塔式起重机应用

廊桥钢结构施工时，受制于场地条件（3幢塔楼完成，廊桥下方为金融剧院）和结构体系特性（跨度158m，高60m）的限制，无法采用定点塔式起重机和履带式起重机进行吊装，经过分析和优化，确定了行走式塔式起重机的实施技术，选用2台1 200t·m级别塔式起重机并行施工。

塔式起重机的行走轨道布置于廊桥与中金所塔楼之间狭长的地下室顶板上，利用纵横箱梁转换支承体系将塔式起重机荷载直接可靠地传递至地下室结构立柱上（图4-53），避免了顶板的结构加固，节约了成本。塔式起重机安装采用中金所动臂塔式起重机先行安装南塔，然后利用南塔安装北塔；塔式起重机拆除时，南塔先行拆除北塔，然后自行下降至低空，利用小型汽车式起重机进行拆除，经济高效。

图 4-53 塔式起重机转换支承体系

5. 廊桥钢结构施工技术

廊桥钢结构由双核心筒和3层T形梁系桥面组成。桥面最大长度为158m，宽22.5m，最大净跨度为75.50m，左右边跨为32.25m，T形跨净跨为25.75m。廊桥的边跨与T形跨通过大型复摆支座分别与3幢塔楼相连接。根据廊桥的结构特性、材料特性、场地条件，综合采用了大型临时支撑、滑移和提升、焊接机器人、大型复摆支座等施工技术，实现了群塔楼之间空中廊桥的高效施工。

1）临时支撑设置　临时支撑有边跨和中跨2种类型，在连廊主跨合龙后，采用自主研发的机械式卸载装置分别对跨内和边跨的临时支撑进行同步卸载，实现了结构成型与设计状态完美统一。同时，临时支撑采用结构布置优化和非标准阶段的转换等技术，成功跨越了金融剧院基坑环向支撑，实现了金融剧院与廊桥并行施工，节约了工期。

2）滑移和提升施工　中跨大型箱梁质量超出塔式起重机双机抬吊的性能范围，采用地面拼装、横向滑移、同步提升的施工工艺，实现了中跨段的高空连续安装（图4-54）。

图4-54　中跨区段滑移及提升

3）高强、超厚板焊接技术　廊桥钢结构桥面系统钢板材质为Q420GJC、Q460GJC，板厚100mm，焊接要求极高。通过优化焊接工艺、遴选优秀焊工、焊缝实名追溯、焊接机器人辅助等一系列管理及技术方法，使得超厚高强钢板的对接焊接的一次合格率达到98%以上。

4）大型复摆支座应用　廊桥桥面钢结构通过18个大型摩擦复摆式减隔震支座与塔楼相连，每个连接部位设置1个复摆支座（图4-55）。支座总承载力750t（7 500kN），摆动幅度±750mm，在超高层建筑上运用尚属首次。通过阻尼比（$\xi=20\%$）和摩擦系数（$\mu=0.05$）的控制需求，对支座曲率半径进行参数分析和精细有限元模拟计算，最终确定了支座的各项尺寸参数，达到了复摆支座的恢复能力预测和控制地震响应的设计目标。

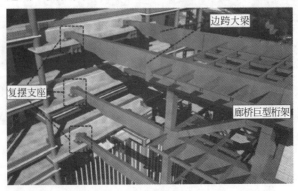

图4-55　大型复摆支座布置

【专家提示】

★ 跟随基坑施工路线的演变，确定了钢结构分阶段的施工组织技术路线，不仅突显了塔楼的先期关键路线，而且充分兼顾了连廊的后期关键路线，确保 2 年内顺利完成 6 万余吨钢结构的施工任务。

★ 根据塔楼平面布置、钢结构分布和场地条件，确定了塔楼动臂塔式起重机型号和机械布置，并结合塔式起重机支承的主体结构特点，设计出了大跨度变截面塔式起重机搁置梁。遵循"中拆大、小拆中、小自拆"的技术路线，顺利完成了塔式起重机的拆除。

★ 综合考虑结构逐级加载、结构功能需求、工效质量等各种要素，采用了纵横向流水搭接施工、模块化施工、跟踪测量及分级控制等多种施工技术，确保塔楼外框架、巨型支撑、采光顶和塔冠等钢结构的超高空精准吊装。

★ 根据廊桥的场地条件和结构体系特点，确定了行走式动臂塔式起重机的实施技术，并设计出了纵横箱梁转换支承体系，可将塔式起重机荷载可靠传递至地下室结构立柱，避免了顶板的结构加固。

★ 结合廊桥的结构特性、材料特性、场地条件，综合采用了大型临时支撑、滑移和提升、焊接机器人、大型复摆支座等施工技术，实现了群塔楼之间空中廊桥钢结构的高效施工。

专家简介：

贾宝荣，上海市机械施工集团有限公司副总工程师，高级工程师，E-mail：jiabaorong1314@163.com

第九节　迪凯城星国际中心大堂钢结构屋架施工技术

技术名称	钢结构屋架施工技术
工程名称	迪凯城星国际中心工程
施工单位	杭萧钢构股份有限公司
工程概况	迪凯城星国际中心工程位于杭州市钱江新城核心区，距离 G20 会场国际会议中心约 800m，项目用地面积约 15259m²，建筑面积约 175700m²。南楼 45 层，建筑高度约 185m；北楼高 26 层，建筑高度约 100m。建筑效果如图 4-56 所示。钢结构大堂屋架位于 2 幢楼中间部位，结构形式为箱形桁架结构。屋架长 42.58m，宽 36.50m，顶面标高 14.350m，屋架呈外方内圆的造型，中间为半径 11.22m 的圆形镂空，与下方喷泉呼应。箱形桁架构件最大尺寸为 □500×250×25，最大桁架截面高度为 2.10m，单榀桁架最大长度为 42.58m，最大质量为 28.50t，材质为 Q345B。钢桁架平面布置及效果如图 4-57、图 4-58 所示  图 4-56　建筑整体效果

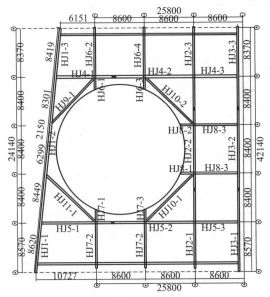

图 4-57 钢桁架平面布置

图 4-58 钢桁架整体效果

【工程难点】

本工程屋面桁架截面尺寸大、单榀质量大、预拼装和吊装难度大、安装精度要求高。考虑到车辆运输及现场起重设备能力，对长度超出运输限制的桁架在详图设计和制作加工时采取分段设计和加工，加工完成后在工厂进行单榀桁架预拼装，拼装完成后经检验合格方可出厂，准备下阶段分段吊装。

现场拼装会产生大量的对接焊缝，且对接焊缝均为一级焊缝，桁架弦杆的最大截面为500mm，均要高空焊接，对焊工的焊接水平要求非常高。且次梁的连接形式也主要是焊接连接，焊接工作量大。

桁架分段吊装时，需在桁架每个对接部位下方设置临时承重支撑胎架。支撑胎架如何设置是本工程的难点，桁架吊装时必须采取可靠的安全防护措施，且桁架高空对接时安装精度控制要求高。

【工程方案】

1. 安装方案对比

本工程钢桁架施工具有跨度大、质量大、施工场地狭小等特点。借鉴以往经验，结合本工程特点，拟定 3 种方案：①搭设满堂承重脚手架作为施工作业平台，进行原位高空拼装；②利用大型起重机从场外直接进行原位整体拼接、吊装；③对主桁架进行分段，现场完成拼装，在分段部位设置临时支撑胎架，再利用起重机械对分段桁架进行垂直吊装。方案对比分析如表 4-2 所示。

桁架安装方案对比分析 表 4-2

序号	施工方案	施工周期	成本	作业量	综合分析
方案 1	原位高空散拼	长	高	大	不可行
方案 2	整体吊装	短	较高	小	不可行
方案 3	胎架支撑 分段吊装	短	低	小	可行

综上分析，第 1 种方案无论从成本上还是从施工周期上分析，皆不满足现场要求；第 2 种方案需巨型起重机械的配合，从周边现场的实际情况和地下室承载力分析都不能满足需求，方案 2 不可行；故综合考虑确定采用方案 3，将主桁架现场拼装，在分段部位设置临时支撑胎架，分段吊装桁架的综合施工方案。

2. 安装思路

本工程 5 榀屋面主桁架为 HJ1、HJ2、HJ3、HJ4、HJ5。其中 HJ1、HJ2、HJ3 每榀桁架分为 3 段，设 2 个支撑点；HJ4、HJ5 每榀桁架分为 2 段，设 1 个支撑点；5 榀主桁架共设 8 个支撑点，分别为：ZJ1、ZJ2、ZJ3、ZJ4、ZJ5、ZJ6、ZJ7、ZJ8；每个撑点均搭设临时支撑胎架。主桁架分段后的最大长度为 14.84m，最大质量为 9.82t。临时支撑胎架平面布置如图 4-59 所示。

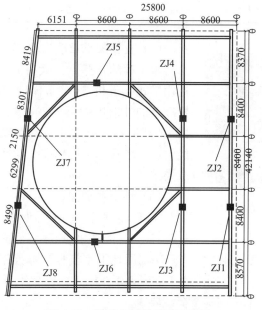

图 4-59 临时支撑胎架平面布置

3. 施工受力分析

（1）分段吊装受力分析

1）建立模型

为了了解支撑胎架在施工过程中的受力状态和每个支撑胎架所实际承受上部钢结构的最大荷载，并确定此施工方案的可行性，采用有限元分析软件对施工阶段进行模拟分析。首先在设计院提供的原结构模型基础上，建立主体钢结构的三维模型，如图4-60所示。

模型的建立基于以下假定和边界条件：①主体钢结构的自重由程序自动考虑；②钢结构的节点连接方式（铰接和刚接）与原模型设计假定一致；③支撑架上下两端与主体结构连接设定为铰接。

图4-60　钢结构三维模型

2）施工过程模拟

钢结构吊装时的施工顺序为：首先在分段桁架下方搭设承重支撑胎架，然后自东向西依次进行桁架的吊装、焊接，最后将支撑胎架自东向西依次进行卸载。

按照以上施工顺序，采用程序依次进行弹性分析，从而得到各工况下钢结构的内力和变形。

3）结果分析

根据受力分析结果，钢结构体系在整个施工过程中，内力和变形变化较平稳，支撑胎架的最大受力为238.0kN，位于胎架TJ6的位置；每个支撑胎架所承受的上部钢结构最大荷载如表4-3所示。

最大荷载值统计　　　　　　　　　　　　　　表4-3

胎架编号	TJ1	TJ2	TJ3	TJ4	TJ5	TI6	TJ7	TJ8
荷载/kN	133.8	130.5	171.5	177.8	232.4	238	177.1	168.9

图4-61　支撑胎架布设

（2）支撑架承重能力验算

本工程的支撑点最大荷载为238.0kN，经过验算，选用塔式起重机TC6517B-10的标准节作为支撑胎架，标准节的外形规格为2.20m×2.16m×2.80m，主肢规格为□180×180×12。支撑胎架的布设如图4-61所示。经验证，塔式起重机标准节的性能参数满足本工程的荷载要求。

（3）地下室加固

本工程地下室顶板为无梁板结构，板面标高−0.200m，板厚300mm，配筋为双层双向φ16@200，混凝土设计强度等级C35。地下室共5层，原地下室模板支撑架采用Q235脚手管，立杆间距1000mm，双向水平横杆间距为1000mm，在原支撑模架不拆除情况下，立杆加密至500mm，经过复核满足钢结构施工荷载要求。

4. 桁架吊装

（1）吊装工艺流程

本工程钢结构吊装的工艺流程为：施工机具、设备材料进场，钢构件进场→基础复测→支撑胎架搭设→分段主桁架吊装→测量校正→次桁架吊装→桁架之间的钢梁吊装。

（2）桁架起拱要求

根据设计规范及结构受力要求设置预起拱值，如表4-4所示。

桁架设计起拱值　　　　　　　　　　　　　　　　表 4-4

胎架编号	TJ1	TJ2	TJ3	TJ4	TJ5	TI6	TJ7	TJ8
设计起拱值/mm	36	36	34	35	30	30	36	36

（3）吊装施工过程

现场钢结构吊装自东向西依次展开。首先进行东侧整跨构件的吊装，其次进行北侧整跨构件的吊装，最后再进行南侧整跨构件的吊装；中间环梁区域的相关构件，随着南北两侧构件的吊装附带进行。

5. 焊接控制

（1）焊接顺序及过程控制

本工程现场焊接必须遵循对称统一、分区焊接、由下而上、由里至外；栓焊连接、先栓后焊的原则。

现场焊接须遵循先焊接主桁架、再焊接次桁架、最后焊接桁架间次梁的顺序。桁架对接焊接时，须先焊接下弦杆，再焊接上弦杆，最后焊接腹杆。

桁架弦杆采取对称施焊，焊工同时同向施焊。对于采用单面坡口的焊缝，打底焊、填充焊沿同一方向施焊，盖面焊沿反方向施焊。采用双面坡口的焊缝，先焊接深坡口侧打底焊，反面清根后焊完浅坡口侧焊缝，再焊完深坡口侧焊缝。主弦杆与腹杆相贯接头按设计要求进行全熔透焊接。栓焊连接的节点，高强螺栓安装后，先初拧 30%，然后进行焊接，等焊缝温度冷却后，再对高强螺栓进行终拧施工。结合现场施工条件，采用 CO_2 气体保护焊。

（2）焊缝质量检测

焊接完成后，首先对表面的熔渣及两侧飞溅物进行清理，待焊缝冷却 24h 后进行无损探伤检查。现场管件拼接焊缝均为全熔透一级焊缝，表面缺陷应符合一级焊缝的规定。在完成焊接外观检查后，对焊缝进行探伤检验，其检验方法需按照 GB 50661—2011《钢结构焊接规范》、GB/T 11345—2013《焊缝无损检测超声检测技术、检测等级和评定》和 GB 50205—2001《钢结构工程施工质量验收规范》之规定进行，待探伤合格后方可进行下道工序。

6. 临时支撑体系卸载

（1）卸载总体思路

为保证钢结构卸载后的变形在设计允许范围内及钢结构整体稳定，采取由荷载较大部位向荷载较小部位卸载的思路，以保证工程整体结构稳定。卸载过程中，结构受力进行了转换，由临时支撑胎架受力转化为钢结构受力。支撑体系内力分析如表4-5所示。根据内力大小确定卸载顺序按①②③④执行，如图4-62所示。

支撑体系内力								表 4-5
胎架编号	TJ1	TJ2	TJ3	TJ4	TJ5	TI6	TJ7	TJ8
内力值/kN	123.4	125.1	164.9	176.2	111.3	120.6	137.8	136.9

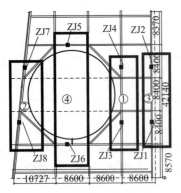

图 4-62　支撑体系卸载顺序

（2）支撑卸载

卸载前对建筑物卸载区钢结构进行整体结构临时验收，测量原始记录。卸载时在临时支撑支座钢梁上焊接 1 块观测板作为标记，使钢梁上翼缘板与标记钢板贴紧。卸载时用气割把临时支撑支座钢梁从腹板顶部处割开，让上部结构自由下降，同时观察标记板的下降量，用全站仪同步监测下降幅度，确保对称支点下降幅度相同。

所有临时支撑胎架按图 4-62 所示①→②→③→④的顺序进行卸载。

根据设计提供的预起拱值 36mm，一次性进行卸载。在中午开始卸载（中午温度最高，变形量最大），分 10 次进行切割（气割每次 1～3mm），完成卸载后停放 24h 待建筑物应力释放。

为保证卸载安全性，在整个卸载过程中，用全站仪对支撑胎架进行全程监控，确保结构加载后达到设计要求。

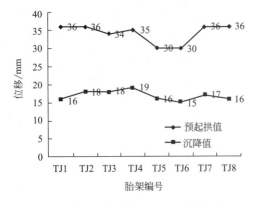

图 4-63　桁架预起拱和卸载后沉降值对比

（3）位移监测

在卸载过程中，每卸载一次，利用观测板对建筑物变形进行观测，记录胎架位置处桁架位移并进行数据分析。分析结果基本符合设计要求，实际位移值偏小，测量时现场属未完全加载（测量时只有结构部分完工，装饰装修等荷载并未计入），测量结果符合预期（图 4-63）。

【专家提示】

★ 本文介绍了大跨度箱形桁架吊装的施工方法，包括桁架分段吊装、桁架焊接、支撑胎架设置等方面。运用塔式起重机标准节作为临时承重支撑胎架，不但节省了大量的胎架措施费，而且大大缩短了工期。本工程采用合理有效的施工方法，克服了现场场地狭小、施工周期短等不利因素，使钢结构施工质量、安全及进度得到了可靠保障。

★ 工程巧妙运用塔式起重机标准节作为支撑胎架，节省了大量措施费用，仅用 32d 就完成了桁架拼装安装，节省了工期，节约了成本。

专家简介：

万勇，杭萧钢构股份有限公司，项目经理，E-mail：wan-yong@hxss.com.cn

第十节 天津周大福金融中心工程钢筋钢结构连接技术

技术名称	钢筋钢结构连接技术
工程名称	天津周大福金融中心
施工单位	中国建筑第八工程局有限公司天津分公司
工程概况	天津周大福金融中心建筑高度530m，由100层塔楼(不含夹层)、5层裙房和4层连通地下室组成，涵盖甲级办公、豪华公寓、超五星级酒店等多种业态。塔楼采用"钢管/型钢混凝土框架＋型钢混凝土核心筒＋带状桁架"结构体系，地下室T形翼墙、核心筒墙体(钢板剪力墙、钢骨剪力墙、劲性连梁)、外框SRC柱、环带桁架等塔楼重要构件均为型钢混凝土组合结构(图4-64)，涉及大量密集钢筋-钢结构的连接处理问题  *a*　　　　*b*　　　　*c* 图4-64　典型型钢混凝土组合结构分布

【工程难点】

本工程型钢混凝土组合结构中，钢结构自身形式多样，钢构件平面布局异形多，空间位置复杂多变，复杂节点连接板和加劲肋多，给T形翼墙节点、T形翼墙与核心筒斜交节点、核心筒十字墙节点、劲性连梁端节点、桁架腹杆弦杆交点和组合异形截面柱梁节点的钢筋布置带来较多阻力。

钢筋均为三级钢或四级钢且受力主筋直径较大（多为28mm或32mm），钢筋重、硬度大，遇钢结构时自身避让性能较差，对钢结构上的穿筋孔、接驳器定位精度要求高。

钢筋-钢结构连接处理方式的选择还要充分考虑工人操作的便利性、结构受力安全等。

【实施策划】

1. 避让贯通

当梁纵筋遇劲性柱钢骨时，若梁柱宽度比相对较大，梁两侧的部分纵筋优先采取平面1：6弯折避让钢骨方式实现贯通连接，并在起折处设置4道附加箍筋，典型混凝土梁与十字形钢骨劲性柱连接示意如图4-65所示，典型劲性梁与圆形钢骨劲性柱连接示意如图4-66所示，剪力墙竖向分布筋避让暗梁钢骨示意如图4-67所示。

2. 开孔贯通

当钢筋遇钢结构阻挡且不具备避让贯通条件时，采取在钢构件上开圆孔贯通方式解决。

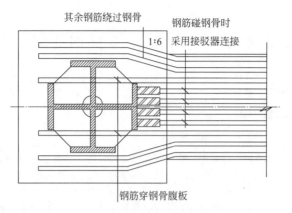

图 4-65　混凝土梁与十字形钢骨劲性柱连接

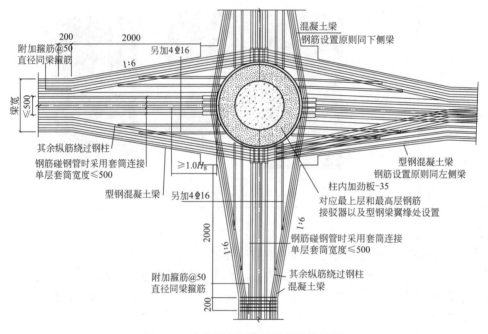

图 4-66　劲性梁与圆形钢骨劲性柱连接

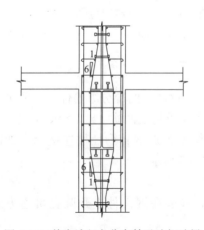

图 4-67　剪力墙竖向分布筋避让钢暗梁

（1）开孔原则

根据结构施工图纸，结合规范要求进行钢筋排布深化设计和开孔放样，在钢构件加工厂进行机械开孔，如工厂遗漏必须进行现场开孔，采取磁力钻开孔，严禁在施工现场利用火焰切割开孔。开孔大多选择在型钢腹板上，除非经过设计方复核同意，钢构件翼缘原则上不允许开孔以避免削弱受力区钢材截面积，孔洞边距离型钢按≥30mm 控制。

（2）开孔孔径

对于梁柱纵筋等平直钢筋，开孔直径取（$d+5$）～6mm（d 为钢筋公称直径），对于拉筋、箍筋等带弯钩钢筋,开孔直径取 $(d+7)\sim 8mm$,对于拉筋、箍筋穿越较厚腹板或钢板剪力墙的,在征得设计方同意的前提下,实际开孔直径根据弯钩角度、型钢厚度做适当调整,或将拉筋、箍筋的一端弯钩角度由135°调整为90°以利于顺利贯穿较厚钢板。

（3）开孔率及开孔补强

型钢腹板开孔率按≤25%控制,当因钢筋穿孔造成型钢截面损失不能满足承载力要求时,采取型钢截面局部加厚的办法补强。对于配筋密集的复杂节点,当同层钢筋种类繁多（组合多肢箍、拉筋等）且存在局部叠加时,开设竖向长孔以尽可能减小截面开孔面积。

（4）开孔间隔及错位

钢板上开孔与钢板上焊接接驳器交错布置,以尽量避免局部削弱过大,对于劲性柱腹板、钢板剪力墙等构件,深化设计时尚应考虑不同向钢筋穿孔标高相互错开,避免处在同层的不同向钢筋碰撞（图4-68）。

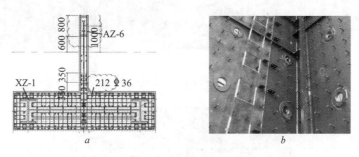

图4-68　T形钢板墙同层穿筋孔标高错位设置

（5）接驳器连接

当钢筋遇钢结构阻挡且不便开孔贯通时,采用一端带坡口底座的接驳器连接,接驳器（不可调型）由高塑性无缝钢管制作,内带丝扣,焊接于型钢构件上,型钢构件内侧（即接驳器背面）在接驳器标高处设置加劲板,用于加强和传力（图4-69）。接驳器在型钢制作期间焊接,采用贴角焊缝,焊缝高度通过计算确定。当型钢表面为弧形或梁与箱形截面劲性柱斜交时,对加长套筒做切斜角处理或定制斜底座接驳器。

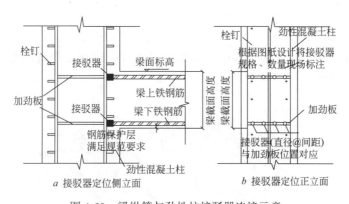

图4-69　梁纵筋与劲性柱接驳器连接示意

（6）连接板焊接

地下室梁为钢筋混凝土梁,对于与圆管柱斜交梁或与十字形钢骨柱相交节点,由于梁筋较密，圆形表面和窄翼缘钢骨不能满足接驳器设置或焊接条件时，采用在钢结构外侧设置连接板或钢牛腿，连接板或牛腿翼缘厚度根据计算确定，牛腿长度按满足梁内纵筋强度充分发挥的焊接长度控制，梁纵筋、腰筋按双面焊 5d 或单面焊 10d（d 为钢筋公称直径）焊接于连接板上。

牛腿根据梁配筋情况设计为工字形、T 字形和Ⅱ形，当梁纵筋为双排且双排筋数量较少时，通过加厚连接板，将双排钢筋直接仰焊于连接板下部。

劲性柱纵筋遇劲性柱钢骨变截面时，在钢骨上部增设竖向连接板，用于柱纵筋的重新生根连接。连接板/牛腿焊接连接如图 4-70、图 4-71 所示。

图 4-70　工字形和Ⅱ形连接板（单/双排筋）

图 4-71　变截面钢骨柱连接板

（7）点焊连接

对组合截面 SRC 柱中位于钢骨梁翼缘下的若干柱纵筋，鉴于其为构造配筋（见图 4-72），征得设计方同意后采取与钢骨梁翼缘点焊连接，在确保构造筋能正常架立的前提下，最大限度地方便施工。

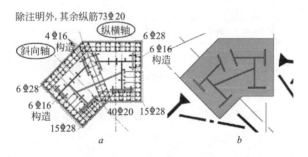

图 4-72　构造钢筋点焊连接

3. 特殊节点的组合连接应用

对于某些特殊部位或特殊节点，由于需统筹考虑安全可靠、便捷、成本等众多因素，钢筋与钢结构连接方式往往根据结构的实际特点，以各种组合形式出现。

（1）开孔＋接驳器

连梁纵筋能避开剪力墙钢骨柱的采取直锚（取 L_{ae} 和 600mm 较大者），不能避开的采取"一端接驳器，另一端钢骨柱腹板开孔"的方式，以兼顾节省钢筋和方便施工，钢骨柱腹板上水平向开孔与接驳器错开设置。

对于穿越钢板剪力墙的箍筋，根据穿钢板次数的不同，对箍筋分段拆解后采取"开孔＋正反丝套筒＋普通套筒"方式实现安装就位。

（2）接驳器＋连接板

对于受钢梁翼缘阻挡的劲性柱纵筋，采取"钢梁上下翼缘分别焊接驳器和连接板＋增设加劲肋"的连接处理措施，接驳器、连接板和加劲肋焊接均在工厂进行，现场把纵筋拧入接驳器后，顶端直接与连接板焊接（双面焊 $5d$ 或单面焊 $10d$，见图 4-73）。

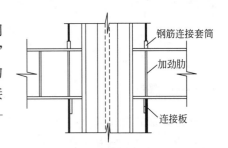

图 4-73 劲性柱纵筋"接驳器＋连接板"连接示意

对复杂截面组合柱、环带桁架中存在的钢筋与型钢斜交节点，通过在型钢上增设辅助连接板、连接板上焊接接驳器方式实现钢筋与型钢的可靠连接，辅助连接板结合型钢构件特点设计成三角形、楔形、圆转方过渡形等形式。

对于梁纵筋排数较多的梁柱节点，采用"奇数排钢筋连接板＋偶数排钢筋套筒"的连接方式，解决全连接板连接中极易出现的下排钢筋焊接操作空间狭小、箍筋与连接板位置冲突等问题。

（3）接驳器＋熔槽帮条焊

对于直径纵筋劲性连梁和厚腹板钢骨柱节点，由于钢筋重且直锚长度 L_{ae} 较大，若采用"一端开孔直锚＋一端接驳器"的方案，受操作空间限制，存在钢筋穿孔就位困难，通过接驳器与熔槽帮条焊配合使用，克服其他方式（焊钢牛腿、开孔、焊接套筒＋搭接焊、分体式套筒）不同程度存在的投入高、工效低、削弱结构、对接定位要求精准、需配套专用液压钳等弊端。

4. 钢筋形式及材质代换

在复核计算并征得设计方同意的前提下，将较厚钢板剪力墙中钢板两侧或钢骨柱外侧的局部狭长形箍筋变更为 2 根带 135°弯钩的长拉筋，顺利解决不便弯折下料、受栓钉阻挡不能顺利就位等问题。对于个别特别复杂或受实际条件限制不便采用传统方法实现钢筋与钢结构连接的梁柱节点，采用环形钢栅板条代替箍筋，环箍栅板在工厂随钢构件同步制作。

【专家提示】

★ 在劲性结构中，钢筋遇钢结构的连接处理方式主要有避让、开孔、接驳器、连接板、点焊连接、代换、组合连接 7 类形式，相比较而言，避让和开孔均属于贯通方式，因其既有利于结构传力，又最大限度地节省材料，应被优先考虑。其他各种处理形式各有利弊，实际应用中应统筹考虑结构特点、操作便捷性、进度及要求、安全及费用等因素后合理选用。

★ 复杂劲性结构施工中，钢筋施工往往占据较长时间，要避免现场返工、停工待改并最大限度地优化钢筋遇钢结构连接处理方式，超前策划是关键，必须将连接处理方式的深化与钢结构的深化设计方案和加工制作进度统筹考虑，同时，应借助 BIM 技术、钢筋数控加工设备等先进手段提高深化设计、加工制作的精度和效率。

专家简介：

孙加齐，中国建筑第八工程局有限公司天津分公司高级工程师，E-mail：31654030@qq.com

第十一节　长沙中国结步行桥钢结构安装施工技术

（一）概述

梅溪湖梅岭公园跨龙王港河步行桥，因独特造型又被称为中国结步行桥（图4-74）。被美国CNN评选为"世界最性感建筑"。该桥由荷兰Next建筑事务所设计，相互交织而又蜿蜒盘旋的设计灵感源于经典的魔比斯环和民间艺术中国结。钢桥造型独特，通过龙王港河有3条步行道。步行桥设立4个节点，可以满足从梅岭公园至银杏公园跨支路九、跨龙王港河、跨梅溪湖路的人行联系交通需求，同时成为片区标志性景观建筑物。

图4-74　步行桥效果

（二）典型案例

技术名称	长沙中国结步行桥钢结构安装施工技术
工程名称	长沙中国结步行桥
施工单位	江苏沪宁钢机股份有限公司
工程概况	梅溪湖梅岭公园跨龙王港河步行桥高24m，长183.95m。跨河部分约69m，桥面坡度最大30°。步行桥为方管格构式桁架结构。格构式桁架由两侧空间桁架通过两桁架下弦杆拉结杆件连接构成。步行桥在梅岭公园、龙王港两岸及银杏公园4处桥墩处，桁架下部通过支撑体系作为下部承重结构。钢桁架弦杆中心线为空间样条曲线，上弦杆、下弦杆及腹杆截面均为箱形截面。支座处向上伸展部位及跨越龙王港下拱的桁架上、下弦杆均为□300×16箱形杆件、跨越龙王港位于支座侧上拱桁架上弦杆为□300×16、□300×25、□300×30、□300×36等；其余桁架上、下弦杆均为□300×8；两侧桁架下弦间的拉结杆件为□200×8、□200×10；桁架支撑腹杆为□250×8、□200×8、□250×16、□250×18、□250×20；桥体扭曲交接处为□1000×600×30、□1000×30、□820×300×12。钢柱为拼焊箱体，截面为□300×16、□200×16

【工程难点】

1. 安装施工

钢桥为大跨度桁架结构，形式多样；3条步行道相互交错，钢结构三向扭曲，横跨公路及河道。周边为景观、绿化等。按常规桥梁施工，在河道中打桩设置支承体系以辅助安装。而龙王港河为景观河道，打桩船舶无法进入，且河道内不允许打桩施工。采取的应对措施为：书面向总承包业主申报，要求施工路段在施工期间封闭。采用大型起重机（350t履带式起重机）站位于河道两侧进行钢结构吊装。通过计算机模拟工况，合理分段，规划布置起重机行走路线与起重机站位。分段在地面胎架拼装，交底验收合格后采用大型履带式起重机吊装，以减少高空散装和高空焊接作业。

2. 钢桥钢结构加工

钢桥桁架截面达 3m×6m，无法在工厂组装成分段后运输至现场安装，只能在现场散件拼装。因此，现场拼装场地的需求及吊装机械投入均较大。采取的应对措施为：根据业主进度计划，合理布置拼装场地；现场设置 6 处拼装胎架同时拼装；设置 12 台汽车式起重机用于拼装作业；设置 1 台汽车式起重机、2 台平板车用于现场卸车及倒运材料。

3. 高精度测量、校正和定位

曲线形桁架的安装测量、校正和定位不同于其他结构，选择测量控制点较困难。采取的应对措施为：选择合理、可靠的高精度测量技术，包括基准控制网的设置、测量仪器的选用、测点布置、数据传递和多系统校核等，确保钢结构安装施工质量。

4. 钢结构变形控制

在施工荷载、风荷载等作用下，结构在施工阶段的稳定性亦是关键问题之一。采取应对措施为：确定合理的吊装顺序和设置有效的支撑系统。

5. 高空作业安全操作设施

钢结构安装高度约 18m，施工人员高空作业的安全防护是钢结构施工的重中之重。采取的应对措施为：设计合理的安全操作系统，包括垂直登高、水平通道、作业平台和防坠隔离措施等。除安全可靠外，须兼顾周转方便，校正、焊接等设备的放置，高空作业中改善人员心理状态视觉屏障的设立及防风防雨措施等。

6. 施工阶段结构验算、施工控制和施工监测

对于在结构自重荷载、温度荷载、风荷载作用下的结构变形和安全问题，采取的应对措施为：对各施工过程进行结构验算和分析，用以指导和控制施工。为确保结构在施工阶段全面受控，建立贯穿施工全过程的施工控制系统，以信息化施工为主要控制手段，并根据结构验算和分析结果，对结构温度、应力和变形的特征点进行施工监测，且施工监测与结构的健康监测相结合。

7. 选择合理的焊接工艺，确保现场焊接质量

钢结构构件材质大量采用了低合金高强度钢 Q345B，如何确保现场焊接质量亦是钢结构现场施工的重点。采取的应对措施为：对材质进行充分的焊接性分析和焊接工艺评定，选择合理的焊接手段、工艺参数和焊接工艺；确定合理的焊接顺序以控制结构变形。

【施工要点】

1. 钢结构吊装分段划分技术

钢桥整体建模后，根据安装方案并结合临时支撑的位置及起重机械额定起重能力，对钢桥主体桁架钢结构进行初步分段划分。根据初步划分分段的重心位置计算分析起重机吊装半径，并随时调整至满足吊装要求，确定最终吊装分段位置。

根据计算机模拟吊装仿真计算，钢桥吊装共划分为 24 个吊装分段。如图 4-75 所示。

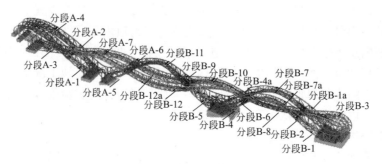

图 4-75　钢桥吊装分段

2. 钢结构吊装分段现场拼装技术

（1）拼装场地及胎架布置

现场拼装场地主要是利用周边公路。为保证构件组装精度，防止构件在组装过程中由于胎架的不均匀沉降导致拼装误差及为保护公路路面不受损坏，在公路路面上铺设路基板。为便于现场吊装，现场分段拼装均采取立拼。根据分段吊装的先后次序来确定分段的最佳拼装位置。

起重机站位均在钢桥西侧，避免分段拼装位置错误致使部分钢桥分段吊装完成后起重机无法抓吊钢桥东侧的拼装分段，在拼装前详细绘制拼装胎架布置（图 4-76），向施工人员进行详细技术交底。

（2）拼装胎架设置

胎架设置时应先根据分段坐标转化后的 x、y 方向投影点铺设钢路基箱板，相互连接形成刚性平台。平台铺设后，进行 x、y 方向的投影线、标高线、检验线及支点位置的放线工作，形成控制网，并提交交底验收，竖立胎架直杆，根据支点处的标高设置胎架模板及斜撑。胎架设置应与相应的屋盖设计、分段质量及高度进行全方位优化选择，另外胎架高度最低处应能满足全位置焊接所需高度，胎架搭设后不得有明显晃状，并经验收合格后方可使用。为防止刚性平台沉降引起胎架变形，胎架旁应建立胎架沉降观察点。施工过程中结构质量全部负荷于路基板时，观察标高有无变化，如有变化应及时调整，待沉降稳定后方可焊接。

（3）钢结构吊装分段现场拼装

拼装前，对拼装胎架的总长度、宽度和

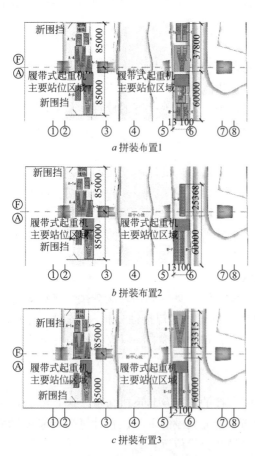

图 4-76　胎架现场拼装布置

高度等进行全方位测量校正，并对杆件搁置位置建立控制网格及对各点的空间位置进行测量放线，设置好杆件放置的限位块。复核、交底验收合格后进行分段拼装。拼装流程为：下弦杆定位→下弦杆间联系杆安装→直腹杆、斜腹杆定位→上弦杆安装→交底验收→焊接→交底验收→等待吊装。

3. 钢结构现场安装技术

步行桥从梅岭公园至银杏公园跨越支路九、龙王港河、梅溪湖路。本桥为3跨连续钢桁架桥，安装需跨公路和河道。按常规桥梁施工，在河道中打桩设置支承体系辅助安装。因龙王港河为景观河道，打桩船舶无法进入，且河道内不允许打桩施工。

根据现场环境条件结合钢桥结构进行综合研究，钢桥安装采用350t履带式起重机以分段形式进行吊装。履带式起重机主要站位于龙王港河道南北两岸。钢结构施工主要按龙王港北岸为界分为2个施工分区。先施工A区，A区吊装完成后，履带式起重机转场至B区吊装。钢结构施工分区及施工次序如图4-77所示。

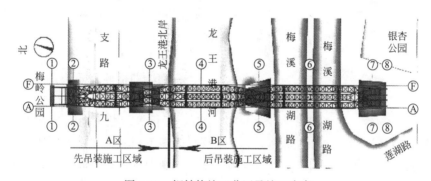

图4-77　钢结构施工分区及施工次序

（1）临时支撑布置

钢桥安装为分段吊装，达到受力状态前，需临时布置辅助支撑。根据钢桥结构特点及安装方案，临时支撑共设置14榀1.5m×1.5m格构式支撑（图4-78）。

（2）钢结构吊装

步行桥主体钢结构安装前，钢桥支座承台预埋件安装及承台混凝土浇筑均要完成。临时支撑根据施工状态相应竖立。

1）A区钢结构安装

安装A区梅岭公园侧承台1、2及龙王港河北岸承台3等部位的钢柱及柱间钢梁等钢结构，使之

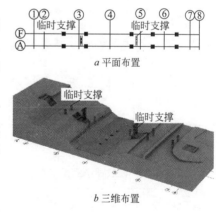

图4-78　临时支撑布置

形成局部整体结构。竖立临时支撑，350t履带式起重机采用塔式工况（主臂30m＋塔臂42m）依次安装下侧部分分段A-1、A-2、A-3、A-4；再依次吊装分段A-5、A-7；最后安装分段A-6。25t汽车式起重机辅助安装局部嵌补杆件。分段安装过程中，局部完整结构体系完成后，按"分散、对称"的焊接工艺进行焊接。A区钢结构主体安装完成后，350t

履带式起重机拆卸转场至龙王港河南侧的施工 B 区，并重新组装。A 区钢结构吊装分段如图 4-79a 所示。

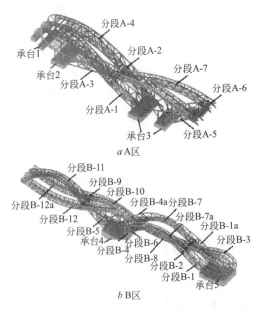

图 4-79　步行桥钢结构吊装分段

2）B 区钢结构安装

安装 B 区龙王港河北岸承台 4 及梅溪湖路银杏公园侧承台 5 等部位的钢柱及柱间钢梁等钢结构，使之形成局部整体结构。竖立临时支撑，350t 履带式起重机采用塔式带超起工况（主臂 36m＋塔臂 36m）安装横跨梅溪湖路部分钢桥分段。安装次序为：B-1a、B-2、B-3 及 B-4a、B-6、B-8、B-7a 分段；并按"分散、对称"的焊接工艺进行焊接。随后依次安装分段 B-5、B-10、B-9 并焊接；最后依次安装分段 B-11、B-12a。25t 汽车式起重机辅助安装局部嵌补杆件。B 区钢结构吊装分段如图 4-79b 所示。

【专家提示】

★ 梅溪湖梅岭公园跨龙王港河中国结步行桥，造型独特，横跨公路及河道。周边为景观、绿化等。龙王港河为景观河道，打桩船舶无法进入且河道内不允许打桩施工。针对现场诸多不利环境条件的制约，运用计算机仿真技术进行模拟分析后，通过合理划分吊装分段，规划布置起重机行走路线与起重机站位，采用"现场分段拼装＋高空原位吊装"的方案，解决了工厂制作运输难、现场环境影响安装难的问题。

专家简介：
唐香君，沪宁钢机股份有限公司，项目技术负责人，E-mail：hngjtxj@yeah.net

第十二节　超大异型截面钢骨梁施工技术

技术名称	超大异型截面钢骨梁技术
工程名称	中航技易发研发办公楼 D 座
施工单位	中国新兴建设开发总公司
工程概况	中航技易发研发办公楼 D 座等 16 项二标段工程，总部办公楼及商务酒店地上均为 21 层，通过重约 2700t 的不规则扇形钢结构大屋盖相连接，由总部办公楼以及商务酒店梁柱的劲性混凝土结构承担荷载。其中，钢骨混凝土梁构造：两侧为 1000mm×1 600mm 钢骨梁，通过 600mm×600mm 混凝土梁进行连接，整体形状为反凹字形，总尺寸为 1600mm×2600mm，且梁内各配有 1 道 H1000×400×20×30 工字钢梁（图 4-80）

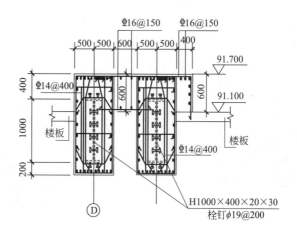

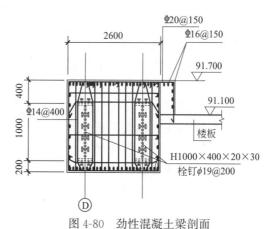

图 4-80　劲性混凝土梁剖面

【施工工艺】

1. 工艺原理

在工程中，运用 CAD、BIM 技术建立立体模型，预先对钢骨梁钢筋排布、模板支设等进行模拟施工，改变传统混凝土梁施工工序，制定合理的钢筋绑扎顺序，先进行钢筋绑扎后进行梁底模板支设，保证工人的操作空间；通过在钢梁上焊接短钢筋固定梁侧绑的方法，解决因钢梁阻挡无法进行对拉螺栓施工难题，确保梁模板定位准确、连接牢固，提高大截面异形钢骨混凝土梁的施工质量。

2. 工艺流程

钢骨混凝土结构图纸分析→运用 CAD、BIM 进行深化设计建模→梁底支撑体系搭设→钢筋绑扎→模板支设→混凝土浇筑施工→拆模后验收。

【施工要点】

1. 钢骨混凝土梁结构图纸分析

1）钢骨混凝土梁构造：两侧为 1000mm×1600mm 钢骨梁，通过 600mm×600mm 混凝土梁进行连接，整体形状为反凹字形，总尺寸为 1600mm×2600mm，且梁内各配有 1 道 H1000×400×20×30 工字钢梁。

2) 钢筋配置为：上、下铁各配置 10φ32、腰筋 14φ25、箍筋 φ14@400 等，钢筋密集且型号大、形式多样，如图 4-81、图 4-82 所示。

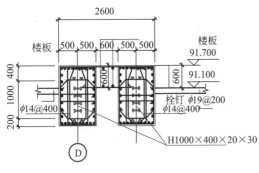

图 4-81　CAD 平面

图 4-82　BIM 排布

2. 运用 CAD、BIM 进行深化设计建模

钢结构是主体结构受力的重要构件，钢筋施工时往往受到钢构件阻挡，因此在钢结构加工图制作时须提前考虑钢筋施工的节点处理做法，在构件加工时预留连接器。大截面异形钢骨混凝土梁配筋密、形状多样，钢筋与钢筋、钢筋与钢梁之间多数交叉，在现场施工前运用 CAD、BIM 技术，根据梁的实际尺寸以及钢筋数量模拟钢筋排布，更直观地体现出各节点的交叉关系，提出合理的处理方法，确定最终的钢筋排布

图 4-83　钢筋排布 BIM 模型

方式（图 4-83）、钢筋连接器位置（图 4-84）、开孔位置（图 4-85）。

图 4-84　钢筋连接器位置

图 4-85　钢梁拉钩开孔

3. 梁底支撑体系搭设

1) 根据现场实际情况，对支撑体系进行预排布：首先需要保证梁与板立杆间可以全部搭接或者"隔一布一"搭接，确保支撑体系的稳定性；其次根据 PKPM 软件，确定梁底立杆的纵横间距以及步距最低限值，确定材料选型，主龙骨选用 100mm×100mm 木

方，次龙骨选用 45mm×85mm 木方，钢管选用 φ48×3.0。因现场施工场地狭小，如选用扣件式支撑架，无施工作业面，施工困难，所以选用碗扣式支撑架，其中梁底纵距为 600mm，梁底横距为 300mm，板底纵横间距 600mm。

2）搭设顺序：先沿梁宽方向搭设 300mm 立杆，再顺梁长方向一排一排进行搭设；立杆搭设的同时，每隔 6m 需顺梁宽方向从底到顶搭设连续竖向剪刀撑，剪刀撑角度控制在 45°～60°，支撑架体与结构柱可靠连接。

4. 钢筋绑扎

在施工过程中先进行梁钢筋绑扎，再支设梁底模板。总体钢筋绑扎顺序为先进行 2 根钢骨梁钢筋绑扎，然后支设梁底模板，最后进行双钢骨梁中间 600mm×600mm 混凝土连接梁钢筋绑扎。

钢骨梁钢筋绑扎顺序：首先进行钢骨梁上铁、下铁钢筋绑扎，下铁钢筋梁柱节点受钢柱腹板阻挡的影响钢筋无法贯通，故与钢柱交叉位置采用钢筋套筒连接，钢柱在工厂加工阶段焊接好正丝套筒，现场直接进行原位连接；为方便箍筋绑扎，下铁钢筋分为 2 段施工，即下铁钢筋以跨中为界分为 2 段，中间搭接 10d 焊接，错开 35d（图 4-86）。其次，梁内箍筋、拉钩、腰筋施工，在梁下铁

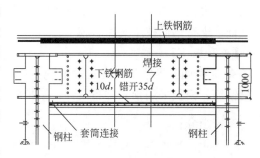

图 4-86　梁下铁钢筋节点

钢筋绑扎完一段时，将箍筋套上，待梁钢筋搭接焊接完成后，再将箍筋按间距排开，同时进行腰筋、拉钩施工。钢骨混凝土梁截面大、箍筋密集、形式多样，施工过程中不能将全部箍筋全部套在梁的一端，因此采用梁内包钢梁箍筋做成 U 形，将 U 形套进行焊接连接，钢梁预留孔位置穿梁内拉钩。BIM 模拟梁钢筋绑扎顺序：梁主筋绑扎→梁箍筋绑扎→梁腰筋、拉钩绑扎→连接梁钢筋绑扎。

5. 模板深化设计

大截面异形钢骨梁形状为反凹字形，内次梁梁绑是施工难点。首先梁底支撑体系密集，工人倒料等行动不便；其次梁内侧减去模板及龙骨，只有不到 500mm 间距，工人操作空间有限；梁中有工字钢梁，对拉螺栓施工困难。因此，考虑以上难点，运用 CAD、BIM 技术进行模拟排布，最终确定方法如下。

首先安装梁底模板，梁底模板在梁内侧预先钉制 1 道通长木方定位条，起到后续模板盒就位、龙骨以及简易导轨作用；其次安装梁内凹中模板，因梁内凹尺寸仅为 600mm，工人的操作空间极度有限，无法保证模板的整体质量和设计要求，故采用预先定制模板盒方式，分段就位安装施工流程进行施工；梁内凹模板选用对顶方法进行模板加固，并通过钢梁预先焊好的定位钢筋，控制模板的截面位移现象；最后，待连接梁钢筋绑扎完成后，安装梁两侧梁绑，梁绑模板根据钢梁内已焊接的短钢筋位置进行开孔，对拉螺栓与短钢筋进行 5d 焊接。BIM 模拟模板支设顺序：安装梁底模板→安装梁内凹中模板→安装梁两侧梁绑。

6. 混凝土浇筑

大截面异形钢骨混凝土梁结构主筋、箍筋密集，普通混凝土粗骨料无法浇筑以及振捣

条件有限，因此本工程选用自密实混凝土施工。自密实混凝土浇筑过程中浇筑点分布均匀，浇筑点间的距离宜≤5m，垂直自由下落距离宜≤2.5m。

7. 拆模后验收

大截面异形钢骨混凝土梁截面尺寸符合要求，无漏筋、缺棱掉角现象，混凝土表观优良，无蜂窝、麻面现象，尤其反凹梁中间部分无跑模现象。经检测同条件养护试块和现场回弹的方法，确定梁强度达到设计要求。

8. 材料与设备

大截面异形钢骨混凝土梁主要钢筋型号为$\phi32$、$\phi25$、$\phi16$、$\phi14$等。

钢骨梁混凝土选用C30自密实混凝土，技术指标符合要求。

钢骨混凝土梁截面尺寸为2 600mm×1 600mm，集中线性荷载＞20kN/m，属于危险性较大的模板支撑工程，因此编制了危险性较大的高大模板支撑专项施工方案，并通过专家论证，进行书面技术交底后施工。

【专家提示】

★ 大截面异形钢骨混凝土梁的施工中，质量均达到优良效果。大截面异形钢骨混凝土梁钢筋、模板采用预先排布设计，模拟施工，减少模板、钢筋浪费，同时避免了返工。

专家简介：

马健峰，中国新兴建设开发总公司总经理兼党委书记，E-mail：mjf@cxxjs.com

第十三节　某巨型厂房钢网壳结构施工关键技术

技术名称	钢网壳结构施工关键技术
工程名称	某巨型厂房
施工单位	浙江东南网架股份有限公司
工程概况	某厂房位于我国西北某地，建筑面积约3.2万m²，厂房大门高85m，宽105m。厂房结构如图4-87所示，网壳结构，外围为彩钢板。钢结构网壳长280m，宽150m，高120m。标高28.000m以下部分为圆管桁架结构，采用插入式柱脚；标高28.000m以上、75.000m以下为平板网架结构，平板网架倾角为7°；标高64.237m以上为弧形网壳，正放四角锥焊接球形节点，网格基本尺寸为6m×6m。大门结构如图4-88所示，门框结构顶标高120.000m，85.000m标高以下为双层网架；85.000m标高处设置门顶桁架梁，外挑20.2m；门顶桁架梁至拱顶区域为门头网架，主要钢材材质均为Q345C 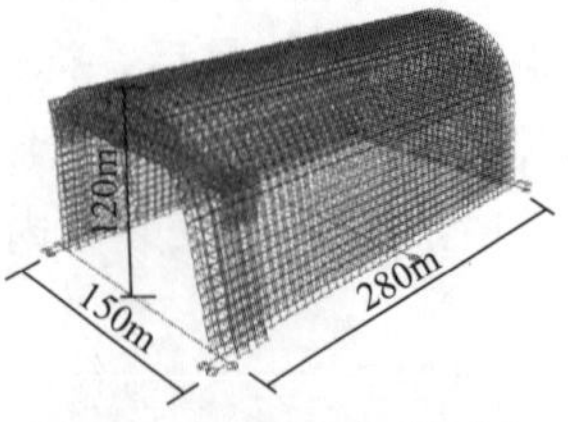 图4-87　厂房钢结构示意 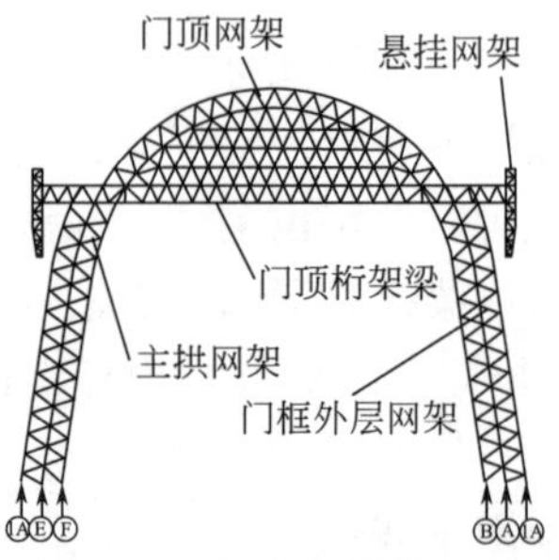　　图4-88　厂房钢结构立面

【工程难点】

网壳结构长 280m，为全焊接连接钢结构，在安装过程中由于焊接、温度等因素产生结构附加应力会造成安装精度的偏差。

屋盖拱形结构安装标高 120m，平面投影尺寸约 280m×150m。在此高度安装钢结构与屋面板，其施工安全、施工进度和施工质量较难保证。

结构屋顶为弧形造型，立面结构倾斜 7°，结构施工分区影响大；结构矢高大，水平变形大，在施工过程如何控制网壳的水平变形是整个施工过程顺利实施的关键。

钢结构网壳安装过程中，受风荷载作用影响大，合理的支撑系统设计与施工方案选择至关重要。

【施工要点】

1. 网壳结构外扩累积液压提升技术

为了提高施工安全，降低施工临时措施费，最终确定了网壳结构外扩累积提升的总体施工思路。厂房结构整体轴线尺寸 280m（①～㊽轴）×150m（Ⓐ～Ⓕ轴），考虑到长度较长，外扩提升施工时在平面上将其分成 2 个分区先后进行施工。施工一区范围为（①～㉕）轴/（Ⓐ～Ⓕ）轴，区域平面轴线尺寸 138.5m×150m；施工二区范围为（㉕～㊽）轴/（Ⓐ～Ⓕ）轴，区域平面轴线尺寸 138.5m×150m。2 个分区中间 3m距离为钢结构后补杆件，作为施工合龙缝（图 4-89）。

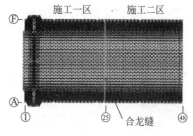

图 4-89　提升分区

在平面分区基础上，2 个平面分区在外扩提升施工过程中，钢结构立面根据高度不同均分成 6 个提升单元和 1 个吊装单元（图 4-90）。提升 1 单元在拼装平台上拼装完成，然后利用液压千斤顶提升一定高度，进行提升 2 单元的拼装，提升 2 单元拼装完成后，网壳整体落位在马凳上，马凳布置如图 4-91 所示，然后把提升支架拆除，安装至提升 2 单元提升吊点处，将提升单元 1、2 整体提升一定高度，然后进行提升 3 单元的施工。按照以上施工方法，依次完成提升 1～6 单元的提升，吊装单元最后采用分块吊装的方法直接安装到位，在提升过程中对于提升单元 1、2 和 3 的屋面进行提升。为了控制每次单元提升时结构水平变形，利用水平张拉系统调整网壳水平位移以满足设计的要求。

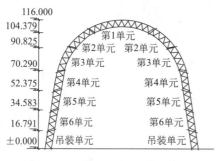

图 4-90　单元划分（单位：m）

图 4-91　马凳布置

2. 提升点布置与吊点形式

每个分块单元地面拼装后进行吊装对接。综合考虑被提升结构的受力及变形，提升过程中的稳定性及液压提升同步控制、提升就位后的对接，杆件的后装，经济效益等方面的因素，设计了 2 排格构式提升支撑架，每个提升支撑架两侧设置 2 个提升点。每隔一个轴线设置 2 个提升点，提升点设在上弦节点处，施工一区第 1 次提升吊点如图 4-92 所示，一区提升参数如表 4-6 所示。

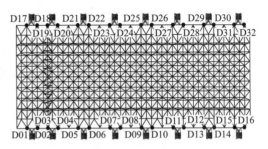

图 4-92　施工一区第 1 次提升吊点

施工一区提升参数　　　　　　　　　　表 4-6

提升次数	提升质量/t	提升吊点数量/个	提升吊点最大反力/kN	提升高度/m
一次提升	868	16	300	13.6
二次提升	1 626	16	800	20.6
三次提升	2 868	16	2 040	18.0
四次提升	3 672	16	2 570	17.8
五次提升	4 179	16	2 700	17.8
六次提升	4 894	16	2 840	16.8

由于外扩累积提升每次提升质量增大，大门处与山墙附近提升点提升质量比其他提升点大，因此设计了 3 种上提升吊点与 3 种下提升吊点，图 4-93 为下提升吊点连接 2 个立面的示意。

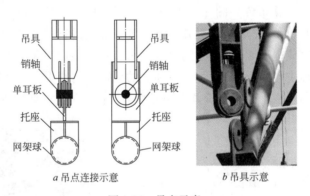

a 吊点连接示意　　　　　　*b* 吊具示意

图 4-93　吊点示意

对最大提升反力处的上、下提升点结构进行校核，提升点取所有提升反力最大值 2 840kN。上吊点最大等效应力为 170MPa；下吊点最大等效应力为 218MPa，均满足要求。

3. 提升抗风措施设计

提升过程中，被提升网壳结构的重心高于提升支架的顶标高，随着外扩单元的增加，被提升结构的重心随之提高，且提升单元 1、2 和 3 的屋面板需提前安装，与钢结构一并提升，为防止提升过程中突然的大风造成结构晃动甚至产生偏移，采取柔性与刚性的限位措施，构造如图 4-94 所示。

图 4-94　提升过程抗风措施

1）提升过程中，在跨度方向每个提升支撑架两主肢的侧面设置通长槽钢，形成滑道。槽钢通过 2 块 10mm 厚钢板与钢柱焊接。设计 $2\phi351\times20$ 的钢管，一端与结构焊接球焊接，一端位于槽钢内，该钢管端头设置四氟板便于滑动。

2）提升到位后，在分块网壳补装前，采用马板将限位杆与提升支架焊接连接，连成一个整体，保证网架结构的稳定性。为防止纵向风荷载引起结构晃动或偏移，采用 2 根钢管将提升球和提升架焊接连接。同时为防止风吸力造成结构和提升架产生较大变形，上下方向也设置了限位措施：前 2 个单元提升到位后，立即补装下一单元，在最下面球节点上设置缆风绳，与基础埋件连接并拉紧。后 4 个单元施工时，每个单元提升到位后，即补装下一单元网壳，在最下面球节点上焊接钢管，另一端与钢平台焊接。

除依靠网壳提升支架抵抗施工过程中的风荷载外，在网架外围设置辅助抗风措施，增加施工过程的安全性，在结构的四面各设置 2 道缆风措施，共计 8 道，初始张拉力为 50kN。

4. 网壳提升过程水平力的抵消措施

本工程厂房采用分区外扩累积提升施工过程中，结构在自重作用下会产生向外的水平推力，结构整体出现下挠。

在提升单元提升时分别拉设拉索，每个提升单元提升时均拉设 8 根拉索（图 4-95），以抵消网壳提升时产生水平力与水平变形。

水平拉索采用提升器进行张拉与卸载，整个过程最大索力 1530kN，最小索力 400kN；拉索采用多股钢绞线，最小安全系数为 3.0。拉索张拉前需要将与提升架相连的水平杆件拆除。拉索张拉分 2 个阶段，提升前张拉到位，网壳试提时再根据实测位移进行补张拉。完成下层索的张拉后，再拆除上层索。安装到后

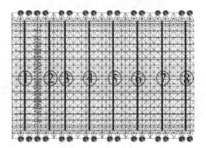

图 4-95　水平拉索布置

期单元时，由于拉索水平张拉力较大，拉索受自重影响下挠较小，故中间无须设置临时吊点。

5. 提升支撑系统设计

根据提升施工过程中提升吊点的反力大小及提升高度的不同，采用 3 种类型的提升支

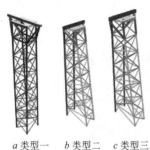

a 类型一　　*b* 类型二　　*c* 类型三

图 4-96　提升支撑架

架（图 4-96）。考虑提升支撑作为多次提升支架，类型一作为第 1、2 次提升支架；类型二和类型三作为第 3～6 次提升支架，其形状为梯形。因网壳提升到第 3 单元后，整个结构的重心标高不断提高，网壳结构的矢跨比不断增大，并且本工程第 1～3 单元是带着金属屋面一起提升，风压高度系数不断增大，水平风荷载随之增大，导致对支撑架（抗侧力构件）产生朝网壳外侧的水平推力增大，故设计梯形支撑架增大底部的抗侧刚度，保证结构整体稳定性。

为确保工程安全，运用有限元软件 ANSYS 对提升支撑架的应力和变形情况进行了验算校核。提升支撑架在计算时选用 beam188 单元，在千斤顶的支撑钢梁中心开孔处施加一垂直向下的集中力，集中力大小为该提升点处最大支撑反力的大小，在支撑架 4 个柱腿施加铰接约束。计算结果可知，提升支撑架的最大等效应力为 158MPa，应力比为 0.8，均满足规范要求。

6. 屋盖网壳合龙与卸载技术

为了提高提升器与提升支架的周转效率，厂房分 2 个施工区单独卸载，施工一区提升到位后完成与插入式柱脚钢管的对接，即可对施工一区进行单独卸载。卸载时，先进行提升架同步卸载，然后水平临时拉索拆除。施工二区与施工一区同样步骤进行。

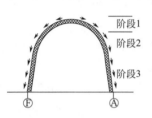

图 4-97　网壳合龙

为了降低温度荷载对结构的不利影响，同时减少施工误差，施工一区与施工二区分别安装到位后，结构在㉔～㉕轴间进行合龙，合龙温度（20±3）℃。合龙轴线上杆件数量较多，通过温度对施工过程影响的仿真分析，为了减小温度变化的影响，分成 3 个阶段从上向下依次合龙（图 4-97）。

【专家提示】

★ 针对巨型厂房网壳结构的施工重难点，采用外扩累积提升施工技术、合理地布置提升吊点，实现了提升过程结构受力合理以及施工过程安全稳定；通过对被提升网壳结构设置水平拉索有效降低了提升时产生的水平力并对水平变形进行了有效控制，通过合理地布置提升过程中柔性和刚性的抗风稳定措施大大减小了施工过程中网架的偏移，提高了结构安全稳定性。

专家简介：

周观根，浙江东南网架股份有限公司教授级高级工程师，硕士生导师，E-mail：zgg1967@163.com

第十四节　高层建筑钢筋混凝土悬挑叠层混合空腹桁架施工关键技术

技术名称	高层建筑钢筋混凝土悬挑叠层混合空腹桁架施工技术
工程名称	海纳百川总部大厦 A、B 座
施工单位	广东省第四建筑工程有限公司

海纳百川总部大厦 A、B 座工程位于深圳市前海湾,由 A、B 座两栋大厦组成,总用地面积 11632.89m²,总建筑面积约 10 万 m²,两栋大厦建筑高度均约为 100m,地上均为 23 层,地下室均为 3 层,大厦地下室之间采用通道连接,地上 2 层设置钢结构连桥连接。±0.000 标高相对于绝对标高 4.600m,首层结构标高为 −0.050m。A 座(北塔)1 层结构层高 6.0m,2 层结构层高 5.1m,3 层结构层高为 4.7m,标准层层高为 4.2m,结构总高度为 99.85m;结构形式为框架核心筒结构。

本工程 A 座北面四层至屋面层结构悬挑约 7m,悬挑高度为 17.05m,悬挑面积约 200m²,悬挑边梁上设置 4 根 800mm×800mm 截面柱连接上、下层。其中,4~6 层柱是型钢混凝土柱,4~6 层悬挑主梁是型钢混凝土梁,4~5 层设置型钢混凝土斜柱连接悬挑边柱和塔楼柱,如图 4-98 所示。

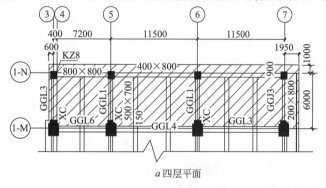

a 四层平面

b 立面

图 4-98 悬挑桁架

悬挑层之间通过边梁上 4 根 800mm×800mm 柱连接,若悬挑结构施工完 2 层及以上将形成悬挑混合空腹桁架。当斜柱的混凝土没达到设计强度或强度较低时,可近似看作悬挑空腹桁架

工程概况

【工程难点】

1. 施工阶段结构受力不明确

叠层空腹桁架结构具有刚度大、无斜腹杆、空间利用优异等特点,在获得建筑造型和满足建筑物的使用功能方面具有独到的地方,所以常常被一些建筑师偏爱。在叠层空腹桁

架的下面 2 层端部加 2 根斜杆，形成混合空腹桁架，可以减小弦杆的弯矩、剪力及下弦杆的竖向位移，有利于结构的受力。

由于空腹桁架结构是通过竖杆的拉结作用与水平杆件协同受力，而对于悬挑叠层空腹桁架结构，意味着在施工阶段随着结构层的增加以及每层结构施工过程中各构件的强度和刚度逐渐形成，都会引起整个受力体系应力重分布。正是因为应力重分布在施工阶段的不断发生，意味着施工阶段的集中荷载不能传递到某一层或者某一个构件上，否则将会影响整个悬挑叠层式空腹桁架结构在施工完成后能否达到原来的受力设计要求。

设计单位对悬挑叠层式空腹桁架结构的设计往往只针对施工完成后的使用阶段进行，并没有明确施工阶段结构的受力形式，所以，如何寻找一种切实可行的施工工艺去保证结构在施工过程中的质量要求以及施工安全要求，将是施工中的难点。

2. 悬挑部分变形控制要求高

大跨度叠层空腹桁架结构体系的整体弯曲将在楼板中产生不可忽视的附加应力，悬挑结构层楼板在考虑其与主桁架共同作用时，恒载作用下与塔楼相连接的悬挑层根部拉应力较大，随着结构施工层数的不断增加、上部荷载的逐渐加大，这种变形效应也会逐步积累，悬挑结构层的楼板受到的拉应力也会随着上部结构的施工进程而增大，从而导致楼板开裂；并且这种开裂会一直持续到结构施工全部完成后才会趋于稳定，容易造成后续施工质量问题，甚至影响建筑的使用功能。

3. 桁架节点复杂

叠层混合空腹桁架的节点受力复杂，承受较大的剪力和弯矩，易发生核心剪切破坏，底部转换梁与立柱节点区以及相关节点采用钢骨架混凝土，杆件较多，型钢和纵筋交错，若采用常用的箍筋抗剪；施工难度大，难以保证节点强度和延性的设计要求。

【施工要点】

1. 临时支撑系统设计

临时支撑的总体设想是采用扣件式钢管脚手架结合大直径钢管柱支撑的综合临时支撑体系。悬挑叠层式空腹桁架结构未成型前，仅仅依靠常规高支模体系无法保证其施工安全以及其施工期间的变形，所以采取一种新型的施工方法来继续完成悬挑叠层式空腹桁架结构的施工。在四层悬挑边柱下端加临时钢管柱支撑，采用 $\phi 630 \times 16$ Q345 钢管柱进行支顶，共 4 根。钢管柱的中心和四层悬挑边柱的中心重合，如图 4-99 所示。

悬挑高度为 17.05m，扣除梁高，钢管柱高度为 16.25m，支撑高度范围为地下室顶板至四层柱底。钢管柱分段通过法兰盘连接，标准分段长度为 3m，每根钢管柱分 6 段。钢管柱采用塔式起重机吊装就位。

钢管柱对应位置处在地下室都有钢筋混凝土柱，但都存在偏位情况，最大偏位 315mm，将采用 I20 回顶的方式进行加固。

根据设计交底资料以及施工进度计划确定，钢管柱主要考虑承受悬挑结构四～八层梁板结构施工荷载，模板支撑系统按此工况进行设计。

2. 留置施工缝

在五层板以斜柱为中心设 3m 宽后浇带，梁板钢筋搭接，H 型钢梁与斜柱铰接（螺栓不拧紧，翼缘不焊接），待桁架临时支撑拆除和悬挑楼层结构封顶后，再拧紧螺栓，焊接翼缘，浇筑后浇带混凝土，如图 4-100 所示。

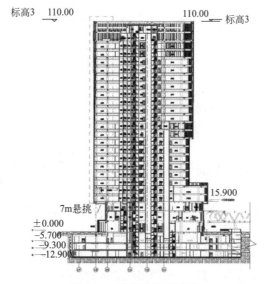

图 4-99　钢管柱定位示意

图 4-100　后浇带现场施工

3. 关键施工操作要点

（1）支撑系统安装

由于篇幅所限，对于常规的钢管扣件模板支架体系不展开叙述，重点介绍大直径钢管支撑的安装。

1）施工顺序

确定钢柱位置→地下室回顶→扣件式钢管脚手架高支模搭设→钢柱安装→拆除部分高支模（清出作业面）→钢柱拆除→完全拆除高支模和地下室回顶措施。

2）钢管柱安装

钢管柱高度为16.25m，分为6段，5处拼接。预先加工钢柱和连接法兰盘，钢管柱从上到下分为1、2、3、4、5、6号柱，1～5号柱长度都为3m，按设计要求制作加工法兰盘，分别焊接在1号钢柱的下端、2～5号钢柱的两端和6号钢柱的上端。柱的加工长度偏差只要控制在允许偏差±3.0mm即可。

钢柱采用现场7013B型塔式起重机进行吊装。7013B型塔式起重机在钢柱吊装位置的吊重为3000kg，钢柱质量约为800kg，满足吊装要求。钢柱吊点设置在钢柱的顶部，焊接耳板穿洞（2块）。钢柱在吊装前，先用全站仪确定钢管柱在钢垫板上的轴心位置，并用墨线画一个跟钢管同形心且边长为630mm的正方形，以便调整钢柱位置。

钢柱分为6段，先吊起最底下的6号柱，根据定位正方形墨线定好位，调整好水平位置和垂直度。然后，在钢柱下端焊接8块钢板加劲肋将钢管与钢垫板临时刚接，以防钢柱在安装期间失稳。最后，将钢柱与周边高支模抱箍连接，以增加整个体系的稳定性。每安装一节抱箍连接一次。完成6号柱吊装后，校正位置和垂直度，并立即与高支模钢管扣件抱箍连接，再进行5号柱吊装。把5号柱用塔式起重机吊至6号柱上方，对准6号柱法兰盘后，5号柱缓缓落下，并用高强螺栓穿入法兰盘，拧紧螺栓。然后再将5号柱与周边高支模抱箍连接。同样的方法吊装4、3、2、1号柱，钢柱与高支模抱箍的原则是高支模每两步一抱箍，即3m一抱箍。

每次吊装、连接完成，都需用磁力线坠配合经纬仪对钢柱进行垂直度监测和矫正。钢柱安装的垂直度控制在3.0mm以内。在钢柱位置、垂直度达到设计要求后，钢柱与钢垫板满焊，并再加焊4块钢板加劲肋。

（2）结构施工工艺

1）施工顺序

施工准备→梁板钢筋加工制作及模板的配置→内架搭设→梁底模及梁侧模的安装→平板模板安装→模板验收→钢结构吊装→管线预埋与梁钢筋绑扎→钢筋隐蔽验收→梁板混凝土浇筑→梁侧模拆除→梁板底模拆除。其中，型钢梁位置需要先空出梁底模和侧模，绑扎完成型钢梁位置的钢筋后再支模板。

2）节点处型钢与钢筋连接

在梁、柱节点部位，由于整根箍筋无法穿过，箍筋加工成开口套，安装时与腹板上预焊的锚固筋（在工厂预焊）焊接，或者采用双层箍筋，腰筋拉钩焊接在型钢梁腹板加强钢带上。箍筋采取单面焊的形式，焊缝长为10d。梁柱主筋采用套筒连接（套筒在工厂焊接），或焊接在梁柱节点的加劲板或连接板上，或者在腹板开洞（孔洞率需符合规范要求），主筋直接穿过。

3）混凝土浇筑

对于钢筋密集、难以使用振动棒进行振捣的型钢混凝土梁柱节点，应选用具有较高流动性和自密实性能的混凝土进行浇筑。

浇筑时，泵口应距柱口有一定距离，应使混凝土拌合物沿柱模板侧壁流向柱底，以避免柱内形成"空气包"影响混凝土浇筑质量。对于型钢混凝土梁构件，应自梁的一侧进行，待另一侧的混凝土自型钢梁底部溢出后再两侧同时浇筑。

浇筑过程中，振捣持续时间不能过长，一般每个振捣点振捣时间≤3s。还需实施外部辅助振捣措施，如利用橡皮锤敲击梁的侧模、底模，尤其是柱四角处应多敲击，这样可以检查混凝土浇筑是否密实，而且有利于排出混凝土内部的气泡。当节点浇筑面与型钢面相平时，混凝土摊铺略高于型钢面，稍加振捣，使混凝土浆料把型钢翼缘板与腹板阴角位置填充饱满，再浇筑至正常梁面标高。浇筑完成后立即对混凝土构件进行养护。

（3）钢管柱卸载拆除

1）钢管柱拆除施工条件

悬挑结构 8 层梁板以下部分混凝土强度均达到设计强度要求。

悬挑端部沉降量满足设计和规范要求。本工程设计要求施工至 8 层梁板最大挠度为 4.1mm，规范要求挠度限值为 36mm（计算跨度为 6m，挠度限值取 $l_0/250$，减去预起拱值）。

2）拆除顺序

考虑本工程钢管柱拆除的安全性，先拆钢管柱 2 和钢管柱 3，然后拆钢管柱 1 和钢管柱 4。竖向方向由顶端 1 号柱向底端 6 号柱拆卸。严格遵循"对称拆除"原则。保证拆除钢柱卸载过程中，整体悬挑空腹桁架结构挠度变形均匀，避免产生结构裂缝。

3）钢管柱拆除施工措施

在 4 层结构板浇筑前，在结构板底板靠近钢柱两侧各埋设 1 个直径为 30cm 的吊环，吊环分别距离钢柱边缘 20、40cm。

分别将 2 个手拉葫芦的一端挂在预埋吊环，另一端挂在 1 号柱的穿洞耳板，拉紧手拉葫芦保证 1 号柱顶部顶紧 4 层结构板。用气焊切除局部 1 号柱，切除范围为距离法兰盘以上 30～70cm 区域。切除完成后，缓慢释放手拉葫芦逐步降低 1 号柱，并将 1 号柱移向较远端的吊环方向，移出钢柱区，再缓慢吊至一层楼面。

1 号柱吊卸完成后，回收手拉葫芦，将手拉葫芦挂至 2 号柱穿洞耳板，松开 2 号柱与 3 号柱间的高强螺栓，吊起 2 号柱并移向较远端吊环方向，移出钢柱区，缓慢吊至一层楼面。以同样的方法吊卸 3 号柱、4 号柱、5 号柱，如图 4-101、图 4-102 所示。

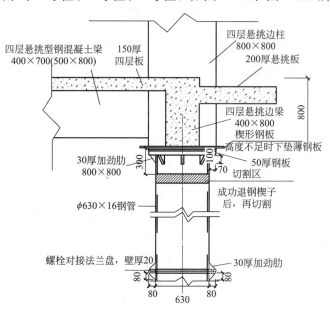

图 4-101　钢管柱拆除顺序示意

图 4-102 中，1 个柱头 2 块楔形钢板，平面尺寸 500mm×1000mm，最厚处 20mm，最薄处 5mm。

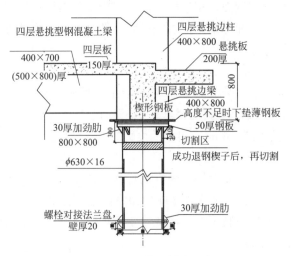

图 4-102　钢管柱拆除示意

（4）变形监测

根据主体大楼施工的现状，在塔楼范围四层受力柱体上布设 4 个水准点作为高程基准点，编号为 G1、G2、G3、G4；在四层悬挑边柱下端分别布设 1 个监测点，共布设 4 个监测点，点号分别为 R1～R4。

根据施工过程，把具体监测分为 3 个阶段：支撑拆除阶段、结构施工阶段和结构封顶后。如表 4-7 所示。通过施工过程的监测以及对结构沉降值的测量，沉降值满足设计和规范要求。

监测内容与报警值　　　　　　　　　　　　　　　　表 4-7

监测阶段	监测频率	监测项目	报警值
支撑拆除阶段	每拆除 1 条钢柱监测 1 次	悬挑梁端沉降	4.1mm
结构施工阶段	每完成 1 层结构施工监测 1 次	悬挑梁端沉降	预警位移值为 8mm 时施工至十四层，预警位移值为 10mm 时施工至十八层
结构封顶后	每 10d 监测 1 次	悬挑梁端沉降	12.9mm

【专家提示】

★ 本文针对深圳宝安海纳百川总部大厦项目的施工，对其高度较高、跨度较大的钢筋混凝土叠层空腹桁架类型的悬挑结构的施工技术进行了研究，提出了在悬挑梁底部设置大直径钢管柱支撑与常规扣件式钢管脚手架组合式临时支撑体系、在悬挑板部位留置施工缝后浇带、对型钢混凝土复杂节点的混凝土浇筑、悬挑部位的变形监测等技术措施，有效地控制施工阶段结构挠度变形，确保了结构施工的有效性和安全性，施工全过程处于安全、稳定、顺畅的可控状态。该技术施工工艺成熟简单，技术可靠，利于操作。

专家简介：

周宇，广东省第四建筑工程有限公司总工程师，高级工程师，E-mail：13312899620@163.com

第十五节　上海世茂深坑酒店异形圆管柱施工技术

技术名称	异形圆管柱施工技术
工程名称	上海世茂深坑酒店
施工单位	杭萧钢构股份有限公司
工程概况	上海世茂深坑酒店项目地处松江旅游度假区，是全球首座建在深坑内的超五星级酒店。工程结构为带支撑的钢框架结构体系，总建筑面积约 62000m²，总用钢量约 8300t，标准层层高 3.7m，标准层面积约 2500m²，坑内 16 层，坑外 2 层，其中 B16、B15 层为型钢混凝土结构，位于水面以下，B14 层以上为钢管混凝土柱，圆管柱最大截面为 φ700×30，根据现场实际情况及塔式起重机起重性能对钢柱进行分节安装，2 层 1 节柱，共分为 10 节柱，每节柱 69 支，其中斜柱 32 支。柱内混凝土均采用高抛法浇筑。工程整体效果如图 4-103 所示 图 4-103　建筑整体效果

【工程难点】

圆管柱制作难度大多牛腿圆管斜柱构件弯扭，斜插板多，单节点最多牛腿 7 个，节点复杂，精度要求高。

现场安装难度大圆管柱倾斜角度较大，最大倾角达 45°，安装时采用缆风绳、手拉葫芦及临时固定夹板多重固定方式对其进行临时固定，校正时需要塔式起重机配合进行，如图 4-104 所示。

斜柱牛腿多，角度和方向各异，安装精度难以控制。工厂制作时通过在柱身打样冲及放样拼装来控制牛腿的制作精度；现场安装时通过全站仪分别对柱顶中心点及两个相邻方向牛腿上翼缘上表面中心点坐标进行控制，通过工厂和现场以不同手段来确保多牛腿异形圆管柱的安装精度。

由于圆管柱倾斜度大且多数截面为 φ600×25，安装焊接变形大。通过 MIDAS 施工模拟分析，得出结构应力及变形位移，安装时参考模拟分析结果，同时结合实际情况进行反向预调，使最终结构变形在可控范围内。

柱内浇筑混凝土施工难度较大。圆管柱截面小且设计了内隔板，经过专家讨论，最终决定使用高抛法浇筑，柱内采用自密实混

图 4-104　异形圆管柱
安装临时固定

凝土，经现场多次试验试配，通过严格控制配合比、微振捣的工艺技术，满足设计要求。

【施工要点】

1. 圆管柱分段施工

（1）圆管斜柱分布

32支圆管斜柱主要分布在一区、二区2个区（图4-105）。

（2）分段原则

首先，考虑现场塔式起重机布置及塔式起重机起重性能参数。本项目采用2台C7052塔式起重机，臂长70m，基本能覆盖整个施工作业面，如图4-106所示。使用2倍率臂端起重量为5.2t，钢柱分节单节最重4.98t，满足吊装要求。

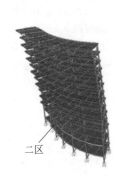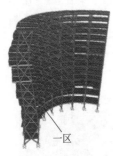

图4-105　圆管斜柱示意

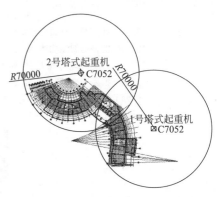

图4-106　塔式起重机平面布置

其次，考虑多牛腿圆管斜柱加工制作及运输的经济性、便利性，最大长度控制在13m；综合设计节点受力要求及现场安装的可操作性，每节柱分段点位置应高出楼板面1.3m。

最后，结合相应技术标准及规范要求，同时满足现场安装对接口焊接工艺要求，斜柱的断开点处截面必须与柱身垂直。

（3）圆管斜柱分段

圆管斜柱分段如表4-8所示。

圆管斜柱分节统计　　　　　　　　　　　　　　表4-8

序号	节号	质量/t	长度/m	最大截面规格
1	1GZ	4.98	11.7	$\phi700\times30$
2	2GZ	4.71	8.9	$\phi700\times25$
3	3GZ	3.80	7.4	$\phi700\times25$
4	4GZ	3.50	7.4	$\phi600\times25$
5	5GZ	3.50	7.4	$\phi600\times25$
6	6GZ	3.50	7.4	$\phi600\times22$
7	7GZ	3.50	7.4	$\phi600\times22$
8	8GZ	3.50	7.4	$\phi600\times22$
9	9GZ	3.50	8.0	$\phi600\times20$
10	10GZ	3.80	8.7	$\phi600\times20$

2. 圆管柱制作

（1）制作控制要点

圆管柱构件小料板件利用数控火焰切割技术，达到精确下料。

圆管柱牛腿非正交空间角度折线柱，各牛腿的定位基准线确定难度大，制作专用胎架，圆管柱 1：1 放样制作。

斜圆管柱弹出四等分线和牛腿中心线，牛腿定位以中心线为定位基准。

牛腿预装配焊接再整体组装，减小圆管柱的整体焊接变形，提高定位尺寸精度。

牛腿与圆管柱采用对称焊接，减少焊接变形对牛腿端口尺寸的影响。

制作角度样板并利用空间拉线定位测量法检测构件制作精度。

采用 CAD 和 XSTEEL 软件测量牛腿理论位置和实际位置差异，对焊接后的牛腿端口空间尺寸二次复核。

（2）制作工艺流程（图 4-107）

（3）重点环节操作要点

钢构件小件下料：零件下料采用数控等离子切割机、数控火焰切割机及数控直条切割机进行切割加工，切割质量应符合表 4-9 技术标准。

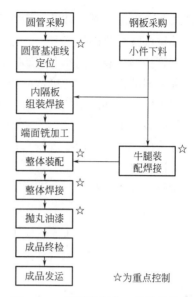

图 4-107　圆管柱制作工艺流程示意

项目	允许偏差/mm	备注
零件宽度，长度	±2	半自动、直条数控切割
	±1	
切割面平面度	$0.05t$，且≤1.5	—
割纹深度	0.2	—
局部缺口深度	1	—
条料旁弯	≤3mm	—

小件下料允许偏差　　表 4-9

圆管柱基准线定位：圆管进厂后先检测圆管的圆度、截面垂直度、直线度、长度，各项指标应符合标准。

画基准线，打样冲：圆管柱应画出 4 个方向的四等分基准线，先以圆管主焊缝为一个面的中心在两端头采用吊线锤画出主焊缝及对称面的中心点，然后按上下面中心点画出左右两边的中心点，4 个面的中心点都画好后采用粉线将两端头中心点连接弹画。

圆管柱内隔板组装：焊接圆管柱内隔板定位要以端部基准线为基准进行定位，标识好内隔板板厚左右侧；内隔板定位点焊长度 40mm，间距 200mm，背面加装钢衬垫或陶瓷衬垫；内隔板的焊接方法采用平焊或立焊。

圆管柱端面铣：圆管柱端面铣要注意调整好定位角度，保证圆管轴线垂直于端铣面；

端铣作业要以圆管端部基准线为基准；端面铣前要划出端面圆线，在端铣的过程中进行调整，端铣按圆线轨迹加工。

圆管柱整体装配制作专用胎架，圆管柱1：1放样制作，零部件要弹好各自的定位线，需装配的零部件与圆管的接触面须用砂轮机打磨。

圆管柱在端部固定角钢拉线，各标高的牛腿基准线要和角钢拉线对应，以此来保证各标高的牛腿角度方向一致。

圆管柱装配完成后要进行自检、专检，合格后转焊接工序。

3. 圆管柱安装

圆管柱安装流程控制如图 4-108 所示。

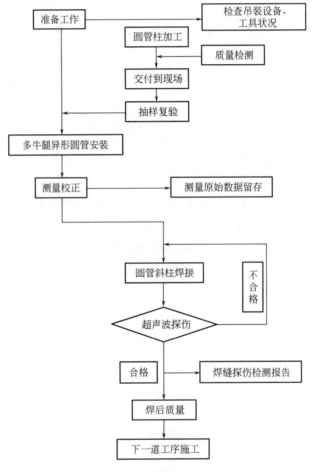

图 4-108 圆管柱安装流程

（1）安装前控制要点

下一节柱吊装前，已安装的上一节柱内混凝土必须浇筑且达到设计要求的养护强度，混凝土灌注面离柱顶 300～500mm 为宜，浇筑完毕要清理浮浆，灌水 10～30mm 养护，对柱顶灌浆口进行覆盖，避免杂物进入。

吊装前对上节柱顶标高、轴线、柱顶中心及牛腿中心点坐标进行复测。

仔细检查吊装工具，特别是吊装钢丝绳、卡环、导链、吊钩，确保完好无损。

检查吊装机械的性能，钢丝绳、限位器等是否正常。

爬梯必须预先与钢柱固定牢固，且应固定在斜柱的背面一侧，同时在柱顶挂好防坠器，供卸钩人员使用。

在已安装的上一节柱顶相对两侧预先焊接定位板，2块定位板之间的净间距与圆管柱截面直径一致，这样斜柱吊装就位时更容易操作，如图4-109所示。

在待吊装的钢柱柱底预先挂上安装使用的临时固定夹板，如图4-110所示，穿1颗安装螺栓临时固定，待钢柱吊装就位后再安装剩余螺栓并紧固。

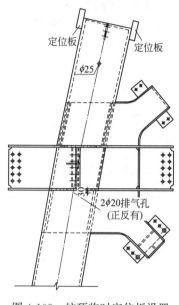

图4-109　柱顶临时定位板设置

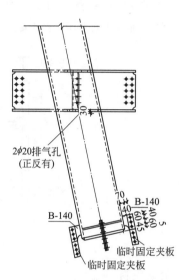

图4-110　安装临时固定夹板

（2）斜柱安装原则

随着结构安装荷载不断增大，结构中应力及变形也在不断变化，通过施工模拟验算得出最大应力及变形在B8、B7层，第5～6节柱上。在没有临时支撑约束的情况下，为了控制结构安装中的应力及变形，施工中应遵循如下原则：①通过控制安装顺序减少结构整体变形。从楼梯间、电梯井处开始安装，先安装直柱，再安装斜柱，然后接着同步安装斜柱与直柱间的框架梁，使尽快形成稳定的单元体，减少结构变形；②斜柱一侧均有悬挑阳台，安装斜柱时，尽量利用结构自身的重心找平衡，将变形控制在最低；③控制楼层混凝土浇筑层数，楼板混凝土浇筑滞后钢结构安装2层，依据施工模拟分析，当浇筑完B8层时停止，待钢结构全部安装完毕后再依次逐层浇筑；④每安装完一节柱应及时同步安装柱间支撑及相应框架连系梁，使结构尽快变成整体受力状态。

（3）斜柱吊装

斜柱吊装采用2点起吊，考虑单根柱最大质量为4.98t，通过计算，采用2根$\phi22$长6m钢丝绳与一个5t倒链组合的吊装钢索系统进行吊装。采用全站仪分别对柱顶中心、上层相邻两个方向牛腿中心点三维坐标进行测量，使之与设计模型中的三维坐标一致，达到精确校正效果。

（4）斜柱焊接

本工程斜柱焊缝较多，焊接变形控制难度大。因此，采用 CO_2 气体保护焊并制定相应措施来控制异形圆管柱焊接结构变形。

1）焊接顺序

焊接接头应在该施工流水段主要构件（包括柱、梁、斜撑）安装、校正定位完成后进行焊接。

立面上采取先焊上层梁接头，再焊下层梁接头，其次焊接柱间接头，最后焊接中层梁的焊接顺序。

平面上采取围绕中心部位对称焊接的顺序，避免集中于一处焊接。

两人同时逆时针对称、同步、分层、多道施焊，对于单个接头，应根据构件截面大小以分段、对称施焊的原则进行焊接。斜柱焊接如图 4-111 所示。

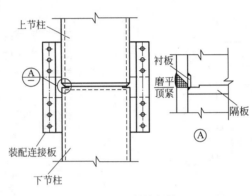

图 4-111　斜柱焊接

2）余量控制

焊缝收缩（主要为横向收缩）对构件的变形影响较大，而收缩量主要与焊接线能量关系密切。为此，在焊接工艺评定时，进行现场模拟接头试验，通过分析异形圆管柱焊缝收缩量的数据，为斜柱对接焊缝进行收缩预控。

3）合理调配安装和焊接顺序

为了减小构件变形，保证施工进度和操作安全，采取时间和空间错开的方法，合理安排吊装和焊接次序，做到搭接施工。

4）随时监控焊接变形

在整个焊接过程中，随时用测量仪器进行变形监控。当某个点处偏差可能超控时，调控焊接顺序，及时加以纠偏。

结构变形控制贯穿于整个焊接过程，特别是起初几个区段更为重要。通过焊接过程中的跟踪监测，摸索相应规律，以便指导后续施工。

5）焊接操作注意事项

焊接作业区风速手工电弧焊时不得超过 8m/s，CO_2 气体保护焊不得超过 2m/s，否则应采取防风措施。

焊接操作平台防护栏四周用阻燃型材料封闭，可有效防止大风及雨水对焊接的影响。

焊前应保证预热，对层间温度有效控制，降低接头拘束度，减少焊接热影响区范围。

采取焊后缓冷或后热，使接头在冷却时能均匀减少焊接收缩，降低残余应力峰值和平均值。焊接参数选择如表 4-10 所示。

焊接参数
表 4-10

焊材	焊接位置	气体流量 / (L·min⁻¹)	气体流量 / (L·min⁻¹)	电流/A	电压/V	干丝长度 /mm
ER50-6	平焊	15～20	280～300	26～28	35～38	15～20
ER50-7	立焊	15～20	220～260	20～24	25～30	15～20

6）焊接质量检测

焊缝质量检测分外观检查和无损检测。外观检查按照 GB 50661—2011《钢结构焊接规范》执行；无损检测（UT）按照 GB/T 11345—2013《焊缝无损检测超声检测技术、检测等级和评定》执行。本项目斜柱对接均为一级焊缝，必须 100％探伤检测，采用超声波探伤仪在焊后 24h 进行检测。

7）焊接缺陷返修

焊缝表面的气孔、夹渣用碳刨清除后重焊。

母材上若产生弧斑，则要用砂轮机打磨，必要时进行磁粉检查。

焊缝内部的缺陷，根据 UT 对缺陷的定位，用碳刨清除。对裂纹，碳刨区域两端要向外延伸至各 50mm 的焊缝金属。

返修焊接时，对于厚板，必须按原有工艺进行预热、后热处理。预热温度应在前面基础上提高 20℃。

焊缝同一部位的返修不宜超过 2 次，否则要制定专门的返修工艺并报请监理工程师批准。

4. 安装过程质量控制

对进场原材料进行抽样复验，力学性能检测合格后方可用于现场安装。对于圆管柱直缝焊管还应进行化学分析。

选择合理的安装次序，严格按照施工方案及施工模拟分析结果执行。

控制好测量过程，将测量原始数据进行归档保存，便于与后续监控数据作比较。

圆管柱对接均为一级焊缝，焊工一律持证上岗，焊缝必须 100％探伤检测合格，质量验收合格，探伤无缺陷。

施工过程中尽量利用结构自身重心找平衡，并通过钢结构安装校正过程控制钢柱的位移，尽可能地减少由于结构自身重心不平衡引起的水平位移，减小钢结构构件在施工阶段的受力。

对于多牛腿圆管斜柱，主要控制点在牛腿的定位精度，工厂制作和现场安装都必须严格控制，采用多道程序把关，才能使安装精度更高。

5. 施工过程安全控制

圆管斜柱安装比直柱安装难度高，施工时作业人员必须按要求操作，特别是卸钩时摘钩属于高空作业，必须戴好安全帽、系好安全带，穿登高防滑鞋，挂好防坠器。

圆管斜柱安装时临时固定必须牢靠，缆风绳必须拉设到位。

【专家提示】

★ 相较于普通的直圆管＋焊接 H 型钢框架结构，多牛腿异形圆管柱加工制作安装工艺复杂，特别是圆管的弯扭变截面，涉及节点的补强，制作时需要增加贯穿隔板，存在很多的隐蔽焊缝，安装时变形较大。通过不断探索实践，制作了新的工艺技术措施和合理的装配焊接顺序保证了工程的顺利进行，工程质量得到了有效保障。

专家简介：

刘重阳，杭萧钢构股份有限公司 E-mail：liu. chongyang@hxss. com. cn

第五章 安装工程

第一节 南京牛首山树状结构安装施工技术

技术名称	树状结构安装施工技术
工程名称	南京牛首山文化旅游区一期
施工单位	中国建筑第八工程局有限公司
工程概况	南京牛首山文化旅游区一期——佛顶宫屋盖结构建筑面积约 2 万 m^2，整体效果如图 5-1 所示。屋盖为单层网壳结构，呈不规则曲面形式，最大跨度为 130.0m，最大高度为 56.3m；屋盖西侧沿外边线支撑于下部山坡上，中间及东侧全部敞开，屋盖结构体系仅靠设置在①轴、②轴、③轴、④轴的 4 根树状柱钢结构支撑(2 根大型树状钢结构柱、2 根小型树状柱钢结构柱)，如图 5-2 所示，屋盖东侧下方建有椭圆混凝土结构，西侧有山体，树状结构施工平台在已完成的地下室顶板上，只允许上≤75t 的汽车式起重机，大型机械设备不能进入场地。树状柱的安装场地和空间狭小，施工难度大   图 5-1 牛首山佛顶宫整体效果 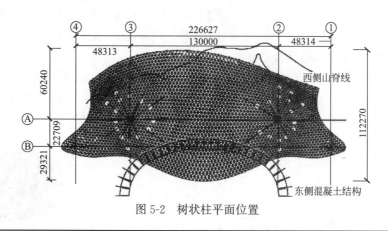 图 5-2 树状柱平面位置

【工程难点】

　　②轴、③轴对应的 2 处树状支撑结构是本工程施工重点和难点，单树树枝各 12 根，单个树枝最大重 71.14t，长 52.66m，树枝总重超过 1000t，各树枝质量细节如图 5-3 所示。为了便于区分，后文中分别称其为北大树、南大树。重、难点如下：①深化设计方面结构复杂，每根杆件，每个节点不一样，单元质量大；②在加工制作方面杆件精度控制要

求高，节点制作难度高，折板精度要求高；③现场安装方面现场测量定位难度大，2个树枝提升稳定性控制要求高，穹顶屋盖支撑在各树状柱上，铝合金结构屋面安装必须在树状柱施工完成提供工作面后方可进行，施工周期紧张。

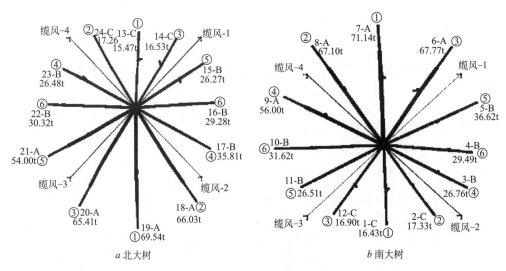

图 5-3　南、北树状柱树枝质量示意

【施工要点】

1. 树状结构形式

（1）树状结构体系

树状结构的分级和分枝越多，树状结构就越具有美感，同样也会使结构的受力变得复杂。在美观和加工难度及成本之间寻找平衡，使得树状结构的分级和分枝能够平衡两者的关系。如图 5-4 所示，南、北大树的钢管树状柱结构采用了三级分枝，先从树状主柱分出 12 根一级分枝柱，然后由每根一级分枝柱分出 2 根二级分枝柱，最后二级分枝柱与屋面梁铰接连接。

（2）树干、树枝结构形式

树干结构是由圆管、锥管（圆管过渡段）通过球头和树枝结构相连，材料为Q355NHCZ25，如图 5-5 所示。南大树总高度为 24m，重约 150t。北大树总高度为30.75m，重约 180t。

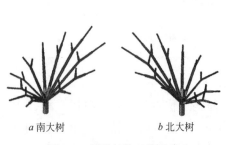

a 南大树　　　　b 北大树

图 5-4　树状结构三维示意

图 5-5　树干结构示意

树枝设计为了更贴近自然大树的造型，每根树枝采用了八边形变截面，根部为长八边形截面，顶部为正八边形截面，属于异形构件，经过多方案对比，加工时采用了4块板件对接工艺，其中2块需要经过折板加工，如图5-6所示。

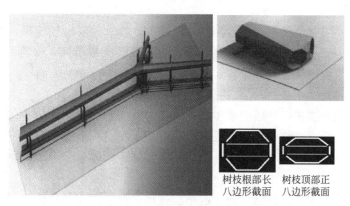

图5-6　树枝结构示意

2. 施工方法

由于本工程操作平台是已经完工的地下室顶板，大型机械设备不能进入，穹顶需要待树枝完工后才能施工，整个施工周期紧张。因此，国内大型钢结构常用的安装方法有高空散拼法、高空滑移法、分条或分块安装法、整体吊装法等方法，在本工程中不适用。结合场地条件和进度、质量要求，提出了采用自平衡提升法来完成树枝的安装。

（1）自平衡提升法

自平衡提升法是指同步或者不同步提升1对或者多对树枝，在提升架设置一定数量的拉索平衡提升过程中产生的力，使整个提升体系受力能自平衡。针对本工程，由于树枝质量相差较大，采用不同步带配重的自平衡提升方案，如图5-7所示。不同步带配重提升方案是指利用小型设备将要提升的大树枝对应的小树枝及两侧的2个小树枝提升到设计位置，然后利用3根小树枝作为配重，每根树枝通过2道拉索分别与塔架顶点和树干底部相连，形成一个整体受力体系，为了保证安全，在塔架顶部设置了4道拉索作为二道防线。

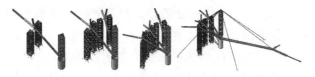

图5-7　自平衡提升方案

（2）施工过程分析

结合本工程中最重的南大树7号树枝（71.4t），详细介绍不同步带配自平衡提升法流程。

1）树枝拼装

在地面塔架上完成1号（16.43t）、2号（17.33t）、12号（16.9t）、7号（71.4t）4根树枝的拼装，为了保证拼装精度采用6步完成：第1步在平台上划地样线，并树立塔架；第2步首先将底部分段放上塔架，对齐地样线并用卡马固定牢固；第3步放入第2段带节点的杆件分段，对齐接口；第4步安装节点末端的小直杆，以地样中心线为基准；第5步在各端口使用吊锤对齐地样线，切割端口余量至地样线；第6步完整性交验后，做好对接标记，安装运输吊耳，并送冲砂，油漆。

2）配重树枝吊装

由于1号（16.43t）、2号（17.33t）、12号（16.9t）3根树枝较轻，利用起吊设备分别将1号、2号、12号3根树枝吊运至设计位置，安装支撑塔架，根部和树干固定，此3根树枝作为提升7号树枝时的配重。

3）提升塔架的设计安装和提升树枝的起吊就位

由于不同步提升法在提升塔架产生的不平衡力使塔架底部倾覆力矩较大，塔架设计较困难，通过塔架底部4根弦杆将塔架底部改为汇交于一点，汇交点与球形节点和树干顶部节点相连，球形节点设计为球铰支座，将塔架由整体压弯体系变为1根轴心受压的梭形椽杆，如图5-8a所示。

安装提升塔架和提升设备后，通过起吊机械将7号树枝起吊放至水平位置，一端通过销轴和树干相连，一端支撑在临时胎架上。树枝起吊就位后安装拉索，使提升的7号树枝顶端与提升吊点相连，另一端安装销轴便于根部转动；3根配重树枝通过拉索一端和塔架顶点相连，一端和树干底部相连，平衡提升过程中产生的力，如图5-8b和图5-8c所示。

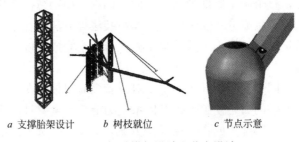

a 支撑胎架设计　　b 树枝就位　　c 节点示意

图5-8　提升塔架设计和节点设计

4）提升过程控制

提升过程控制分为2个阶段，预提升阶段为第1阶段，提升离开胎架1m为第2阶段，此后角度每增加5°为1个阶段，为3～12阶段，提升到位后支撑胎架固定为第13阶段。预提升阶段通过提升设备施加荷载，将树枝提离支撑胎架，稳定2h，持续监测塔架的位移、各拉索索力，当塔架顶部位移和拉索索力稳定并在控制范围内后，继续提升。通过计算提升器的行程，将树枝沿着垂直方向提升1m，稳定1h，持续监测塔架的位移、各拉索的索力，当塔架顶部位移和拉索索力稳定并在控制范围内后，继续提升。此后树枝和水平面角度每增加5°，稳定0.5h，持续监测塔架的位移、各拉索的索力，当塔架顶部位移和拉索索力稳定并在控制范围内后，继续提升。通过计算提升器的行程，将树枝起吊至设计位置（和水平面呈56°角），安装固定胎架，完成树枝固定后持续监测塔架位移、各拉索索力，当塔架顶部位移和拉索索力稳定并在控制范围内后，完成提升过程。

3.施工过程监测方案

树状柱钢结构是目前国内无论从复杂程度还是技术含量来说，都是难度较大的结构工程，无论是规模之大还是安全储备的不确定性均是比较罕见的。因此需要进行施工监测，通过建立理论分析模型和测试系统，在施工过程中监测已完成的工程状态，收集控制参数，比较理论计算和实测结果，分析并调整施工中产生的误差，预测后续施工过程的结构形状，提出后续施工过程应采取的技术措施，调整必要的施工工艺和技术方案，使建成后结构的位置、变形和内力处于有效控制之中，并最大限度地符合设计的理想状态，确保结构的施工质量和工期，保证施工过程与运营状态的安全性。

（1）监测内容

1）结构构件应力监测

结构的内力和位移是结构外部荷载作用效应的重要参数，其中内力是反映结构受力情况最直接的参数，跟踪结构在建造阶段的内力变化，是了解结构形态和受力情况最直接的途径，也是判断结构效应是否符合设计计算预期值的有效方式。对结构关键部位构件的应力情况进行监测，把握结构的应力情况，可以确保结构的安全性。经过监测，可以得到以下成果：各重要部位在施工各阶段的构件应力数值；构件实际内力与计算值进行比较，验证结构的安全度。

2）结构关键点位移监测

结构位移监测的目的是通过建立理论分析模型和测试系统，在施工过程中监测已完成的工程状态，收集控制参数，比较理论计算和实测结果，分析并调整施工中产生的误差，预测后续施工过程的结构形状，提出后续施工过程应采取的技术措施，调整必要的施工工艺和技术方案，使建成后结构的位置、变形处于有效控制之中，并最大限度地符合设计的理想状态，确保结构的质量，保证安全性。经过监测，可以得到以下成果：各部位在施工各阶段的重要构件位移；构件实际位移与计算值进行比较，验证结构的安全度。

（2）测点布置

1）应力监测点布置

树状柱属于重要承重构件，受力状态及安全性对于整个屋盖结构而言至关重要。屋面所承受的荷载传递给各级树分枝，再由各级树分枝向上一级树枝传递，最后，再把所有的力汇总在树状柱树干上。因此需对树状柱根部应力进行监测，测点布置如图 5-9 所示。总计需要 96 只振弦式应变计。

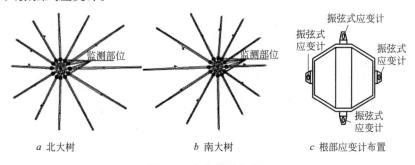

a 北大树　　　　　　　*b* 南大树　　　　　　　*c* 根部应变计布置

图 5-9　应力监测点布置

2）位移监测点布置

位移监测点布置于树状柱顶部及提升塔架顶部，测点布置如图 5-10 所示。分析并调整施工中产生的误差，预测后续施工过程的结构形状，提出后续施工过程应采取的技术措施，调整必要的施工工艺和技术方案，使建成后结构的位置、变形处于有效的控制之中，并最大限度地符合设计的理想状态。控制网基准点按照规范要求布设 3 个，精密导线控制点应布设约 10 个点，楼顶控制点 2 个。平面控制按照一级导线的观测精度进行；平面控制按照二等精密水准测量的观测要求进行。

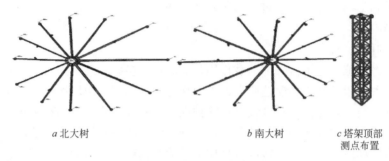

a 北大树　　　　　　　　b 南大树　　　　　c 塔架顶部
　　　　　　　　　　　　　　　　　　　　　　　　测点布置

图 5-10　位移监测点布置

【专家提示】

★ 树状结构简洁，以其独特形式和优雅外观在国内外的建筑中逐渐应用。牛首山佛顶宫项目铝合金穹顶支撑结构采用了树状结构的形式，目前国内无论从复杂程度还是技术含量来说，都是难度较大的结构工程。操作平台东侧在已完成的地下室顶板上，大型机械设备不能进入场地，东侧下方建有椭圆混凝土结构，西侧有山体，树状柱的安装场地和空间狭小，常用的施工方法不适合本工程。结合场地条件和进度质量要求，提出了采用自平衡提升法来完成本次树枝的安装。通过在搭接平台上划地样线，保证树枝拼装的精度；在提升过程中对提升过程进行控制，通过预先设置的应力测点和位移测点对提升过程实时监测，使提升在控制范围内，保证提升工作的顺利安全完成。

专家简介：

余少乐，中国建筑第八工程局有限公司，E-mail：yushade10@163.com

第二节　哈尔滨太平机场 T2 航站楼钢网架工程提升架安装空中接力施工技术

技术名称	钢网架工程提升架安装空中接力施工技术
工程名称	哈尔滨太平机场 T2 航站楼
施工单位	中建三局集团有限公司
工程概况	哈尔滨太平机场钢网架工程位于黑龙江省哈尔滨市道里区太平镇。本工程新建的 T2 航站楼与正在运行的 T1 航站楼贴临式施工，且施工现场起重吊装设备起吊高度不允许超过 41.5m。本工程 B 区整体分成 B1、B2、B3 区，其中 B1 区 2018 年施工。B2、B3 区共 53 根钢管混凝土柱，其中 ⒶⒺ 轴 13 根钢管混凝土柱，柱顶标高 26.970m；周边 40 根钢管混凝土柱，柱顶标高 28.450m。钢管混凝土柱柱顶为钢网架屋盖，网架整体长 415.3m，宽 103m，如图 5-11 所示。

图 5-11　B 区钢结构三维示意

工程概况	本工程 B 区均为焊接球网架,B2 区网架面积 13287m², 质量约 1023t, 设置 16 个提升点;B3 区网架面积 13509m², 质量约 1000t, 设置 14 个提升点(图 5-12)。以 B2、B3 区为例, 介绍在大面积混凝土楼板上, 楼板能够承载的常规起重设备不满足吊装高度和质量的情况下, 钢管混凝土柱柱顶提升架的安装方法

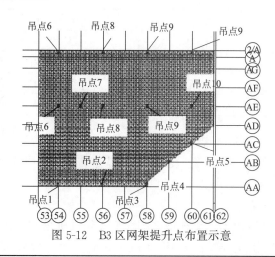

图 5-12　B3 区网架提升点布置示意

【施工要点】

1. 网架提升架设计

本工程 B 区提升架设计综合考虑网架面积、跨度、高度、提升点力值的大小、后补杆件等各种工况。

（1）提升架设计形式

提升架牛腿直接焊接在钢管混凝土柱顶上，顶面与柱顶齐平，设计为焊接□500×350×30×30。

提升架设计 4 根立柱，为 $\phi219\times16/\phi273\times16$ 的圆钢管，根据提升点力值的大小确定立柱规格。

提升架立柱之间的连接系杆设计为 $\phi114\times6$ 圆钢管，用于稳定整个提升架。

传载梁设计为焊接 H450×300×30×30，焊接在提升架立柱上，用来承担和传递吊点处荷载到立柱上，进而传递荷载到钢管混凝土柱上。

支承梁设计为□400×400×20×20，支承梁焊接在传载梁上。支承梁中间开 $\phi100/\phi180$ 的圆孔，依据穿入钢绞线的数量确定开孔的大小。

提升架设计材质均为 Q345B。

根据本工程边跨和跨中情况及提升点力值的大小，设计了单吊点和双吊点 2 种形式的提升架。

（2）提升架计算

提升架进行建模计算，恒荷载分项系数为 1.2，活荷载分项系数为 1.4，相应的计算工况为：①D：自重；②P：竖向提升反力；③F_x：x 方向水平力；④F_y：y 方向水平力，水平力取竖向提升反力的 5%。提升平台结构校核的荷载组合如表 5-1 所示。

提升平台结构校核荷载组合 表 5-1

序号	荷载组合
1	$1.2D+1.4P+F_x+F_y$
2	$1.2D+1.4P-F_x-F_y$
3	$1.2D+1.4P-F_x+F_y$
4	$1.2D+1.4P+F_x-F_y$
5	$1.2D+1.4P+1.4F_x$
6	$1.2D+1.4P-1.4F_x$
7	$1.2D+1.4P+1.4F_y$
8	$1.2D+1.4P-1.4F_y$

以 B3 区单吊点提升架为例，取提升点力值最大吊点，$P=1470\text{kN}$，$F_x=73.5\text{kN}$，$F_y=73.5\text{kN}$。结果表明，提升工况下，提升架最大下挠约 2.4mm，结构杆件最大应力比为 0.686，满足提升要求。

2. 提升架安装

本工程 B 区周边提升架选用 80t 汽车式起重机吊装；轴和贴临 T1 航站楼处 80t 汽车式起重机吊装不满足要求的选用 8t 汽车式起重机＋独脚拔杆"空中接力"的方案安装。本工程现阶段施工共有 17 个提升架需采用土法安装（图 5-13），即采用 8t 汽车式起重机吊装单片提升架至一定高度后，借助柱顶网架支座底板设置固定独脚拔杆，通过倒链接力将单片提升架吊装就位，再焊接单片提升架之间的连接系杆，完成提升架安装。

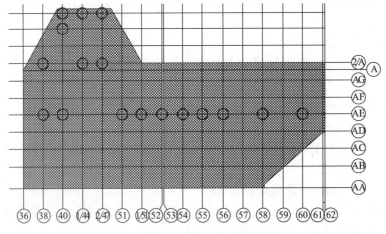

图 5-13 圆圈内提升架采用土法吊装

（1）提升架安装概况

本工程贴临 T1 航站楼施工，不停航施工明文规定施工吊运高度不允许超过 41.5m。

B区2层楼板结构标高8.450m，整体混凝土面积大，楼板厚120mm，楼板厚度及配筋仅能承载8t汽车式起重机在楼板上施工作业，且吊装质量≤2t。

B区单个提升架质量约4.14t，提升架顶标高32.800m，安装高度距离2层楼板24.35m；液压提升器重1.8t，顶标高34.600m，安装高度距离2层楼板26.15m。

选用徐工集团QY8B.5带副臂的8t汽车式起重机，自重10490kg，全伸臂+副臂（19m+6.5m），在工作半径8.0m、主臂仰角70°时，起升高度25.3m，额定起重量1000kg。

（2）井字架设计及安装

为方便牛腿及提升架安装，本工程钢管混凝土柱设计抱箍式井字架。

井字架抱柱子搭设，共4根立杆；有临时吊点的两侧水平杆距钢柱50mm；没有临时吊点的两侧水平杆距钢柱10mm。

没有临时吊点的一侧水平杆间距350mm，为上下通道；另两侧水平杆间距1200mm；并按照规范搭设斜撑。每隔4.5m用水平杆锁紧一次钢管柱，共锁3次，确保架体整体稳定。

井字架搭设高度为柱顶下返1m，井字架顶搭设操作平台，操作平台长宽均为3m，用12根脚手管斜向撑起。

井字操作架采用ϕ48×3.5脚手管，材质为Q235B。

搭设井字架必须选择专业施工队伍，作业人员必须具有架子工操作证。柱顶挂防坠器，人员通过井字架上下钢管柱必须挂好防坠器。

（3）牛腿安装

牛腿顶标高最高28.450m，距离2层楼板20m。提升架牛腿选用8t汽车式起重机（臂长25.5m）吊装安装，工人站在操作平台上焊接牛腿。

B区提升架牛腿最重280kg。考虑最不利工况，8t汽车式起重机在吊装半径8m，主臂+副臂长25.5m、吊装角度70°时，可吊重1t，满足安装牛腿要求。

（4）独脚拔杆设计及安装

钢管混凝土柱柱顶焊接有安装网架支座的底板，本工程依据柱顶网架支座底板设计、安装独脚拔杆。

1）独脚拔杆设计

独脚拔杆底座设计为PL800×800×22钢板，通过4颗ϕ40×120的高强螺栓与柱顶埋件连接固定。独脚拔杆高度7m，采用ϕ219×10的钢管作为立柱，立柱上焊接∟40×4短角钢作为上下立柱的踏步。水平梁为1520mm×200mm×22mm钢板，两侧设40mm×40mm×22mm厚加劲板。斜撑为8mm厚钢板，长宽均为400mm。各杆件材料均为Q345B。水平杆下方两侧各开一个ϕ40圆孔，用来固定卡环，悬挂倒链。因提升架安装完成后，独脚拔杆在提升架内，为方便独脚拔杆安装与拆除，独脚拔杆分成2段安装，2段主拔杆用8颗ϕ24×100的高强螺栓法兰连接。

2）独脚拔杆安装

独脚拔杆质量约700kg，用8t汽车式起重机（臂长25.5m）吊装安装，钢丝绳绑扎在拔杆高度2/3处，并用缆风绳牵引协助安装。独脚拔杆与柱顶网架支座底板通过高强螺栓连接（图5-14）。

图 5-14　独脚拔杆安装

（5）提升架安装

提升架分两片"空中接力"安装，之后安装一侧连接系杆，"空中接力"吊装支承梁和液压提升器，拆除独脚拔杆，再安装另一侧连接系杆，完成提升架的安装。具体施工过程如下。

单片提升架传载梁顶面中间焊接吊耳，吊耳上固定卡环。8t 汽车式起重机将单片提升架吊装至一定高度后，再利用卡环悬挂倒链吊装。

单片提升架共 2 处绑扎，在单片提升架 2/3 高处，用 2 根 φ16 钢丝绳缠绕绑扎两侧立柱，钢丝绳伸出琵琶头等长；在提升架两立柱柱脚，用一根 3t 吊装带绑扎。此工序是安全完成"空中接力"的关键。

考虑单片提升架的质量，仅使用 8t 汽车式起重机主臂进行吊装。由 8t 汽车式起重机吊装提升架，汽车式起重机站位控制吊装半径在 8m 以内，汽车式起重机司机先空载全部伸出起重机主臂，调试角度并观察吊钩高度，然后锁定主臂角度，通过吊钩钢丝绳的升降完成提升架的吊装。

8t 汽车式起重机吊钩勾住 2 根 φ16 钢丝绳琵琶头，缓慢向上吊装；提升架柱脚绑扎缆风绳，牵引协助吊装（图 5-15a）。

单片提升架吊装至一定高度后，汽车式起重机摆臂，靠近钢管混凝土柱；柱顶作业人员将 3t 倒链的吊钩牢固挂在传载梁顶面吊耳的卡环上，准备"空中接力"。

通过倒链向上吊装单片提升架，期间 8t 汽车式起重机不松钩，以确保安全（图 5-15b）。

倒链向上拉升一定高度后，8t 汽车式起重机吊钩上的钢丝绳完全松弛，则暂停拉升倒链，汽车式起重机降钩，作业人员通过井字架从柱顶下到吊装带附近，将吊装带牢固挂在汽车式起重机吊钩上。汽车式起重机升钩继续借力，使倒链轻松向上拉升，直至单片提升架吊装至牛腿上方，汽车式起重机松钩。

单片提升架缓慢放置在牛腿上，调整提升架垂直度、水平度，点焊固定。同样的方法安装另一侧单片提升架（图 5-15c）。

吊装两片提升架之间其中一侧的连接系杆，提升架 4 根立柱全部焊接牢固。

液压提升器和支承梁在地面上通过压铁固定在一起，同样采用"空中接力"的方法，从未安装连接系杆的一侧，通过两单片提升架之间的缝隙吊装到位，然后旋转方向将支承梁放在传载梁上，调整支承梁水平度，焊接固定（图 5-15d）。

独脚拔杆连接处高强螺栓用扳手拧开，通过 8t 汽车式起重机将分段的独脚拔杆从未

a 单片提升架吊装   b 空中接力

c 提升架安装就位   d 支承梁和液压提升器安装

图 5-15 提升架安装流程

安装连接系杆的一侧吊落至地面。独脚拔杆应用至另一个提升点提升架的安装。

用麻绳吊装未安装的连接系杆，焊接固定，完成提升架的安装。

【专家提示】

★ 哈尔滨太平机场钢网架工程 B 区部分提升架采用 8t 汽车式起重机＋独脚拔杆"空中接力"的方案安装，顺利完成了 B 区提升架的安装，解决了不停航限高、二层楼板正常使用极限承载力情况下，8t 汽车式起重机臂长和吊重不满足提升架安装的难题。运行良好，无安全事故，满足了施工需要，有效保证了网架工程按期顺利提升。

专家简介：
蔡威威，中建三局集团有限公司，E-mail：331225051@qq.com

第三节　高空间大跨度弧形铝板拼装式反吊顶施工技术

技术名称	高空间大跨度弧形铝板拼装式反吊顶施工技术
工程名称	无锡硕放机场二期航站楼扩建工程
施工单位	中建三局装饰有限公司
工程概况	无锡硕放机场二期航站楼扩建工程结构形式复杂多样，设计新颖、科技含量高，单层面积大，且水平距离远，本装饰工程一标段主楼南北长约 550m，东西宽约 122m。 本工程 2 层办票大厅的吊顶按照天窗布局，分成 9 个部分，每部分中间区域装饰为 200mm 宽金属铝合金条形板，周边装饰为 12mm 厚金属铝蜂窝板，深化设计要求标准高；整个吊顶最高处为 29.815m，最低点高度为 19.130m，沿屋面曲面方向成单曲面装饰吊顶，测量、定位准确性高；吊顶的整个施工面积约 25500m²，最高处为 29.815m，安全防护要求高；吊顶为弧形结构，曲面曲率变化较大，受力情况复杂，需要较强的三维设计、安装能力，使屋面结构受力安全，制造安装精确(图 5-16) 图 5-16　项目铝板吊顶效果

【工程难点】

根据现场测量数据和已知的网架球点三维坐标，通过建立网架结构的三维实体模型，精确求出每个球点的三维坐标，经过计算就可以得到网架球结构每根下悬管的实际边长。

利用屋顶网架钢结构搭设操作平台，进行基层龙骨和铝板吊顶的安装。

通过专用卡式龙骨（条形板区域）和专用L形龙骨（蜂窝板区域）与C形钢副龙骨进行高程调节，实现铝板完成面的高程调节，保证铝板的安装质量。

通过定制专用的十字形三维可调吊挂件，利用十字形三维可调吊挂件和其吊杆实现铝板基层钢架的三维可调节，保证铝板的安装质量和完成效果。

【施工工艺】

施工工艺流程：施工准备→作业平台搭设→测量放线→铝板安装与验收→平台拆除→钢结构清理恢复。

【施工要点】

1. 准备工作

组织相关人员认真阅读熟悉图纸、领会设计意图、掌握整个造型的材料特性及施工难点。

针对整个十字形三维可调吊挂件的加工及安装难点，制定加工方式及安装方式，并做好与其相结合的材料加工方案，保证相关材料加工的尺寸准确性。

2. 作业平台搭设

搭设流程：张拉生命绳→架设吊装滑轮、吊装材料→铺设钢管架→铺设脚手板→张拉安全平网→平台检验与验收。

张拉生命绳高空作业人员通过上下通道将钢丝绳带到屋架上检修马道，然后将钢丝绳固定到网架立杆上，钢丝绳穿过定制抱箍与网架连接，钢丝绳在抱箍位置用钢丝夹头固定，钢丝绳固定点间距约3m（与网架构造尺寸一致）。大吊顶施工采用的操作平台竖向剖面如图5-17所示。

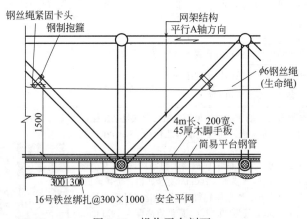

图 5-17 操作平台剖面

架设吊装滑轮吊装材料在天窗梭形肋焊接球位置安装吊装滑轮，滑轮用 10mm 钢丝绳固定，钢丝绳与网架之间用 3mm 橡胶垫隔离，平台材料通过滑轮分批吊装到网架上（根据材料不同，定制不同固定装置），然后通过网架上的检修马道运送到屋面需要搭设作业平台的位置，平台材料随吊随运并安装，严禁在马道上堆载（图 5-18）。

图 5-18　检修马道

铺设钢管架考虑到网架下弦杆不能垂直受力，第 1 层钢管架铺设在网架球上部立杆与斜杆中间空档处，延南北方向架设（在同一水平面），立杆两侧各 1 根钢管，钢管与网架之间通过橡胶垫隔离，既保证钢管受力点位于网球中心，并保证钢管不会移动，钢管间距约 3m（同网架构造尺寸）；第 2 层钢管架铺设在第 1 层钢管上，间距 1m，钢管之间通过扣件连接牢固。

铺设脚手板沿南北方向铺设脚手板（同第 1 层钢管架设方向），每个网架球侧边铺设 1 条，按施工区域通长铺设，脚手板用定制固定件固定在钢管上。

张拉安全平网将安全平网与搭设好的钢管用 16 号铁丝绑扎牢固，绑扎间距为 300mm×1000mm。

平台检验与验收平台搭设好后，由专职安全员对平台各固定点进行检查验收，确保固定牢固，为检验安全网的可靠性，利用沙袋模拟人员坠落，可靠性测试结束，对测试位置安全网进行调换，平台检验合格后报监理验收。

荷载验算根据网架结构节点图，标准螺纹球网架之间最大单元是 3m×3m，荷载计算以此处为标准验算。

施工期间的荷载主要是：施工平台荷载 G（包括钢管脚手架 G_1、木跳板 G_2、安全网 G_3）、施工人员荷载 Q、天花装饰面荷载 G_4，施工平台荷载：$G=G_1+G_2+G_3=0.710kN$；施工人员荷载：$Q=1.7kN$；天花装饰面荷载：$G_4=0.874kN$；纵向水平钢管间距 $l=3.0m$，横向水平钢管间距 $l=1.0m$。纵向水平钢管较长，验算纵向水平管即可。

经计算分析，施工平台水平钢管强度、挠度符合安全要求，施工平台和装饰面板总荷载符合安全要求。

3. 测量放线

1）高程测量依据设计图纸标注，测量人员逐个复核测量各球点标高，计算出吊顶完成面距离球点的垂直距离，标注在球节点上，作为吊顶施工高程控制点。此高程控制点必须考虑钢网网格施工过程中的变化及受屋盖荷载影响所产生的下沉距离，应考虑钢网结构架变化移位的因素，特别是出现个别下沉比较大的网架球点时，必须适当调整吊顶完成面的高程，给吊顶足够的调整空间。屋顶网架钢结构立面如图 5-19 所示。

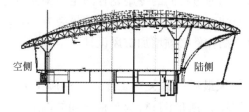

图 5-19　屋顶网架钢结构立面

2）三维实体建模根据现场测量数据和已知的网架球点三维坐标，在计算机内进行三维实体建模，精确求出实际球点的三维坐标，通过计算就可以得到网架球结构每根下悬管的实际边长，并据此确定构成主、副 C 形轻钢龙骨的边长，再根据高程控制点和吊顶完成标高点，确定每个球点到装饰面的长度，确定吊杆和吊杆组件的长度，吊杆长度控制在 200mm 以内。按照三维模型中的尺寸数据下料，不但提高了施工精度，同时还简化了现场测量的工作量。

4. 铝板安装与验收

铝板安装流程为：吊顶组件安装→吊顶龙骨安装→吊顶板安装→调平、验收。

（1）吊杆组件与网架下弦球节点的连接（图 5-20）

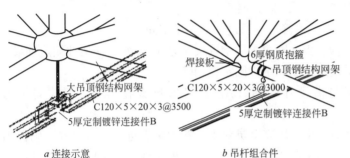

a 连接示意　　　　　　　　b 吊杆组合件　　　　　　c 十字形三维可调吊挂件组装

图 5-20　吊杆组件与网架下弦球节点

吊杆与网架下弦球节点的连接根据网架球的不同有 2 种不同方式：①当网架下弦球为焊接球时，采用抱箍将吊杆连接在球节点旁边的下弦杆上，龙骨吊杆直接通过螺栓固定在抱箍支座上；②当网架下弦球为螺栓球时，龙骨吊杆通过螺栓与螺栓球底面的螺栓孔连接，该螺栓直径 $d=20$mm，螺栓球底面的螺栓孔为盲孔，根据机械设计手册要求，螺栓拧入螺栓球内长度 $H \geqslant 20$mm，以上机械连接点必须认真检查，确保施工质量。

（2）吊顶龙骨拼装

吊装龙骨在安装前应组装好，主、副龙骨均为 C 形轻钢，通过连接件组装成井字形单元，井字形单元水平方向的安装误差通过该连接件的伸缩来消化。组装完后，用系在屋面网架结构节点的滑轮由地面人员拉上材料，作业平台上操作人员将井字形龙骨单元的 4 个主龙骨端点与龙骨吊杆上的 L 形连接件连接，龙骨与连接件通过螺栓连接成整体。龙骨安装完后，必须调平，使龙骨表面平整度、接缝宽度和起拱符合设计要求，并进行隐蔽验收。龙骨调整不平，将影响天花面板观感效果。

（3）天花吊顶面板安装

条形板天花和平板天花均通过特制的专用龙骨固定在副龙骨上，条形板天花直接由吊顶上作业人员拉到龙骨上安装，平板天花参照龙骨的吊装方式，由地面人员通过滑轮吊装到位，室外部分天花的龙骨结扣件必须增加防风设计。

（4）面板调平

面板调平是整个天花吊顶最后一道关键工序，它的施工质量决定了整个天花外观效果，需要并挑选技术水平比较高的班组进行板与板之间的调平工作，直至达到验收要求。

（5）作业平台拆除

作业平台拆除是平台搭设的反过程，采取先搭设后拆除，后搭设先拆除的原则，卸料位置与吊装位置相同，均为天窗梭形钢结构位置。

（6）钢结构清理修复

作业平台拆除完成后，安排专人对屋面钢结构进行检查清理，用干净毛巾对网架上的污渍进行清理，对油漆污染破损的位置进行修补。

5. 注意事项

施工期间，为保证施工安全，项目部设立测量小组，由项目生产负责人担任组长，负责整个施工过程中的测量观测工作。

施工准备阶段，测量小组对网架的现状进行测量，建立数据库，指导吊顶装饰建模并绘制网架施工中的变形量对比表。

在施工平台搭设、吊顶安装和平台拆除过程中，对钢网架进行定时测量，防止钢网架变形量超过标准（网架挠度值 $<l/500$），确定钢结构下沉 30mm 为报警值，一旦达到报警值，立即停止一切施工，查明变形原因，彻底消除后方可继续施工。

吊顶装饰结束、平台拆除前，对装饰完成面进行复测，复测结果与设计结果进行对比，对偏差较大位置（超过 5mm）进行调整，调整结束再拆除平台。

6. 安全措施

由于本施工技术全程属于高空作业，危险系数高，需加强安全管理措施，项目部安排专职安全员对平台各固定点进行检查验收，确保固定牢固，为检验安全网的可靠性，利用沙袋模拟人员坠落，可靠性测试结束，对测试位置安全网进行调换，平台检验合格后报监理验收。过程中安排专人每天对安全网进行检查，对破损及连接出现松动的安全网立即进行更换。

（1）基本措施

项目负责人全面承担施工现场的安全责任，并与公司签订《安全责任书》。

严格遵守有关劳动安全法规要求，加强施工安全管理和安全教育，严格执行各项安全生产规章制度。

施工班组每周接受一次高空作业专项安全教育，每天上班前由专职安全员进行班前安全讲话，提高安全意识。

作业时现场设专职安全员和安全监护人，施工过程中用高音喇叭喊话提醒，正确使用安全帽、安全带、安全绳和安全网，充分意识高空作业的危险性，时刻保持警惕。

（2）防高空坠落安全措施

高空作业人员要严格遵守高空作业的安全技术操作规程，凡是从事高空作业的人员，都必须经过专门培训，考试合格后，持证上岗作业。

高空作业人员必须经过体检，凡患有高血压、心脏病、癫痫病、晕高或视力不够以及不适合高空作业的人员，不得从事高空作业。

正确使用个人安全防护用品，在高处作业时，戴好安全帽，正确佩戴安全带，安全带与已安装好的钢丝绳挂牢，穿好防滑鞋。

高空作业时作业人员要精神集中，团结协作，互相呼应，严禁酒后上班。

材料吊装施工洞口必须设立防护栏杆，栏杆高度≥1.2m。

（3）防物体打击安全措施

正确佩戴个人安全防护用品，戴好安全帽；高空作业人员配备工具袋，操作工具必须用绳索连接牢固，施工过程中防止工具掉落；高空传递工具和材料要用传递绳，不得随意抛掷工具和材料；工具和材料在高空转运时，必须确保安放平稳，到达指定位置必须固定牢靠；高空作业的施工机具在使用前必须进行严格检验，检验合格后方可投入使用；施工区域地面设置安全隔离栏并悬挂醒目的禁止进入标志，设专人监护，严禁非作业区人员进入危险区域。

【专家提示】

★ 弧形网架钢结构体系凭借其优越的力学性能成为许多大型标志性建筑场馆屋顶的首要选择，而铝板凭借其杰出的物理特性、快速的加工组装能力、优越的防火性能、先进的表面处理技术，成为弧形网架钢结构体系曲面吊顶首要选择。施工过程中，安装往往会出现各种质量问题，特别是弧形吊顶平整度的质量控制。本文可以为以后此类工程的施工提供一定的参考和借鉴作用。

专家简介：
苏杭，中建三局装饰有限公司上海分公司总工程师，E-mail：35039886@qq.com

第四节　苏州现代传媒广场大跨复杂曲面透风防雨幕墙安装技术

技术名称	大跨复杂曲面透风防雨幕墙安装技术
工程名称	苏州现代传媒广场
施工单位	中亿丰建设集团股份有限公司
工程概况	苏州现代传媒广场项目建筑面积为 32.8 万 m²，整个项目由 2 栋 L 形塔楼组成，办公楼高 214.8m，共 43 层；酒店楼高 164.9m，共 38 层，中间以倒马鞍形户外透风防雨幕墙相连。防雨幕墙单幅剖面外形如同英文字母 M，形状独特，造型优美，是舞动的丝绸设计理念中最为突出的建筑屋面表现形式。倒马鞍形防雨幕墙东西方向全长约 109.2m，南北方向顶部凹形部跨度为 23m，南北方向底部支座间跨度为 34m。整体搁置在办公楼、酒店楼 2 个结构单体上；下支座高度：办公楼在六层 32.880m 标高处，酒店楼在七层 30.150m 标高处；顶部高度都在 43.000m 标高处（办公楼八层、酒店楼九层）。防雨幕墙沿东西长度方向从全长中央分别向东西两边排水，即在屋架东西全长中央，凹形底部至顶部约为 17m，而防雨幕墙东西两端凹形底部至顶部要更低，约为 22m。防雨幕墙表面的玻璃翼采用 12mm＋1.52PVB＋12mm 夹胶钢化彩釉玻璃。玻璃翼跟随主体钢结构呈曲面形状。玻璃翼长边用铝合金型材包边，短边接缝注入耐候胶防水。每块玻璃翼 4 个支点连接(图 5-21)  图 5-21　防雨幕墙效果

【工程难点】

防雨幕墙主体钢屋架结构重约680t，整体由两侧桁架、铸钢件、拉杆、水平杆和U形钢管组成，U形钢管由$\phi500\times16$无缝钢管弯曲而成，水平杆由$\phi180\times10$无缝钢管直线连接在U形钢管侧壁上。防雨幕墙表面玻璃翼通过焊接在水平杆上的基座利用驳接件连接而成。由于防雨幕墙复杂的曲面造型，高度高、长度和跨度都较大，造成玻璃翼安装在施工工艺、保证质量、安全措施选择上存在一定困难，如何选择合理、高效的施工工艺，直接影响着整个工程的观感效果和施工进度，做好防雨幕墙的施工技术的研究是成功的关键。

1) 防雨幕墙设计深化较复杂：钢结构呈大跨复杂的曲面形状组合体，建筑师只给出了一个轮廓效果图，无法按设计立面形式图进行现场施工，需要幕墙专业设计师在领会建筑设计师设计意图的基础上，结合钢结构设计师设计的曲面形状进行深化设计，正确选择面层材质、规格和尺寸以及固定方式。

2) 对复杂曲面防雨幕墙的细部节点，还需要现场技术人员进行认真复核和相关计算，对曲面最高、最低等关键部位的节点连接做法，是采用加工复杂的大曲面玻璃连接，还是采用小面积的直板玻璃翼进行拼接，需要根据施工经验进行连接方式的考虑，并及时与设计师沟通协商，以便提供现场施工下料加工和安装节点蓝图。

3) 玻璃翼的加工、运输要求高：采用曲面玻璃翼会增加构件加工、制作的难度，采用小直面玻璃翼会造成每一块玻璃的加工尺寸不同，增加了加工量和拼接精度的要求。玻璃翼生产厂家距该项目较远，过多的材料对加工、运输条件要求高，需要相应的辅助措施。

4) 现场施工堆放难度大：防雨幕墙最低点距离地面21m，最高点43m。下方是施工主要通道，采用满堂脚手架无法保证玻璃翼搭接施工顺序，占用主施工道路又会影响其他专业开展工作。同时大量的材料进场无法堆放在钢结构构架上，只能根据施工进程陆续进场随用随吊，增加了二次搬运的损坏风险。

5) 安装质量要求高、安全操作防护难度大：由于每块玻璃翼采用4个支点固定，每个支点的空间标高不同，安装中的质量偏差易造成玻璃翼的不均匀受力，在受到风雪荷载、钢构件不均匀受力变形等条件下容易产生自爆。安装工人在操作过程中主要的立足点在纵向直径150mm钢水平杆上，由于曲面高差较大，施工角度普遍在43°～67°的区域，高空安装施工操作难度相当大。

【施工要点】

1. 准备工作

进行图纸深化，做好下料工作幕墙连接节点和构造形式应当具有安全性和合理性，其技术物理性能等指标应符合原设计和规范要求。对具有复杂异型曲面的防雨幕墙进行尺寸复核和下料工作，必须通过CAD三维建模，勾画出实物的空间三维尺寸外形（图5-22a），再按折面完全包裹曲面的方法，将整个防雨幕墙曲面碎拼成长度方向为1896～2257mm，宽度方向为764～1199mm大小的、合计4128块的梯形玻璃翼组合体。曲面的起始段、中间段和最高段如图5-22所示。

2. 做好材料的采购和储备工作

由于整个防雨幕墙合计采用了四千多块尺寸不同的玻璃翼，材质为12mm＋

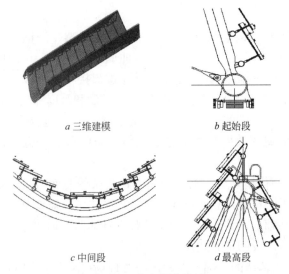

a 三维建模	*b* 起始段
c 中间段	*d* 最高段

图 5-22　节点深化设计

1.52PVB＋12mm 夹胶钢化玻璃，生产周期长，加上玻璃翼采用上下搭接固定，只能从下向上顺序安装，生产过程必须与现场安装流程一致，对生产厂家的生产能力、流水组织、产品质量都有严格的要求。实际操作中厂家对出厂的每一块玻璃都使用了条码跟踪技术，现场操作人员只需要用手机扫一下条码标识，这块玻璃的加工时间、加工人员、质检员、安装位置等信息一目了然。安装工人只要找到相应图示的玻璃翼即可快速施工，避免了现场乱堆难找的现象，节省了时间，当某块玻璃翼损坏时，只需要将条码编号发回厂家及时补充加工，快速而方便。

3. 试安装工作要提前展开

利用 BIM 技术可在虚拟环境中进行全部或部分试建造，通过在计算机上进行虚拟试建，按照既定的工艺进行虚施工，反复模拟出安装过程可能出现的技术和安全问题，提出相应的解决方案，得出工期最短、资源消耗最优的施工工艺和路线，以及如何对影响施工安全的隐患部位进行围护的措施和方法（图 5-23*a*）。并由项目工程师向安装作业班组进行交底，让每个参与施工者都明白要干什么、如何干。当钢结构施工验收完毕后，项目经理组织设计师、项目工程师、安装班组成员，现场根据虚拟工序技术得出最优施工工艺进行预安装。对安装中发现的问题及时纠正，尤其是玻璃分格尺寸、开孔的大小问题，是否在整体上达到了建筑设计师的要求，工人实际操作在抛面上的立脚点、安全绳固定点、玻璃的运输固定方式、一个班组的合理人数、安全网的设置等都进行详细的观察、分析和提出具体要求。

a 模拟试拼	*b* 实际试拼

图 5-23　构件拼装

只有通过了这个步骤，玻璃翼、驳接件等材料才能大规模的生产加工。正式的安装工作才能有效开展，才能在保证质量、安全的条件下顺利完成安装工作（见图5-23b）。

【施工工艺】

1. 工艺流程

测量放线→基座安装→驳接件安装调整→玻璃翼初步安装固定→玻璃翼长边包边封堵，短边对缝、调平→玻璃翼最终固定→短边注胶密封→清理、拆除安全防护网。

2. 质量控制要点

1）测量放线：测量放线工作的好坏直接关系到项目安装的质量和进度，现场测量人员首先要对已完成的钢结构工程进行复核，确保基层面可满足要求。考虑安装高度较高，如果从地面控制点直接引测会产生数据误差，部分钢结构纵向支杆也会影响观测视线。实测中控制主轴线如图5-24所示。利用高精度的经纬仪放出上节点长度方向各5个全站仪安装点，然后分别在这10个点上架设2台全站仪，其中1台放点，1台复核。首先放出13根主钢构件上的驳接件基座固定点位置，再通过相邻主钢构件上的驳接件基座固定点拉紧细钢丝，按照每跨四等分用钢尺放出纵向钢拉管上的驳接件基座固定点。

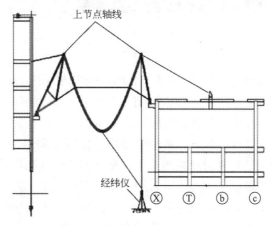

图5-24　控制点引测

2）基座安装：基座焊接在钢构件上，长度随水平杆位置误差调整。焊接点位置表面上的油漆应用砂轮机清理干净，焊点周围应进行有效保护，以防焊渣溅伤钢构件表面（图5-25）。基座中的螺母应与驳接件的螺杆进行试连接，以防止基座固定后更换困难。焊接时先点焊，待位置校正后再满焊牢。质量员按检验批检查基座位置偏差、焊缝尺寸和焊接饱满度，并报监理进行隐蔽验收，合格后及时补刷与钢构件同材质、同做法油漆。基座不用时用塑料盖套好保护。

3）玻璃翼安装：玻璃翼在加工厂按分格图先后拼装顺序加工完成，每块玻璃都有不同的编号，安装工人按分格图上相应的编号将玻璃通过软性吊带、电动葫芦牵引平放在指定位置上，通过工人小心调整玻璃的左右、上下位置，使玻璃翼能较

图5-25　基座固定

轻松地套在 4 个驳接件上初步固定，玻璃翼的安装顺序为先下后上、先里后外，中央向两边对称进行，安装后的玻璃翼保持缝隙均匀自然顺滑（图 5-26）。

a 驳接件安装

b 软性吊带绑扎

c 起吊就位

d 初步固定

图 5-26　玻璃翼安装

4）最终固定、收边打胶：驳接件外径较玻璃翼固定点开孔小 0.5mm，加上驳接件两端均设计成万向铰接，方便玻璃翼局部轻微调整。由于玻璃翼相邻 2 块短边设计有 1cm 左右的胶缝，拼缝要在同一面上才能进行打胶工作，所以主要调整的就是相邻玻璃翼之间的接缝平整度，精度要求在 2mm 以内，调好后最终拧紧螺栓固定。再用 2.5mm 厚铝合金 U 形封边与玻璃翼长边用结构密封胶封边粘牢，粘接前要用抹布将玻璃和铝合金接触位置擦洗干净，采用满粘密封做法。短边接缝采用耐候胶连接，工人先用专用的溶液对接缝打胶部位玻璃进行清洗擦干，然后在胶缝两边侧贴保护胶带，再用手动胶枪在胶缝处注入胶水。待干燥后将保护胶带小心清理干净，质量要求保证胶体外观光滑，整洁美观，微向内凹，无接头，无残胶。

3. 安全保障措施

1）由于防雨幕墙采用搭接式玻璃翼板块拼装，宜从低处向高处搭接施工，搭设满堂脚手架既无法满足顺序安装作业要求，又影响地面主施工通道的使用。根据现场实际情况，采用在钢结构下方随曲面形状挂设 1 层防火滤网和 1 层保护密网，利用双层防护网，防止小型物件如螺栓、螺母掉落地面，安装工人用的扳手等工具用线绳拴在腰间的工具带上，确保较大的用品万一发生掉落，不会对下方人员和物料造成损害和发生安全事故。安装工人工作时主要穿专用防滑鞋踩在钢管梁上，身体只能斜靠在钢管梁侧曲面上，安全带扣在头顶上方的钢管梁上，操作起来具有一定危险性，安装工效不高，每日工作时间不能超过 6h。雨、雪天及五级以上大风天气停止施工作业。

2）做好对每个安装工人安全技术教育的书面交底工作，每班组施工前要对安全防护用品、围护结构、钢丝绳、电动葫芦等设施和工具进行全面检查。只有经过试拼阶段的安装工才能上岗作业，并保证作业人员相对固定。每个安装班组13人，其中3人在地面通过电动葫芦向上吊运材料，4人在防雨幕墙临时接物点上接应，并沿搭设好的临时平台搬运到安装点，4人在曲面水平杆上安装。1名电焊工在旁边利用电焊机随时对个别偏斜较大的基座进行割除和调整，班组长1人负责全面指挥。安全员每班全程跟班检查，发现异常情况随时进行处理。

【专家提示】

★ 苏州现代传媒广场工程大跨复杂曲面透风防雨幕墙经过近3个月的现场安装顺利完工，完成后的防雨幕墙观感顺滑流畅，整体达到了"舞动的丝绸"的设计效果，得到了业主、建筑设计师等各方的肯定。要想完成复杂曲面形状的玻璃翼安装施工，测量放线定位准确是基础，利用BIM模拟仿真技术下料合理是关键，现场试拼装完善工艺流程是保证，安全围护措施得当是保障。

专家简介：

马占勇，中亿丰建设集团股份有限公司副总工程师，高级工程师，E-mail：1311708268@qq.com

第五节 某电子洁净厂房大跨度大面积屋面钢桁架安装关键技术

技术名称	大跨度大面积屋面钢桁架安装关键技术
工程名称	某电子洁净厂房
施工单位	中建三局集团有限公司
工程概况	重庆惠科金渝光电第8.5＋代薄膜晶体管液晶显示器件生产厂房位于重庆市巴南经济园区界石信息数码产业园B区，本工程共4层，单层建筑面积约6.8万 m^2 ，总建筑面积约28万 m^2 ，建筑最高43.5m。其中屋面采用钢桁架＋组合屋面结构，建筑面积约5.65万 m^2 ，钢桁架最大高度为5.2m，最大跨距为36m，单榀最大质量为28t，构件数量共计约4000根，总用钢量约1万t，施工工期约30d。

【工程难点】

本工程屋面钢桁架施工时，场内区域土建塔式起重机已拆除，保证提前插入下部洁净室楼层装饰机电的施工，但屋面钢桁架跨度大、数量多、施工工期短、在华夫板结构上施工难度大（图5-27），如何制定合理的运输安装方案，布置构件堆场，缩短构件倒运过程，做好华夫板成品保护，有效提高外围塔式起重机、汽车式起重机等设备的利用率，减少钢结构转运对整个现场施工的影响是本工程的重点和难点。

【施工要点】

1.钢桁架安装施工

采用大型汽车式起重机或履带式起重机将汽车式起重机、平板车等设备吊运至华夫板上进行钢桁

图5-27 华夫板

架的安装，并综合考虑现场起重、运输设备能力，将桁架拼装、吊装及檩条吊装等分为多个区域阶段，进行流水施工作业。根据分区情况，制定大型机械的行走吊装井字通道、桁架拼装场地，规划各区域桁架安装顺序流程，减少钢结构转运对整个现场施工的影响，最大限度地提高机械设备使用率。

首先进行第1阶段钢桁架拼装施工，每间隔1条井式通道布置2～3台25t汽车式起重机同时进行通道两侧桁架拼装，25t汽车式起重机通过主通道转移至相邻跨进行通道两侧钢桁架拼装；紧接着每间隔1条井式通道布置多台70t汽车式起重机进行通道两侧钢桁架吊装，70t汽车式起重机通过主通道转移至相邻跨进行通道两侧钢桁架吊装，同时插入檩条吊装施工。第1阶段钢桁架拼装完成后，汽车式起重机转移至第2、3阶段进行钢桁架拼装，并紧接着转移进行钢桁架吊装、檩条吊装，如图5-28所示。

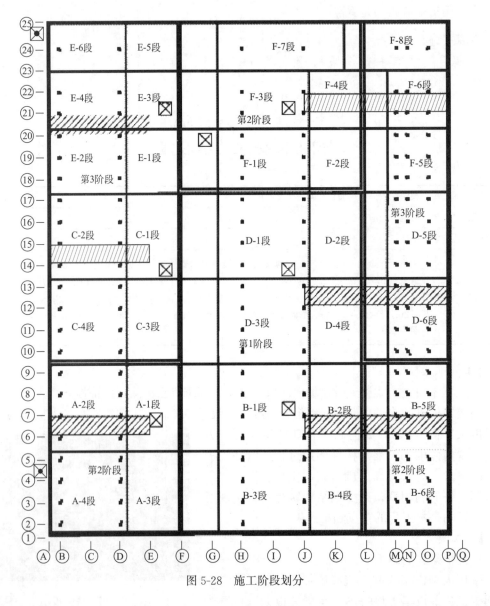

图5-28 施工阶段划分

钢桁架采取原位拼装、吊装的施工方法，大跨度钢桁架采取双机抬吊施工，汽车式起重机站位根据桁架摆放位置选择侧后方或者后方吊装，支腿位置应支撑在华夫板井格梁上。边跨檩条采用结构外围塔式起重机进行吊装，汽车式起重机吊装中间跨檩条。当汽车式起重机吊装至边跨位置时，塔式起重机为汽车式起重机吊装檩条预留一定空间，最后由塔式起重机将预留部分檩条吊装完毕。吊装过程中配备全站仪进行全程监控与复测，保证整个钢结构屋架系统的施工质量。

2. 华夫板保护措施

大型机械在华夫板结构上作业时，极易造成对已完成结构及奇氏筒的损坏。根据施工需要，针对钢桁架施工对华夫板的4类损伤制定保护措施。

人行通道所有井格梁上部铺设麻袋材质的柔性毯，上部铺设木板。

构件堆场在人行通道保护措施的基础上，上部垫150mm厚枕木。

行车通道在通道上铺设20mm厚橡胶垫，再在其上铺设16mm厚钢板，保证钢板两端搁置在梁上，可将大型机械荷载转由井格梁承担，且可保护华夫板及孔洞中的筒体不被挤压破坏。

焊接作业区域采用特制的华夫板奇氏筒钢盖板保护奇氏筒，该处焊接完成后取出周转至下一个焊接区域，如图5-29所示。

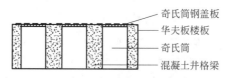

图 5-29　奇氏筒焊接保护措施

3. 施工受力分析

（1）建立模型

为了解华夫板楼面承载力可否满足70t汽车式起重机行走和吊装构件的要求，并确定此方案的可行性，采用有限元分析软件对施工阶段进行模拟分析。首先根据设计院提供的结构图纸进行建模，柱底节点设为刚接约束。

由于楼板结构为华夫板，根据计算说明，汽车式起重机行走时底部铺垫16mm厚钢板，验算混凝土结构时并未考虑钢板的承载作用，其对结构有利，轮压荷载最终将传递到华夫板内部的梁结构上，因此汽车式起重机行走验算主要针对华夫板内部的梁结构进行验算。

汽车式起重机轮距接近梁间距，但不完全在梁中间。轮压不可避免地会作用在华夫板空洞边缘上（上铺钢板），因此对钢板结构进行变形和屈服验算。本次计算建模直接在梁间的方形洞口建立钢板单元，圆洞较方孔受力更均匀（所以井盖是圆的），计算结果偏于安全，如图5-30所示。

图 5-30　钢板单元分割

（2）荷载布置

华夫板楼板上汽车式起重机为25t和70t，

9m平板车，选择最不利的70t汽车式起重机进行分析，按照行走工况与吊装工况进行计算。结构自重增加1.1倍系数，施加板面施工均布荷载。

1）汽车式起重机行走状态轮压反力

汽车式起重机行走时轮压荷载布置原则为使梁产生最大弯矩。取华夫板结构标准曲格，将汽车式起重机轮压在曲格范围内移动施加。

荷载布置位置：从起始位置开始施加轮压荷载，如图5-31所示。计算完成后，将轮压荷载整体向前移动500mm，再次进行计算。如此反复，直至到达终止位置。起始位置与终止位置间隔1个梁跨度，通过对若干次计算结果的比较，即可找出最大弯矩位置。经计算，当汽车式起重机后轮距两端距离为2500mm时，产生的弯矩最大。

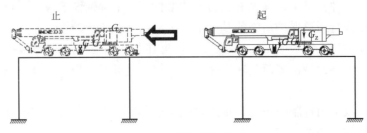

图5-31　轮压荷载布置

2）汽车式起重机工作状态支腿反力计算

汽车式起重机吊装采用侧方吊装工况，起重按30t考虑；汽车式起重机吊装采用后方吊装工况，起重按20t考虑。支腿支承在华夫板井格梁上，根据3跨连系梁考虑使梁产生跨中最大正弯矩位置、使梁产生支座最大负弯矩位置、使梁产生最大剪力位置进行布置计算。汽车式起重机吊装站位如图5-32所示。

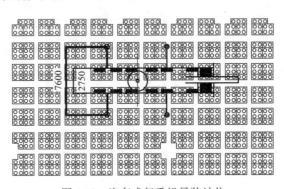

图5-32　汽车式起重机吊装站位

3）结果分析

根据荷载分析的最不利位置，在模型中施加汽车式起重机集中荷载，分别得出汽车式起重机行走工况、吊装工况下井格梁最大弯矩、剪力及变形值。根据GB 50010—2010《混凝土结构设计规范》设计得出梁模拟计算配筋面积，通过与图纸配筋面积比较，其强度满足要求。

汽车式起重机吊装时，最不利工况两侧的支腿分别位于井格梁上方，结构承载力满足要求，但其上需铺设16mm厚钢板，保护华夫板洞口。如支腿不能刚好位于次梁正上方，支腿下面需加垫措施，应大于华夫板洞直径，将支腿力转传到洞口周边梁上，以避免直接作用于钢板上对洞边缘产生的应力集中破坏。

【专家提示】

★ 本文介绍重庆惠科金渝电子洁净厂房华夫板上屋面钢桁架施工方法，采用汽车式起重机等设备在华夫板上进行钢桁架的转运及吊装施工，合理分区并规划运输通道与吊装路线，减少钢结构转运对整个现场施工的影响，最大限度地提高机械设备使用率。对华夫板采取有效保护措施，并结合有限元软件进行模拟分析，保证结构施工安全，在30d内完成了华夫板上1万t屋面钢结构施工，满足厂房快速投产的需求。

专家简介：

苏川，中建三局集团有限公司，E-mail：1767340536@qq.com

第六节　天津高银117大厦高空大堂及巨型柱幕墙施工关键技术

技术名称	高空大堂及巨型柱幕墙施工关键技术
工程名称	天津高银117大厦
施工单位	中建三局集团有限公司工程总承包公司
工程概况	天津高银117大厦是一幢以甲级写字楼为主，集六星级豪华酒店及其他设施为一体的大型超高层建筑。大厦地上总建筑面积37万 m²，地下3层（局部4层），地上117层（含设备层共130层），结构高度596.5m，建成后将成为中国结构第一高楼，如图5-33所示  图5-33　天津高银117大厦效果图

【工程难点】

天津高银117大厦结构高度达到596.5m且幕墙工程量较大，材料的垂直运输、高空大堂单元板安装以及巨型柱铝板幕墙的安装等问题最为突出，是本工程面临的一个严峻难题。

【施工要点】

1. 高空大堂玻璃幕墙安装关键技术

该幕墙系统位于天津高银117大厦三十二层、六十三层、九十四层、一百一十五～一百一十六层，为半隐框（横隐竖明）单元式幕墙。其设计能容纳所有建筑、温度位移（变形），承受各种荷载及其组合，面积约 6400m²。大厦高空大堂，楼层高 6150mm，单元板属于超长板，无论是垂直运输单元板进楼层，还是安装时单元板出楼层，都具有一定难度。

（1）高空大堂起吊平台安装

本工程在大厦三十三层、六十四层、九十五层设置外挑起吊钢平台，以配合 T02 高空大堂超长单元板的吊装及安装。首先安装南面、西面以及北面的起吊平台，东侧部位的平台待通道塔及货梯拆除、具备搭设条件后再进行安装搭设。如图 5-34 所示。

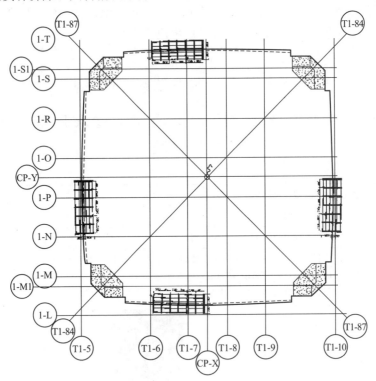

图 5-34　起吊平台平面布置

1）起吊平台构造

起吊平台主梁使用 I20b 外挑结构边缘 2m，并用 φ12 圆钢折弯的对穿螺栓和 ∟50×5 将主梁与主体结构固定，下面垫上木方；次梁采用 [10 组成，上铺 3mm 厚钢板；起吊平台边缘用 φ48×3.6 钢管架设 1.8m 高防护架，并在工字钢边缘焊接定位销，将钢管套在定位销外再与工字钢焊接，钢管上挂钢丝网。

2）平台安装及管理

a. 准备就位：安装及施工机具进场，钢材半成品进场→设置警戒区，吊装工字钢就位→槽钢就位焊接，刷防锈漆。

b. 安装过程：因主钢梁安装在结构楼板的外边，所以安装时要防止坠落，必须采取有效的安全措施。

钢梁安装不能少于 4 人，必须安排具有安装经验的熟练工人带领方可操作，在楼板上拉好安全防坠钢丝绳，安装人员安全带一定要挂在防坠钢丝绳上。防坠钢丝绳用卸扣固定在结构立柱上。

将定做好的主钢梁（I20b）运输到三十三层，分别放置在需要安装的位置旁边，并将钢支架锁固于预埋好的板式埋件上。

安装悬臂杆，先用绳子的一端固定在上一楼层，另一端固定在悬臂杆外端，将悬臂杆放到安装位置，安装人员将悬臂杆一端推出去，另一端用螺栓固定在已经安装的预埋件上，调节绳子长短使悬臂杆保持水平（预埋件事先安装，用于固定幕墙单元板）。

安装主钢梁周围的钢管，最后挂上安全钢丝网。

采用相同方法安装好所有悬臂杆件及对应部位。

安装次梁并铺设完钢板。

3）平台安装注意事项

按照规定的构造方案和尺寸进行搭设；及时与结构拉结或临时支顶，以确保搭设过程安全；拧紧紧固件（拧紧程度要适当）；有变形的杆件和不合格的紧固件不能使用；搭设工人必须佩挂安全带；随时校正杆件的垂直度和偏差避免偏差过大；没有完成的起吊平台，在每日收工时，一定要确保安全措施处理到位，以免发生意外；边沿设挡板，相邻两网之间的拼接要严密。

（2）高空大堂钢结构安装措施

1）钢立柱立面安装顺序

根据钢立柱的连接及布置情况，针对其安装顺序，本工程制定了如图5-35所示安装顺序编号，以保证其钢结构柱的安装精度。

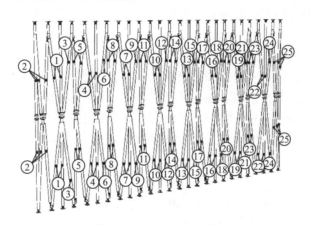

图5-35 钢立柱安装顺序

2）安装工艺

T02系统构件位于三十一～三十三层，主要材料有 $\phi273\times10$（62F$\phi273\times10$，95F$\phi273\times14$）钢管、钢板，节点形式焊接及钢销轴，构件单件安装质量在1.6t左右。上、中、下节点与主体结构件连接，考虑主体构件位置偏差，中间箱体与主体分开安装，箱体支撑板可调节标高，保证主管安装到位。

安装三十一～三十三层、六十二～六十四层、九十三～九十五层钢结构管桁架时，利用3t卷扬机进行安装，卷扬机安装在三十三层核心筒边上，3t导向滑轮安装在柱底部，3t吊装滑轮终端安装在上一层主管位置。

现场吊装时主管封板先与1根钢管焊好，销子节点制作后，2根主管进行预拼装，保证现场安装顺利。

安装前把现场轴线、标高检测正确，保证基础面、中间节点标高、顶部标高在统一的设计要求内，如有误差用钢板调整到规定的要求内，如主体结构不能调整，在主管中间节点箱体支撑板上调整，确保工程质量。吊装钢主管时，必须把箱体临时固定在钢主管上，否则箱体以后无法安装到位。

吊装主管索具采用绳索吊装，必须捆扎牢靠，防止脱落，并保护好表面涂装，待第1根主管安装到位后，再把第1个支座焊牢，依此类推，这样能保证销子、斜主管安装。

卷扬机起吊钢主管，起吊时先将构件起吊离开楼层地面50cm，检查卷扬机、钢丝绳在主管根部用绳索拉牢，缓慢松绳索，防止主管滑出楼外，待主管起吊垂直才能放松绳索。指挥人员和卷扬机操作员互相协调好，确保构件顺利安装。

卷扬机安装后，必须调试刹车，检查转速是否正常，固定是否牢靠，确认无误后，在楼层内进行试吊，试吊构件采用主管，试吊构件上下起吊3次，再检查卷扬机固定是否牢靠、导向滑轮、起吊滑轮、起吊索具是否安全，一切正常后方可正式安装。

（3）单元板安装措施

1）单元板垂直运输

由于此部位的单元板最大高度为11m左右，外挂货运电梯轿厢尺寸仅为1800mm×5000mm，因此，无法采用外挂电梯运输单元板，须采用塔式起重机进行板块的垂直运输。

本工程在大厦三十七层安装硬隔离防护棚，三十六层安装单轨吊，三十三层部位为起吊平台，平台与硬隔离防护棚之间有3层楼层空间。因此，超长板块的垂直吊运不会受到上层施工的影响。

2）单元板楼层内储存

按照标准层的做法，每一安装楼层的单元板，应尽量存放于待安装的楼层内，以便于安装。但此处楼层内钢结构密集，钢柱已经完全阻断了单元板的出板（即单元板块从楼层内运输至外面进行安装的过程）路径，因此高空大堂单元板的存放要采取特殊处理，必须使高空大堂的单元板配合安装顺序及进度的要求，分批次吊运至高空大堂的上一个楼层，由上一个楼层出板。

3）单元板安装

利用单轨吊系统和起吊平台，把单元板从储存的楼层吊运出结构外，首先水平转运至安装位置的上方，在确认待安装楼层的人员已经就位并采取相应的防风及安全措施后（避免在恶劣的风雨天气施工），把待安装的单元板平稳、匀速下降至目标楼层。

（4）安装步骤

利用单轨吊系统及起吊平台出板（图5-36a）；单元板水平移动到待安装位置的上方，停稳后下行（图5-36b）；单元板安装就位，调整并固定（图5-36c）。

2. 巨型柱铝板幕墙安装关键技术

天津高银117大厦巨型柱处为单元式铝板幕墙，依附在4个巨型钢结构柱体上，钢结构巨型柱顶、底垂直距离偏移10m，在高度方向上每60m左右就要偏移1m，总面积约43000m²，由于没有操作面，考虑到安装质量及进度的因素，本工程在安装此处单元式铝板幕墙时采用电动葫芦与吊篮交替施工的双轨吊系统，既保证了施工的安全系数，又对施工效率及进度有很好的促进作用。

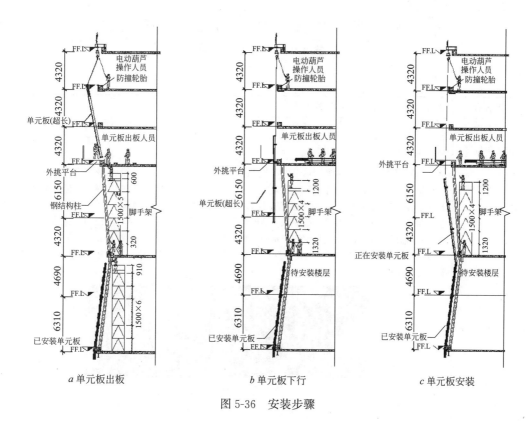

图 5-36　安装步骤

（1）双轨吊施工工艺

在巨型柱部位的单元式铝板幕墙，由于楼层边没有操作面，需在此部位设置室外吊篮，由工人在楼层外侧的吊篮内进行安装。考虑到操作的安全性，此处的吊篮也要设置工字钢轨道，使之能围绕巨型柱运行，因此转角铝板的安装须采用双轨吊的形式进行，内层轨道吊装铝板，外层轨道吊装吊篮。作业面上方设立防护层。大厦每根巨型柱位置均安装2个转角吊篮。

（2）上升移位和拆卸

上升移位前必须将吊篮平台升至悬挂装置处，挂牢安全钢丝绳，退出工作，切断电源。安装好下一施工段的吊篮，安装悬挂装置。重复吊篮平台的安装步骤，安装吊篮平台，拆卸上一施工段的悬挂装置。移位后有"移位安装记录"，经核验后方可投入使用。

吊篮的拆卸按安装过程的相反步骤进行，使吊篮沿轨道行驶至结构边缘，拉入结构内进行解体、拆卸，并把零配件用电梯运回地面。

【专家提示】

★ 天津高银117大厦幕墙工程高空大堂起吊平台的安装、双轨吊施工技术既保证了施工的安全系数，又显著提高了施工效率，降低了劳动强度及工程成本，经济及社会效益显著。

专家简介：

侯玉杰，中建三局集团有限公司工程总承包公司高级工程师，E-mail：309107981@qq.com

第七节 光谷国际网球中心弧面菱形点式玻璃幕墙关键施工技术

技术名称	弧面菱形点式玻璃幕墙关键施工技术
工程名称	光谷国际网球中心
施工单位	武汉光谷建设投资有限公司
工程概况	光谷国际网球中心15000座网球馆由钢筋混凝土结构、钢结构屋面网架组成,钢屋盖为平移式可开合钢结构,总建筑面积54340m²,建筑总高度46m,地上5层,网球馆呈圆形,观众席沿比赛场地环形布置,内场直径72m,斜看台顶部直径123m。该工程外立面造型独特,由64根倾斜的三角形主立柱与反向斜交的次圆杆件焊接形成了弧面菱形空间大网格结构,该结构既充当外幕墙结构的主支架,又形成了"旋风"的造型意象;网球馆外墙檐口以下由玻璃幕墙构成,面积约7000m²,玻璃采用8+12A+6+1.52PVB+6钢化中空夹胶Low-E玻璃,为菱形分格。工程效果及主要节点如图5-37、图5-38所示 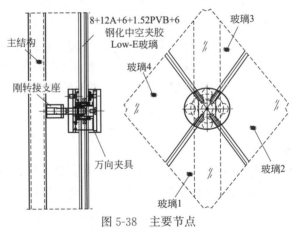 图5-37 工程效果 图5-38 主要节点

【工程难点】

幕墙深化设计是根据主体结构图纸理论尺寸及结合BIM模型进行的,设计过程中综合考虑了幕墙线形、分割等外观美学因素,并将玻璃主板块分割为1575mm×1575mm的标准尺寸,以确保固定玻璃板块的点支座与主体结构支撑杆件正交对接及幕墙与主体结构弧面造型完美贴合。由于幕墙点支座是焊接在双向斜交形成的主体气旋钢结构上,这就决定了主体气旋结构的施工误差将会对点支座的安装产生直接影响。主体钢结构施工误差是必然存在的,因此点支座安装过程中必须进行重新定位调整,点支座的定位变化又将对幕墙线形、板块分割及后续玻璃板块下料尺寸产生直接影响。因此,点支座的合理定位是本工程的最大难点。

弧面菱形幕墙板块固定驳接支座是本工程的又一大特点及难点。一般的点式玻璃幕墙的承支爪件是平面的，很难对本项目的菱形弧面玻璃板块实现全面贴合固定，势必会对玻璃板块产生附加应力，出现安全隐患。另外，幕墙与原结构杆件贯穿处的玻璃缺口测量下料的准确性也是顺利施工的关键。

【施工要点】

1. 点支座安装

（1）点支座编号

根据设计图纸，本幕墙共有 5016 块菱形玻璃，每块玻璃由 4 个点支座进行固定，因此必须对每个支座进行科学合理的编号，以便后续测量复核及玻璃板块安装定位。编号按以下原则进行：根据建筑样式，将幕墙立面平均分为东、南、西、北 4 个区；将分隔点沿着距离最近的圆管从上而下排序（表皮下边缘上的分隔点不纳入编号范围），综合圆管的顺序编号形式 X（西区）＊＊（圆管序号）—＊＊（圆管上点的序号）。

（2）支座点位测量校核

根据幕墙设计图纸提供的玻璃幕墙点支座焊接点位三维坐标（x，y，z），用全站仪进行定位校核，发现因主体结构杆件存在施工偏差，导致焊接点位无法按照原设计与原有主体结构杆件形成弧面正交对接，且这些偏差呈不规则状态，因此必须对点支座位置重新定位。

（3）点支座调整安装原则

为保证幕墙结构安全，必须使得点支座与主体结构杆件有可靠的接触面，依照主体结构布置的原则执行，底座要确保能与圆管正交焊接，偏差不得超过±3mm，若偏差超过3mm需对支座在 x、y 方向上平移，并对支座连接进行加固处理；若严重偏离原结构杆件，则需对原结构杆件进行纠偏处理。支座在 x、y 方向调整规则为：首先保证圆管上同一水平方向点位标高一致，再确保斜面弧向的点位在圆管上连线为顺滑曲线，如此操作则能保证在误差存在的前提下达到较好的视觉效果，如图 5-39 所示。

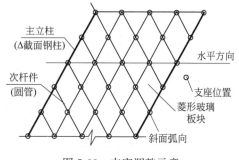

图 5-39　支座调整示意

依照以上原则对底座点焊安装完成后，在平台及各楼层进行多角度视觉观察，保证底座在玻璃分格上是顺畅弧线。如发现有明显偏离，要及时进行分析。如因结构误差引起，要通知钢结构施工单位马上进行调整结构；如因自身焊接原因引起，要尽快对底座进行调整。底座安装完成确认无误后，对底座进行满焊，满焊完成做完防锈处理后才能进行玻璃尺寸反馈。

2. 玻璃板块下料

（1）玻璃反尺原则

为避免测量人员对处于高空位置的玻璃板块尺寸进行测量时出现混淆，进而导致玻璃尺寸反馈出错，需根据前述已定位编号的支座进行玻璃板块编号，以便玻璃板块加工完成后进行标识、存放、运输及安装。

按照理论，玻璃下料尺寸必须是玻璃放置到安装位置时的尺寸。但经施工人员对一个区域的玻璃进行复核发现，直接测量底支座间的距离，与精确测量尺寸的最大误差不超过5mm，因此玻璃分格尺寸反馈时，直接测量底座中心距即可。

对于菱形玻璃，要求反馈的尺寸为4条边长及2条对角线长度，为确保现场反馈尺寸的正确性，必须进行理论校核，即根据4条边长（A，B，C，D）与1条对角线长度（E）通过理论计算出另一条对角线的长度（F）与实际测量尺寸（F″）进行比对，如果误差较大（误差值＞10mm），属于原始测量数据有误，需重新安排测量。若在误差范围内，则根据 A、B、C、D、E、F 数值与设计胶缝宽度（20mm）通过三角函数计算出实际下料尺寸 a、b、c、d、e、f，如图 5-40 所示。

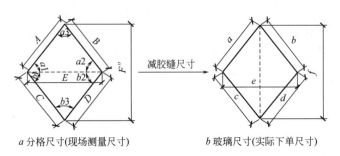

图 5-40　反馈尺寸复核示意

（2）菱形玻璃板块加工构造措施

菱形玻璃板块为四边形，且支撑点为4个角部，为解决尖角部受力易产生应力集中现象，加工时对玻璃板块的4个角部进行反倒角处理，这样也更好地与万向支座有更加紧密贴合的连接，有效解决了应力集中及不稳定等现象，如图 5-41 所示。

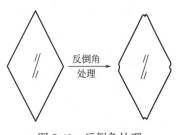

图 5-41　反倒角处理

3. 点式万向驳接支座特点及构造

根据弧面菱形玻璃幕墙的特点，制作有针对性的支座是项目顺利实施的关键，本项目所采用的支座为万向驳接支座，主要由钢转接支座、球铰结构、圆筒芯、隔压板及装饰板构成，有效解决了与菱形玻璃板块的可靠连接，又保证了幕墙立面的弧面造型效果，具体特点及构造如下。

1）球铰结构的球缺平面部分贴合玻璃，由非金属材料（如尼龙）或软金属（如纯铝、铜等）制成，与玻璃为平面接触，有利于玻璃受力（图 5-43）。该结构与夹具的前后压盖为球面接触，球铰靠专用球面螺栓连接在前后压盖上，即保证球铰灵活转动，又把铰接结构与夹具连接为整体，方便施工。

2）玻璃内外2个球缺连同中间夹持部分的玻璃厚度正好形成球体，球心接近玻璃厚度中心，玻璃可发生自由变形（图 5-42）。该结构既有利于玻璃的转动，又保证玻璃与夹具有合理的接触面积。

3）夹具中每对玻璃球缺两侧的隔板也为非金属材料（如尼龙）制成，与夹具中间的圆筒芯一起对菱形玻璃幕墙板块形成三面合围，由于菱形玻璃板块下料时进行了反倒角处理（图 5-41），这样菱形玻璃板块的每个角部就可和夹具中间的圆筒芯达到很好的契合。

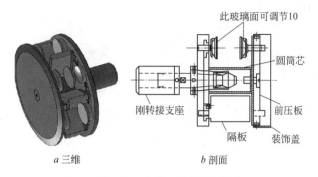

此玻璃面可调节10

圆筒芯

前压板

刚转接支座

隔板

装饰盖

a 三维　　　　　　　*b* 剖面

图 5-42　支座三维及剖面

4. 主结构贯穿玻璃处接驳处理

根据现场实际情况，主结构（ϕ325 圆管）贯穿玻璃幕墙接驳主要有 A、B 2 种类型。类型 A 为贯穿 4 块玻璃，即主结构杆件中心与玻璃板块点支座中心基本重合；类型 B 为贯穿 2 块玻璃，即主结构杆件中心与玻璃板块点支座中心偏离，如图 5-43 所示。针对这 2 种贯穿类型，玻璃板块下料处理规则为：①A 型玻璃缺口形状为圆弧形，B 型玻璃缺口的形状为椭圆形；②对于开缺玻璃的测量数据，必须是玻璃放置到安装位置时的尺寸；③A 型需现场反馈尺寸为 *AB*、*AC*、*AD*、*AE*、*AF*、*BC*、*BD*、*CE*、*CF*，B 型需现场反馈尺寸为 *AB*、*AD*、*AE*、*AG*、*BG*、*BH*、*BC*、*DI*、*CD*、*CI*、*CF*、*DH*，如图 5-44 所示。

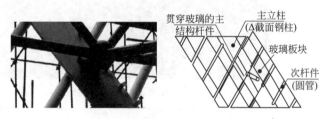

贯穿玻璃的主结构杆件

主立柱（△截面钢柱）

玻璃板块

次杆件（圆管）

图 5-43　玻璃幕墙贯穿示意

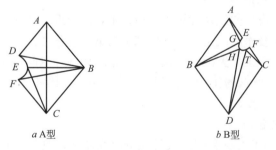

a A型　　　　　　　　*b* B型

图 5-44　玻璃开缺口反馈尺寸测量

【专家提示】

★ 光谷国际网球中心 15000 座网球馆外围弧面菱形玻璃幕墙，具有主体结构复杂、玻璃板块下料加工、安装难度大、要求精度高等特点。结合项目实际，制定出了一套弧面菱形玻璃幕墙测量、下料、制作及安装等关键施工技术的控制要点及施工方案，准确高效地完成了幕墙安装任务。

专家简介:

段文付，武汉光谷建设投资有限公司，国家一级注册建造师，E-mail：dwf168@126.com

第八节　沈阳文化艺术中心工程非常态无序空间钻石体玻璃幕墙安装定位技术

技术名称	非常态无序空间钻石体玻璃幕墙安装定位技术
工程名称	沈阳文化艺术中心(现称"盛京大剧院")
施工单位	中国建筑一局(集团)有限公司东北公司
工程概况	沈阳文化艺术中心(现称"盛京大剧院")是由一座能够容纳 1800 座综合剧场、1200 座音乐厅及 500 座多功能厅组成的沈阳地标性建筑，建筑外形似钻石体，为非常态无序空间钢结构体系。钻石每面均由不同大小的三角形面玻璃幕墙组成，共分割成 64 个大面、70 个阳角、19 个阴角、40 个顶点，玻璃幕墙三角块数约为 13100 块，大小不一，尺寸各异。工程竣工后的效果如图 5-45 所示  图 5-45　工程竣工后的效果

【施工要点】

1. 工程总体测量技术路线

通过工程前期研究设计图纸及计算机模拟技术，结合近年的先进测量技术研究确定工程测量技术路线。总体技术路线是：以结构施工的钢结构预埋件（支座节点）的准确度控制保证钢结构铸钢节点施工位置准确无误；通过钢结构施工空间体系定位的确定保证幕墙 64 面及各阳角、阴角及顶点的位置和空间尺寸的准确。钢结构屋盖支座节点、铸钢节点定位点轴测图如图 5-46 所示。

2. 测量实施方案策划

1）技术部门组织技术人员和测量人员充分研究图纸、测量工程的重点、难点，各分部工程拟采用测量方案的编制、资源的准备。

2）经分析讨论，从主体施工、钢结构安装、钻石体玻璃幕墙施工，测量工作贯穿于整个实施阶段，建立场区控制网是测量工作的最基础工作，在建筑物每侧布置 3 个控制点（相互之间通视），共 8 个控制点作为场区的总平面控制网。

3）主体结构施工的测量工作主要是在不规则的圆弧及变化较大的部位用计算机进行

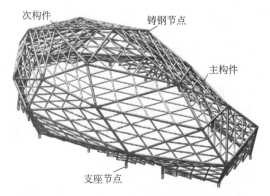

图 5-46　钢结构屋盖支座节点、铸钢节点定位点轴测图

虚拟控制点设计，将优化设计的控制点投放到预定位置。然后根据控制点将施工区域的轴线及细部线放样。

4）钢结构安装工程的测量工作主要是大型铸钢节点空中定位的方法操作难度大，高空铸钢节点定位准确度控制难，因此，在高空定位前先将铸钢节点在地面钢板上进行预定位。通过采用计算机进行仿真模拟技术，完成各部位构件的测量计算，确定定位钢板上表面的水平标高值，供现场高空定位，从而找出铸钢件在地面预定位和高空定位时的各端口坐标，为现场实际地面定位和高空定位提供定位数据。同时确定铸钢节点的重心位置，合理设置铸钢节点的支撑位置以及吊装点的位置，进而保证钢结构体系满足设计要求。

5）钻石体玻璃幕墙工程的测量工作首先确定各特征控制点，所谓特征控制点是指三维建筑空间各个突变曲面的交点位置，通过对特征控制点的控制再对各三角形面进行细化分格，由整体到局部，由局部到各分格框架和面板，逐层剥离，进行整体和局部的控制，三维空间各特征控制点测量前，依据场区总平面控制网、高程总控制网，根据建筑体量，利用计算机进行仿真模拟，从而找出高空定位时特征控制点坐标，为高空定位提供定位数据。采用全站仪对各三角形特征控制点进行打点标识并焊接牢固，同时校核现有钢结构的空间位置是否符合设计要求。钻石体玻璃幕墙分格系统如图 5-47 所示。

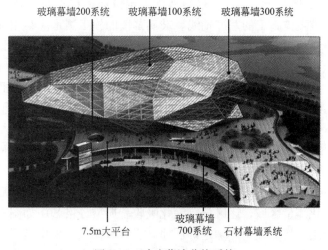

图 5-47　玻璃幕墙分格系统

3.具体测量放线方法

（1）玻璃幕墙放线工艺流程

熟悉建筑结构与幕墙设计施工图→准备所有的工（器）具，做好准备工作→对整个工程进行分区、分面→确定基准测量标高→确定基准点和基准轴线→确定空间特征关键点→在关键层打空间特征控制点→检查误差→调整误差→将空间特征控制点加固→打外形控制点→复查准确性→检查所有放线的准确线→重点清查转角、变面位置的放线情况→记录原始数据→更换测量立面→重复上面程序→增量数据→分类→处理或上报设计部核实、整理→确定连接件长度、标高。

（2）测量控制方法

复核主体结构、钢结构的轮廓或特征控制点依据设计图纸标定的建筑结构各轴线与钢结构外径尺寸的关系，分别用全站仪确定出控制幕墙单元同一垂直面的基准点控制网及其连线的距离，基准点之间的垂直误差控制在直径为 5mm 的投影范围内，基准点连线的直接距离误差≤3mm。以基准控制网为基础测放出结构轮廓线及钢结构特征控制点的位置，确定实际尺寸与设计尺寸之间的偏差程度。

对主体结构及钢结构数据记录整理分类对测量结果进行整理，并对各种结果进行分类，同时对照建筑图、钢结构图进行误差寻找得出误差结果。

对主体结构及钢结构检测数据的处理对数据进行处理后，根据误差结果，需调整的位置进行处理，提出切实可行的处理方案，同时进行下一道工序的工作。

根据工程特点，将建筑物整体划分 2 大区域，即钻石体罩面测量放线区域（包括系统分 S01～S64）和裙楼立面幕墙区域（包括一层玻璃幕墙、观光电梯井道玻璃幕墙、铝板幕墙、石材幕墙、铝合金通风百叶、所有外门及门斗等），测量区域的划分在一般情况下遵循以立面划分为基础，以立面变化为界限的原则，全方位进行测量。钻石体罩面系统细化分格如图 5-48 所示。

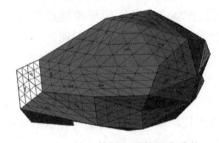

图 5-48　钻石体罩面系统细化分格

确定基准测量线：轴线是建筑物的基准线，玻璃幕墙施工定位前，首先要与施工总承包单位共同确定基准轴线并复核主体施工的基准轴线。玻璃幕墙的施工测量应与主体工程施工测量轴线相配合，使幕墙坐标、轴线与建筑物的相关坐标、轴线相吻合（或相对应），测量误差应及时消化不得积累，使其符合玻璃幕墙的构造要求。关键层、基准轴线确定后，随后确定的就是关键点，关键点在关键层寻找，但不一定在基准轴线上，且不低于 2 个。

钻石体玻璃幕墙测量放线所依据的基准点及基准线是依据场区总平面控制网、高程总控制网确定，具有唯一性，这样能保证在不同施工阶段（主体施工、钢结构安装、幕墙施工），各专业施工单位测量放线的统一性，又能彼此成统一的结合体，对各区域的交接衔接非常重要。

钻石体玻璃幕墙测量时，通过基准点标出各区域的特征控制点，然后再对测量区域进一步划区、划面细化测量区域，逐区分割消化吸收。典型分格 S01 如图 5-49 所示。

特征控制点控制：特征控制点确定好后建立三维坐标系，采用坐标系控制法对各特征控制点编上坐标号，并对各特征控制点坐标号进行醒目标识，同时做好记录，将偏差数据

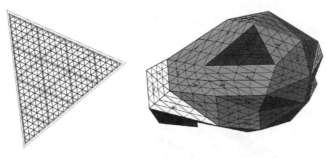

图 5-49　典型分格 S01

反馈给设计人员。一般的处理方法：结合特征控制点确定出相邻各三角形面的空间体，通过每个分格测量、每个分格打标识坐标点，确定出幕墙板块的分格控制线，类似方法可逐曲面进行细致测量。

测量前（基准点要统一、多把钢尺使用前要对尺），先对各大三角形面进行编号，再对大三角形所包含的小三角形面进行编号，最后进行每个三角形板块编号，每个板块都采用三维坐标系法逐一编号，编号都是一一对应的和唯一的，并有序排列，这样就保证了施工精度。

4. 钻石体玻璃幕墙安装

（1）工艺流程

钻石体罩面共包括 64 个三角形大面，每个三角形大面多由 400 个三角形玻璃板块组成，其安装过程分为：测量复核→大面边框定位转接件安装→铝合金主框安装→半圆盘形转接件安装→铝合金次框安装→铝合金边次框安装→三角形玻璃板块吊装→打胶密封。钻石体幕墙安装过程如图 5-50 所示。

图 5-50　钻石体幕墙安装过程

（2）钻石体玻璃幕墙结构（100 系统）安装

铝合金龙骨支撑的是框架玻璃幕墙结构。龙骨采用铝合金型材，铝龙骨与主体钢结构之间采用两级钢制转接件连接，横竖龙骨之间采用高强铝合金转接件连接，并采用多角度连接调整装置实现平面内不同夹角构件的连接需要，半圆盘形转接件安装如图 5-51 所示。

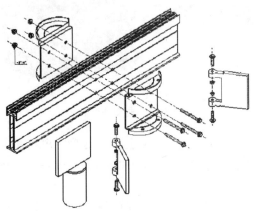

图 5-51　半圆盘形转接件安装立体示意

（3）确定实际玻璃面的方法

首先把分格 S01 的钢结构中心面向外法线方向偏移 1200mm，其次把与顶点 A′共用的钢结构面依次向外法线方向偏移 1200mm，通过顶点 A′偏移后的实际玻璃面的顶点做个球体，使各顶点都在球体外表面上，然后把顶点 A′与球心相连形成一条直线，此直线与球体相交形成交点 A，同理，B′、C′也能找到此交点 B、C，最后把 A、B、C 相连形成实际玻璃面，S01 单元格分格如图 5-52 所示。

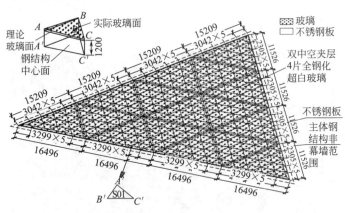

图 5-52　S01 单元格分格

（4）打胶密封

复核外饰面板块之间的距离及平整度，确认无误后，在接缝处中填塞与接缝宽度相配套的泡沫条，并保证连接且深度一致，以保证胶面厚度均匀可靠。

（5）清洁收尾

玻璃表面（非镀膜面）的胶丝迹或其他污物可用刀片刮净并用中性溶剂洗涤后用清水冲洗干净。室内镀膜面处的污物处理要特别小心，不得大力擦洗或用刀片等利器刮擦，只可用溶剂、清水等清洁。在全过程中注意成品保护。

★ 非常态无序空间玻璃幕墙结构体系是目前国内剧院建筑中不常见体系，施工工艺及定位安装技术复杂，施工难度大，三维空间体结构由三角形多棱面组合而成，位置关系变化多样，因此对测量放线要求非常高。本工程在三维空间结构及三角形多棱面测量工作中，全面采用了计算机进行仿真模拟技术、顶点三维坐标点测量放线控制技术，将测量空间大三角形面进行细化分割，最终确定出各施工板块（或施工构件）的安装，圆满完成了非常态无序空间玻璃幕墙结构体系安装工作，受到社会的一致好评，希望能为今后类似玻璃幕墙安装工程积累丰富的施工经验，并具有一定的推广应用价值。

专家简介：

董清崇，中国建筑一局（集团）有限公司东北公司副总经理，总工程师，国家一级注册建造师，E-mail：563396763@qq.com

第九节 外立面悬挂装饰清水砖幕墙施工技术

技术名称	外立面悬挂装饰清水砖幕墙施工技术
工程名称	长沙梅溪湖国际新城研发中心二期(又名绿方中心)
施工单位	中铁建设集团有限公司
工程概况	长沙梅溪湖国际新城研发中心二期(又名绿方中心)项目坐落于长沙市岳麓区梅溪湖片区。项目占地面积5000m²，建筑面积12125m²，建筑最高标高为39.800m。本工程主楼立面主要由陶土砖幕墙、铝板幕墙、西山墙钢结构构成，其中陶土砖幕墙采用悬挂陶土砖幕墙体系，陶土砖尺寸为240mm×115mm×55mm，陶土砖为外装饰材料。为了确保砌体墙的持久牢固，静荷载、风荷载及地震荷载必须安全地传递至主体结构中。采用高效节能的砖砌墙悬挂件能可靠、完全地解决此难题，如图5-53、图5-54所示 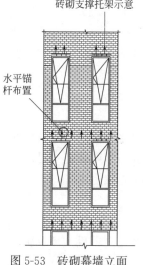 图5-53 砖砌幕墙立面

| 工程概况 | 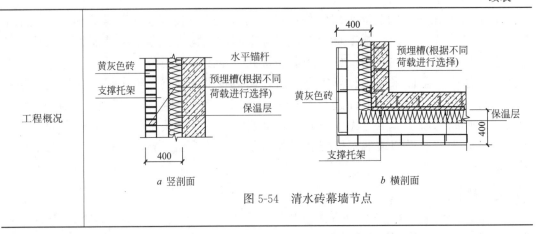 |

图 5-54　清水砖幕墙节点

【工程难点】

外立面悬挂装饰清水砖幕墙施工工艺属于建筑外墙面装饰分项工程，施工前，建筑的承重主体结构应施工完毕并达到设计要求强度，悬挂托架及拉结筋需固定于混凝土梁、柱、墙上。

在选择该悬挂托架体系时，必须确保能与承重主体结构可靠连接，着重要考虑拉结、支撑悬挂体系及荷载承重能力等。

施工过程中严格控制灰缝均匀度和饱满度，避免墙体开裂和大面积反碱，对施工工艺水平要求非常高。

幕墙砖颜色一致、大小均匀，无破损掉角现象。

【施工工艺】

1. 装饰清水砖幕墙结构形式

通过镀锌幕墙龙骨体系与钢筋混凝土主体结构相连接，将外立面装饰清水墙砌体砌筑于镀锌钢龙骨托架上。幕墙使用陶土砖错缝砌筑，灰缝饱满、均匀，陶土砖颜色均匀一致，无污染。砌筑过程中，根据砌筑皮数设置拉结筋，使陶土砖与结构连接。拉结筋竖向间距 500mm，水平方向间距 600mm。钢托架制作使用热镀锌∟50×5 和∟50×75×5 焊接，钢托架安装采用化学锚栓与混凝土结构墙锚固。支撑体系经计算，满足设计和规范要求，结构安全可靠。如图 5-55 所示。

2. 施工工艺流程及操作要点

（1）施工工艺流程

施工准备→锚板位置和化学锚栓孔定位放线→钻孔、清空→植锚栓→安装锚板→悬挂托架制作、安装与防锈→拉结钢筋植筋→排砖→砌筑清水砖幕墙→砌筑约 2m 再进行上一道托架安装→勾缝清洁、收边扫尾。

（2）操作要点

1）施工准备

技术交底项目技术负责人向项目人员及施工人员就装饰清水砖幕墙的图纸、方案和专项安全施工方案进行交底，所有参建人员必须熟知施工整体流程和安全要求。

材料准备所有使用材料符合设计及规范要求及按要求抽样送检，且已报验完毕。

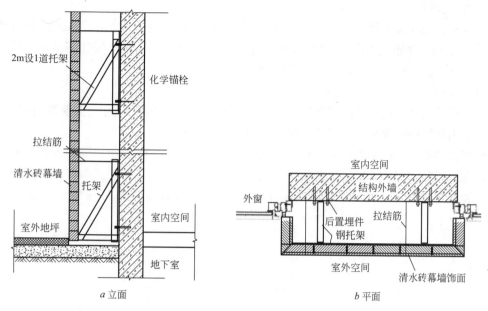

图 5-55　清水砖幕墙体系

劳动力组织建立精干的施工队组，熟练操作幕墙龙骨安装和砌筑施工的工人，流水施工。

安全防护施工人员配备安全帽、安全带、电焊防护面罩，将施工区域做好防火措施。

2）锚板位置和化学锚栓孔定位放线

根据主体结构施工时的基准线（轴线、水平标高定位线），复核主体偏差，确定幕墙安装测量控制点。在此基础上，确定幕墙水平及垂直分布，并确定幕墙竖料安装的控制线，将锚板安装和化学锚栓孔位置在钢筋混凝土框架柱（或剪力墙）上用粉笔绘出。

3）钻孔、清孔

严格按照预定点位进行钻孔，采用化学锚栓，M12 锚栓直径 12mm，钻头直径 14mm，钻孔深度 115mm，最小间距 110mm，最小边距 55mm，钻孔过程中如出现无法钻入情况，孔深达不到规定要求，需适当调整孔位，选择其他位置钻孔，废孔使用符合设计要求的水泥浆料填充密实。

钻孔完成后，用空压机气枪、毛刷清孔，将钻孔孔内及柱面灰尘清理干净，使孔洞内达到清洁干燥、无灰尘的要求。

4）植锚栓

清孔完成后，注入锚固胶。使用专用注胶枪，注胶前应经过试操作，从孔底向外均匀、缓慢地进行，注意排除孔内的空气，注浆量应以植入锚栓后略有胶液挤出为宜。注胶量参考化学锚栓的产品说明书，按产品说明书的规定控制注胶量。

化学锚栓按照单一方向旋入锚孔内，锚栓旋入到指定位置后应立即停止。锚栓从注胶到化学锚栓安装完成的时间不得超过相应锚栓规定时间，将化学锚栓植入孔中，立即校正其标准、位置，确保锚栓处于孔洞的中心位置。在化学锚栓安装完成后，锚固胶达到规定强度之前严禁碰撞或触动化学锚栓。

5）安装埋板

埋板安装允许偏差值为：水平高度偏差≤10mm，左右位置偏差≤20mm，表面平整度偏差≤5mm。对超过上述标准的预埋件，需进行偏位处理。待化学锚栓满足强度后，拧紧螺母，化学锚栓螺母的拧紧扭矩，参照相应技术要求。

6）悬挂托架制作、安装与防锈

悬挂托架制作：托架使用热镀锌∟50×5焊接，热镀锌角钢采用优质碳素钢Q235B，表面均采用热镀锌防腐处理，托架在标准平台上焊接完成。

悬挂托架安装：托架焊接完成后，在现场与锚板进行定位焊接，根据砌筑皮数和锚板标高，确定托架的安装位置。以幕墙立面为单元，对已安装完横料的立面幕墙骨架进行整体竖向和水平向调平、校准，待调平、校准无误后，进行连接件焊接施工，如图 5-56 所示。

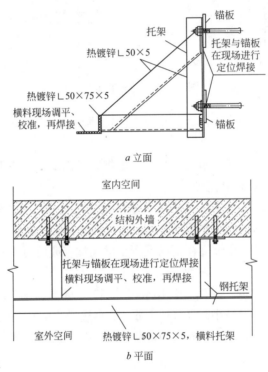

图 5-56 托架安装示意

防锈钢托架焊接安装完毕后，进行隐蔽工程质量验收，合格后再涂刷防锈漆。

7）拉结钢筋植筋

根据图纸设计要求，对悬挂耐火砖承重结构进行拉结钢筋植筋，植筋时按砌筑面砖排布，将拉结筋设在灰缝位置。

8）排砖

排砖：按照设计的砖长度，在热镀锌∟50×5横料上排放砖。砖缝宽度根据砖的截面尺寸灵活掌握，本项目的砖尺寸较小，缝隙宽度定为8mm。

单面幕墙砖的数量计算：N（砖数量）＝墙长度(mm)/（砖长度＋缝隙宽度）(mm)。

9）砌筑清水砖幕墙

排砖工作结束后，即可砌筑砖墙，幕墙砖不能用水浸，直接使用。砂浆采用半干硬性的高强度等级砌筑砂浆。摆砖、打底，打底砂浆使用防水砂浆，确保时间久后底层砖不变色。

砖缝和砌筑面的砂浆一定要饱满。砌筑时，砖灰缝划进 7mm 左右的缝，为勾缝做准备。约砌筑 2m 后，根据砌筑皮数，再进行上道悬挂托架及横料角钢安装。

10）勾缝清洁、收边扫尾

面砖贴铺拉缝时，用 $\phi8$ 钢筋制作简易勾缝器，待砂浆有一定强度后，勾缝，随砌随勾，先水平缝再竖向缝，勾缝后砖缝标准：凹进砖外表面 2～3mm。勾缝应连续、平直、光滑、无裂纹、无空鼓。面砖缝勾完检验合格后，用布或棉丝蘸浓度为 3‰ 草酸擦洗干净。

砖墙施工，每天结束后都要用塑料布把砖墙上口封住，防止下雨把砂浆冲刷到砖墙的表面而影响砖墙效果。

【专家提示】

★ 外立面悬挂装饰清水砖幕墙施工技术是一次工艺、工序以及材料的改革和创新，以绿色建筑为导向、低碳施工为目的，达到了节能环保、质量可靠的效果，有效地将静荷载、风荷载及地震荷载通过悬挂体系合理地传递至主体结构，受力均匀、外观大方、造型别致、独具风格，将绿色建筑理念完美地展现出来。

专家简介：

袁瑞青，中铁建设集团有限公司项目经理，E-mail：2036957248@qq.com

第十节　DM 现浇混凝土外墙外模板与保温一体化施工技术

（一）概述

1. DM 保温模板特性

DM 保温模板是以 XPS 板、岩棉板、岩棉带为保温芯板，采用特殊结构形式和工艺措施，在保温芯板两面采用界面砂浆、聚合物抗裂砂浆，并辅以增强材料在工厂预制加工而成的（图 5-57）。根据保温芯板的不同，将 DM 保温模板分为 3 种类型，Ⅰ型、Ⅱ型和Ⅲ型，Ⅰ型芯板为 XPS，Ⅱ型芯板为岩棉板，Ⅲ型芯板为岩棉带。南郊中茵城项目选用的是Ⅱ型。

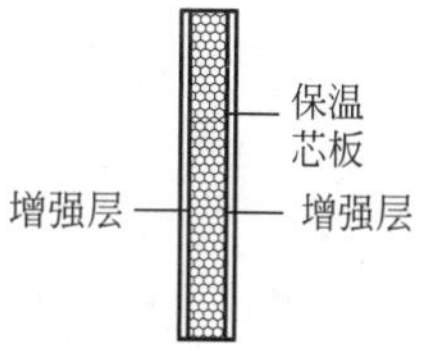

2. DM 系统

由 DM 保温模板、抹面层、饰面层组成，通过专用锚固件连接保温模板和混凝土墙体，作用于现浇混凝土外墙外侧，起到保温、节能效果于一体的构造体系，称为 DM 现浇混凝土外墙外模板与保温一体化系统（图 5-58）。

图 5-57　DM 保温模板基本构造

3. 增强层

在保温芯板两侧，由界面砂浆、抗裂砂浆和玻璃纤维网格布组成的防护层结构称为增强层。

4. DM 保温模板专用锚固件

用于 DM 保温模板与现浇混凝土连接且便于施工的锚固装置,由高强工程塑料锚栓及 U 形内插销组成(图 5-59)。

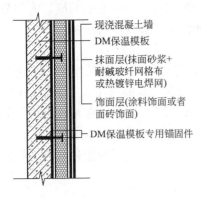

图 5-58　DM 保温系统基本构造　　　　图 5-59　DM 保温模板专用锚固件

(二) 典型案例

技术名称	DM 现浇混凝土外墙外模板与保温一体化施工技术
工程名称	徐州南郊中茵城项目
施工单位	苏州狮山建筑安装工程有限公司
工程概况	徐州南郊中茵城项目位于徐州市云龙区,和平路南侧、解放南路东侧、共建路西侧。本工程规划用地面积约 5 万 m²,总建筑面积为 34 万 m²,主要为住宅、酒店、商业中心、住宅楼底商等建筑类型。本工程为 1~4 号、6~10 号、11 号商住(底层沿街商业)、北侧商业中心、8 号、10 号沿街商业一层、地下车库土建工程。其中 1、2、3、4、6、7、8、9、10 号楼为高层住宅 26~34 层,11 号商住为 5 层,北侧商业中心 5 层(图 5-60) 图 5-60　南郊中茵城俯瞰图

【施工要点】

1. 施工准备

DM 保温模板进场,有专门的材料堆放区,按规格尺寸分类码齐,底部采用木方垫起,备好彩条布等防雨覆盖准备。进场材料有出厂产品合格证,进场后及时取样进行原材料及成品检测，检测合格方可使用。

依据图纸外墙保温设计要求及 DM 保温模板工艺特性，编制专项施工方案，对各施工班组进行技术交底。

DM 保温模板容易破损、折断，在运输、装卸及安装过程中应轻拿轻放。依据 DM 保温模板切割尺寸，焊接 DM 模板专用吊篮，指定堆放区域，并分类整齐码放。

模板裁割、拼装、紧固等作业需要的工（器）具能满足施工要求。

2. 施工工艺

（1）施工工序

DM 保温模板排版→弹线→裁割→安装锚固连接件→绑扎钢筋及垫块→立 DM 保温模板→立内侧模板→穿对拉螺栓→立内外模板木方次楞→调整固定模板位置→浇筑混凝土→主、次楞、内模板拆除→填充墙砌体外保温施工→交接处接缝及阴阳角处抗裂处理→聚合物水泥砂浆抹面→饰面层施工。

（2）施工流程（图 5-61）

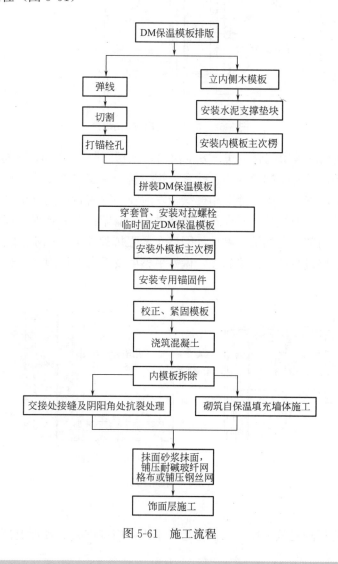

图 5-61　施工流程

3. 施工操作要点

DM保温模板施工前，楼层墙板、柱、梁的钢筋绑扎应经过监理单位隐蔽验收合格；DM保温模板安装前，依照设计图纸，弹好外墙、柱结构边缘线及模板安装控制线；依据外墙尺寸，优化确定最佳排板分隔方案，绘制安装排板图，尽量优先使用主规格DM保温模板；对于非主规格安装的部位，在施工现场随用随割，非主规格板最小宽度宜≥150mm；安装DM保温模板专用锚固件数量应满足规范要求，外墙高度80~100m，不少于8个/m²，且在门窗洞口处应增设锚固件；现场依据排版图的分隔方案进行安装，做好编号，应优先考虑DM保温模板呈竖向排列，以减少模板横向拼缝（图5-62）。

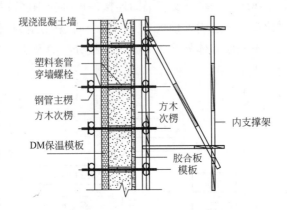

图5-62　剪力墙支模方法示意

DM保温模板加固采用钢管主楞、方木次楞，主楞间距≤60cm，次楞间距宜≤18cm。主次楞规格、间距以及对拉螺栓规格、拧紧力矩应符合施工方案要求；DM保温模板上的预埋件、预留孔洞应安装牢固，缝隙用聚氨酯发泡胶进行密封；混凝土浇筑过程，施工技术人员专人看模，与普通模板一样浇筑，严禁过振、漏振；在DM保温模板拼缝部位、砌体交接部位、阴阳角部位，加铺耐碱玻纤网格布增强抗裂能力；DM系统与相邻自保温填充墙砌体，整体分层进行抹面砂浆施工，做好平整度及垂直度控制（图5-63）。

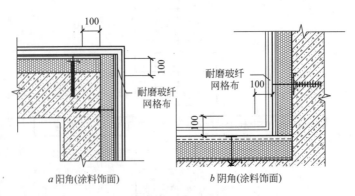

图5-63　转角构造

4. 质量控制

进场后在指定区域码放，减少二次搬运，采用专门制作的DM保温模板吊篮吊运，严禁直接捆绑吊运，轻拿轻放，保护棱角完整；进场原材料、半成品、成品出具产品质量检测合格证。DM 保温模板板材、芯材、锚固件、抹面砂浆、耐碱玻纤网格布等材料见证取样，送检合格后方可使用；对 DM 保温模板拼缝处、阴阳角部位、门窗洞口等特殊部位，附加玻纤网格布进行增强处理，以防止开裂（见图 5-64）。

施工前，做好各班组技术交底，木工班组按尺寸及边线安装模板，拼缝严密，施工技术人员做好垂直度检查；瓦工班组浇筑振捣过程中，振捣密实，不过振、漏振，防止模板移位、变形；DM 保温模板在门窗洞口处应增设锚固件（图 5-65）。

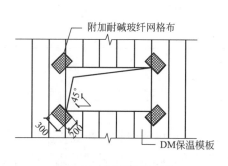

图 5-64　门窗洞口处理

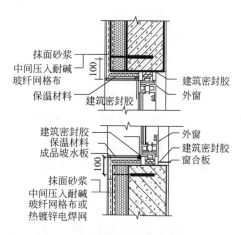

图 5-65　窗洞口部位构造

5. 破损部位修补

施工过程中，由于各种因素造成 DM 保温模板破损的，应当及时进行修补。

1）用记号笔在破损处做好大致规则的标记，标记面积稍微大于破损面积，用锋利的刀或锯沿着标记线将破损部位切除，清理干净。操作过程中注意做好周边保温模板的成品保护。

2）选择 1 块厚度相同的 DM 保温模板，用卷尺准确量好需要切割的尺寸，切割完毕，在一面涂抹保温板专用黏合剂，放入破损部位，轻轻按压使其与墙体粘牢，平整度与周围保温模板一致。

3）将 DM 保温模板破损处四周约 10cm 宽范围内的涂料层、面层抹面砂浆用打磨机或砂布磨去，过程中不得破坏网格布及底层抹面砂浆，否则将扩大打磨面积或将破损底层抹面砂浆彻底清理。为防止造成成品污染，在破损部位周边贴不干胶。

6. DM 保温模板优点

节能，结构同寿命实现一体化；防火性能良好；设置增强层，避免薄抹灰系统的通病；保温、模板双功能，缩短工期、降低成本；环保、节约。

【专家提示】

★ DM 现浇混凝土外墙外模板与保温一体化施工，适用于各类建筑外墙保温工程。目前 DM 保温模板在徐州市政府惠民拆迁安置小区、新开发的商品住宅小区中得到大力推广和使用。随着市场上的不断试用推广，以其显著的施工优点与节能效果，必将促进我国新型建筑保温材料的产业化升级，推动我国建筑节能产业的新革命。

专家简介：

张继超，苏州狮山建筑安装工程有限公司，E-mail：360156893@qq.com

第十一节　深圳湾壹号液压爬模施工难点及解决措施研究

技术名称	液压爬模施工技术
工程名称	鹏瑞深圳湾壹号工程
施工单位	中建五局深圳分公司
工程概况	鹏瑞深圳湾壹号工程位于广东省深圳市南山区，占地面积约 38000m²，其中 T7 塔楼总高度为 341.39m，主体结构高度为 329.39m，地上 71 层，地下 3 层

【工程难点】

连续非标准层本工程地上 71 层，其中三十一、三十二、三十三、三十四、三十四 M 层层高分别为 6.82、5.10、5.10、6.65、2.03m。

核心筒内外墙共布置 116 榀机位，2 台内爬塔式起重机紧跟核心筒同步施工。爬模机位布置考虑到塔式起重机埋件，爬模机位布置需避开塔式起重机位置，避免与塔式起重机埋件冲突。为避开塔式起重机在核心筒墙体上安装的预埋件，液压爬模部分预埋件设计在连梁上，如图 5-66 所示。

在第十九层东西两侧外墙从 900mm 收缩为 800mm，南侧外墙从 700mm 收缩为 600mm。三十三层南侧外墙从 600mm 收缩为 500mm。四十六层时，北、东、西三侧外墙从 800mm 收缩为 700mm。五十七层时，北、东、西三侧外墙从 700mm 收缩为 600mm，南侧外墙从 800mm 收缩为 600mm。十八、三十三、四十四～四十五 M 层、五十五～五十六层、六十八～六十九层为跨层桁架层，桁架如图 5-67 所示。

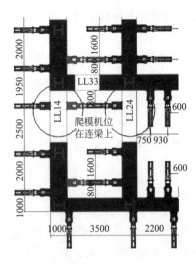

图 5-66　爬模机位布置在连梁上

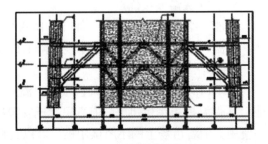

图 5-67　跨层桁架布置

【施工要点】

1. 连续非标准层爬升优化

本工程模板选择中建柏利105夹具式全钢模板，模板之间采用柏利夹具连接。连续非标准层出现在三十一～三十四M层，层高分别为6.82、5.10、5.10、6.65、2.03m。同时，在三十三层核心筒收缩由原来12个筒体变成4个筒体，加大了施工难度。

鉴于以上情况，研究后决定采取：①核心筒东、西墙外墙分3次爬升，每次爬升4.48m，加2道临时梁，分3次浇筑，前2次浇筑4.48m，第3次浇筑2.96m。②核心筒内筒及南北墙外墙中间部分分6次爬升，前5次爬升4.48m，最后5次爬升3.3m。由于第3次浇筑时，内外墙浇筑高度不同，需要在外墙与内筒交汇处加木模隔断。③第3次浇筑完之后，对现有爬模架体进行改造，东西侧外墙架体拆除，内侧重新安装防护，将收筒后的东西侧外墙进行模板补接，形成整体。④第5次浇筑后将现有模板进行改造，模板高度由4.7m改成4.1m。

2. 爬模预埋件的合理埋设

核心筒墙体上开有各种洞口，所有这些洞口必然对爬模体系产生影响，特别是预埋件遇到洞口时对架体影响最大，在设计布置预埋件时应尽量避开洞口位置。但是，本工程由于南北两侧分别布置了1台内爬式塔式起重机，为避免与其冲突，液压爬模部分预埋件就设置在洞口连梁上。刚开始施工时，由于缺乏经验，为放置埋件，往往是浇筑一整条连梁，造成了大量浪费，也为后期处理增加了难度。后来根据优化设计，采用了临时梁墩和临时牛腿的设计，如图5-68所示。

图5-68　临时措施

3. 核心筒墙厚收缩处理

本工程在十九、三十三、四十六、五十七层外墙部分墙体开始向内收缩，由于液压爬模架体与导轨是相互分开的两个体系，并且导轨自身可以进行小范围自由倾斜，当倾斜角度<1°时，液压爬模架体与核心筒墙体是不会发生干涉的，故可以直接爬升。因此，当墙体收缩100mm时，无须特殊处理，按正常爬升，如图5-69所示。

第五十七层的墙体厚度由800mm变化到600mm，截面变化尺寸较大（200mm），此时，无法通过导轨倾斜来进行爬升，故需采用特殊处理：在爬模附墙装置与墙内预埋件之间加设一个钢制垫块作为过渡，垫块厚度100mm。

施工方法：①安装上一层附墙装置，在上层附墙装置处增加变截面垫板；②操作液压

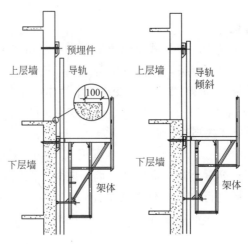

图 5-69　变截面爬升

系统提升导轨，同时调节控制导轨倾斜度的调节支架，使导轨向内倾斜穿过上层附墙装置，爬升到位；③操作液压系统沿着导轨爬升架体，完成变截面位置的爬升。

4. 跨层桁架处理

模板处理：在伸臂桁架层遇外伸牛腿处，将该处小块钢模板拆除，采用木模板施工，爬升通过伸臂桁架层后，再将该牛腿处钢模板复位，进行下一阶段施工，直到下次出现牛腿时重复以上操作。

爬模架体平台的处理：爬模平台在钢牛腿位置断开，预先设计成翻板连接，爬模爬升前，打开翻板，爬升结束后将翻板复位，如图 5-70 所示。

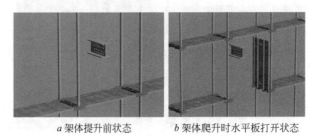

a 架体提升前状态　　　　*b* 架体爬升时水平板打开状态

图 5-70　伸臂桁架层牛腿位置平台处理

【专家提示】

★ 液压爬升模板体系在超高层建筑钢筋混凝土核心筒施工中应用越来越广泛，经过实践证明了其良好的经济效益和社会效益。通过合理安排爬升工艺、提前规划预埋件位置、精细化的施工管控，使得液压爬升模板在深圳湾壹号 T7 大厦得到了成功运用，在保证施工安全及质量的同时，提高了施工速度，节约了施工成本。

专家简介：

周永波，中建五局集团有限公司深圳分公司高级工程师，国家一级注册建造师，E-mail：453125560@qq.com

第十二节　基于凸点顶模的钢板剪力墙施工技术

技术名称	基于凸点顶模的钢板剪力墙施工技术
工程名称	武汉绿地中心
施工单位	中建钢构有限公司
工程概况	武汉绿地中心总建筑面积 72.86 万 m^2，由 1 栋超高层主楼、1 栋办公辅楼、1 栋 SOHO 办公辅楼及裙楼组成。其中超高层主楼建筑高 636m，地下室 5 层，建筑面积为 8 万 m^2，地上 120 层，建筑面积为 32.3 万 m^2，钢结构用钢量约 8 万 t，结构形式为核心筒＋巨型柱＋伸臂桁架＋环带桁架结构。武汉绿地中心效果如图 5-71 所示。 主楼钢板剪力墙分布在 B5～F41，高 216m，板厚为 8～100mm，材质为 Q345C，高强螺栓选用 10.9S 扭剪型高强度螺栓。钢板剪力墙内分布有暗柱、暗梁，立面上分为 45 节，平面上每节分为 79 片，单片最大质量为 12.05t。钢板剪力墙横焊缝采用焊接形式，每节横向对接焊缝总长约 258.43m，连续横焊缝最长为 9.67m；立焊缝采用焊接或栓接形式，连续立焊缝最长为 12m。 凸点顶模主要由钢平台系统、支撑与顶升系统、模板系统、挂架系统、附属设施系统组成，类似一个"钢罩"布置在核心筒上部，支撑在核心筒外墙上（共有 12 个支撑点，其中内侧 6 个油缸顶升力为 3500kN，外侧 6 个油缸顶升力为 3000kN），平台平面面积约 1655m^2，整体重约 2000t。凸点顶模整体高度约 35m，设有 8 个操作层，可同时满足劲性钢板吊装、钢筋绑扎、混凝土浇筑和养护施工。模板系统采用铝模板，用于竖向混凝土墙体施工，悬挂在钢平台上，随顶升模架同步上升  图 5-71　武汉绿地中心效果

【工程难点】

主楼核心筒施工至 F2（标高 22.450m），即第 5 节钢板剪力墙安装完成后，进行凸点顶模安装。此后，第 6～45 节钢板剪力墙施工需考虑凸点顶模影响。

凸点顶模安装后，钢板剪力墙施工难点：①结合凸点顶模系统结构特点及爬升规划等，钢板剪力墙如何深化分段；②凸点顶模受各专业施工、爬升影响，在其上固定的内控点支架易受扰动，如何保证钢板剪力墙安装精度；③受凸点顶模钢平台桁架位置、预留吊装孔大小、铝模滑梁等约束，钢板剪力墙如何顺利吊装就位；④考虑凸点顶模施工工艺，如何减小钢板剪力墙安装变形。

【工程难点】

1. 钢板剪力墙深化分段

钢板剪力墙深化分段时，应综合考虑构件运输超限尺寸、凸点顶模影响、土建专业影响、起重机吊装及焊接作业等因素，进行合理分段。

2. 钢板剪力墙测量技术

塔楼内控网由核心筒剪力墙周边的 12 个点位组成，因凸点顶模仅为核心筒竖向结构施工提供作业面，导致核心筒竖向结构领先于核心筒水平结构，故只能在凸点顶模上设置控制点支架进行观测。首先在外框的内控点架设激光垂准仪，然后竖向投测至凸点顶模施工层的固定支架上，投测点精度符合规范要求后即可进行钢板剪力墙测量定位放线。

凸点顶模因各专业施工、爬升等原因会产生晃动，进而影响控制点支架的精确性，因此，每次在进行校正、报验前均需重新投点，保证安装精度。测量时，应每 0.5h 至少检查一次后视。发现凸点顶模晃动较大时也应立即检查对中、平整度及后视，确保在仪器正常状态下工作。钢板剪力墙吊装就位后，采用"长边定向、短边测量"的原则通过倒链、千斤顶等进行校正，将偏差控制在 10mm 内。当一个区域钢板剪力墙形成稳定框架后进行焊前测量，保证每个测量点偏差控制在 10mm 内。校正完成后，在钢板剪力墙顶部拉设倒链并点焊固定分段位置连接板。测量成果应及时告知焊工，使焊工了解钢板剪力墙的偏向，以便从焊接工艺上纠正变形。焊接完成后应松开所有倒链，重新投射控制点进行焊后测量，测量成果应及时提交项目部并及时安排人员对变形较大部位纠偏，以保证不影响后续工序的正常施工。

3. 钢板剪力墙吊装技术

凸点顶模竖向功能分区由上至下依次为钢结构吊装层、钢筋绑扎层、混凝土浇筑层、混凝土养护层、承力件操作区，如图 5-72 所示。

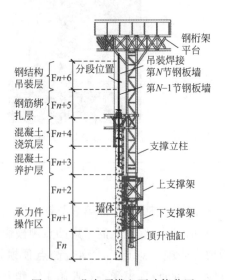

图 5-72 凸点顶模立面功能分区

钢板剪力墙在下层混凝土浇筑完毕后进行吊装，主要流程为：Fn 层混凝土浇筑完毕→Fn＋1 层钢板剪力墙吊装→Fn＋1 层钢骨梁吊装→Fn＋1 层墙柱及连梁钢筋绑扎→Fn＋1 层钢结构预埋件预埋→顶模顶升→混凝土浇筑→重复以上步骤。

顶模钢平台桁架设计时已考虑为劲性构件吊装留出足够空间，钢板剪力墙吊装需从顶模钢平台桁架间隙落入吊装就位，但该位置同时存在混凝土浇筑管道、铝模滑轨等附属结构，吊装时应特别注意不要对其碰撞造成损坏。针对部分钢板剪力墙因顶模钢平台桁架影响不能直接吊装就位情况，需采用扁担梁吊装通过换钩实现跨桁架平移就位，或在钢平台下弦杆下方设置单轨小车平移就位。

4. 钢板剪力墙防变形措施

根据土建专业提供的资料，钢板剪力墙上设置有钢筋接驳器、对拉螺杆孔、承力件孔等，若钢板剪力墙偏差较大，则将对后续工序产生影响，最终导致合不上模，不仅增加返工损失，而且会耽误工期、影响质量，因此在钢板剪力墙安装前、中、后都需对其精度严格监控。钢板剪力墙变形分为3类：横向通长板变形、自由端变形、节点移位。造成变形原因有自身柔性、焊接、浇筑混凝土等因素。根据钢板剪力墙发生变形的原因，控制钢板剪力墙变形的措施如下。

1）增加加劲肋：在钢板剪力墙横向、纵向增加加劲肋，提高其侧向刚度。

2）焊接改栓接：与设计沟通，将钢板剪力墙焊接变形较大位置立焊缝改为高强度螺栓连接。

3）加固：校正后，采取在钢板剪力墙 L 形、T 形角部加设刚性支撑，在焊缝位置每隔 500mm 设置 1 块马板，在顶模钢平台桁架下方挂设倒链，对钢板剪力墙顶部进行固定等措施进行加固后再进行焊接。

4）坡口形式优化：板厚 $t>40$mm 时，钢板剪力墙开设 K 形坡口，如图 5-73 所示。

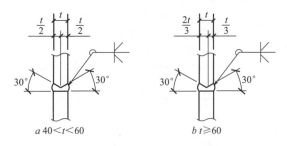

图 5-73　钢板剪力墙坡口开设方法

5）优化焊接工艺，整体焊接顺序为：分区整体校正完成后，按"先焊接钢骨柱，然后焊接横焊缝，再焊接立焊缝，最后焊接钢骨梁"顺序由中间向两侧进行焊接；横焊缝焊接顺序为：针对长焊缝，2～3 名焊工按 600mm 长同时分段退焊；立焊缝焊接顺序为：多名焊工由下向上按 1000mm 长同时分段退焊不盖面，最后由 1 名焊工完成盖面。

6）混凝土对称浇筑：混凝土浇筑时，应保证对称浇筑，并进行跟踪测量，发现钢板剪力墙偏位时及时纠偏。

【专家提示】

★武汉绿地中心根据凸点顶模结构特点及施工工艺，并考虑与其他专业间的相互影响，首先从深化设计源头对钢板剪力墙进行合理优化，其次，在施工过程中，采取了与凸点顶模配套的相关施工工艺，有效地解决了钢板剪力墙在测量、吊装、变形等方面的技术问题，并取得了良好的经济效益与社会效益。

专家简介：

李宁宁，中建钢构有限公司，E-mail：lnncumt@126.com

第十三节　折叠开启式索膜结构大门安装关键技术

技术名称	折叠开启式索膜结构大门安装关键技术
工程名称	某巨型厂房
施工单位	浙江东南网架股份有限公司
工程概况	某厂房为跨度150m，最高点标高120.000m，长280m的超高网壳建筑（图5-74）。该建筑一端为封闭山墙，另一端为柔性推拉式大门。门洞净开尺寸为宽105m，高85m。大门由电动实现推拉，北侧固定，向南侧开启与闭合（图5-75）。 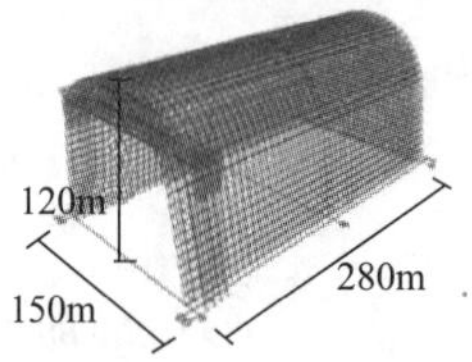 　　 图5-74　厂房结构尺寸 　　　　图5-75　大门开启 大门抗风骨架由间距2.0m的67根30mm钢索构成，钢索上部通过滑块与大门上导轨连接，钢索下部通过滑块与下导轨连接。钢索表面覆盖膜布，膜布材质为聚酯乙烯，基布厚0.8mm。膜布和钢索重合部分均有加强带和耐磨带。 大门上部采用一种补偿装置，其原理为在大门承受大的风荷载和阵风时，可适当伸长，减少大门钢索的拉力，减少钢索对上部网架和下部基础的拉力。补偿装置在平时起到张紧钢丝绳作用，防止钢索和门布向下堆积。 大门设计参数为开合速度0.04~4m/min，大门开合时最大风速不超过10m/s，大门极限承载基本风速为25.3m/s

【工程难点】

（1）设计、施工均无可借鉴经验

超大面积索膜结构大门作为超高空间结构中的围护结构，面积巨大，且在大风作用地区，对膜材与支承结构的加工、制作及安装提出了难题。我国的索膜结构在应用方面起步较晚，作为围护结构的超大面积索膜结构大门研究更是少见。作为世界上第1例索膜结构在超大面积门上的运用，没有施工先例可借鉴。

（2）施工精度控制严

轨道和导轮运行要求精度高，测量作业难度大，控制难度大。尤其是上轨道与结构地面组装后提升过程有不可预见的偏差和变形。如何保证结构就位后上下轨道安装精度是保证膜结构大门正常运行的关键。

（3）膜布加工质量控制难

大门膜布面积超过13000m²，需要热合成一整块；门布和加强带热合长度超过23000m，与钢索结合点超过5100点。门布具有热缩性，要求门布为同一批次生产，以保证门布伸缩率相同。门布热合长度长，难以保证热合缝均匀。门布加强带均为一整条，不允许中间接头，加强带位置热合准确性难以把握。门布尺寸要求精度高，膜材经纬方向尺寸偏差≤20mm。

（4）膜布的折叠和运输难

门布面积较大，加工时需要根据安装时的67个吊点按一定规律折叠好，门布柔软，用力不均匀会导致门布皱褶，影响后续门布加工精度。门布折叠好后，宽约17m，长80m，需要设计特制滚轴，将门布卷成整卷，以方便运输和安装。门布质量大（门布14t，加强带4.5t），强度低，表面硬度低，不能摩擦，需要特制工装装车。

（5）膜布安装难度大

膜布为整块，折叠后面积仍然有1400m²，重达18.5t，安装高度80m。安装过程中受风面积大，叠好的膜布被风吹散，易导致膜布受力不均，局部被撕裂。因此采取何种方案保证膜布安装过程的整体性，避免被大风吹散十分关键。

【施工要点】

1. 安装思路

结合项目主体钢网壳结构施工方案，索膜结构大门安装思路确定为：大门上轨道及组件在低空与钢网壳组装在一起，随钢网壳结构一起提升到设计标高；钢索通过转架释放，利用设置在大门顶部桁架上的提升器提升到位；大门膜布在工厂热合成整块，采用特制工装进行折叠，利用滚动工装把膜布卷成圆柱体；采用专用提升机，提升门布就位。

2. 施工关键技术

（1）上下轨道的安装

上轨道由上复合梁组件、过渡座组件、传动机构和导向装置构成，安装标高80.000m，采用地面低空与钢网壳组装、整体提升的安装方法；利用上轨道投下的中心线，检测下轨中心线并进行调整，确定下轨中心线，下轨道各组件直接地面吊装施工。

上下轨道安装控制技术指标如下：①同一条轨道的中心线误差≤2mm；②轨道连接处缝隙≤20mm；③轨道接头处平面度误差≤2mm；④上下轨道的地面标高尺寸误差≤2mm。

（2）大门膜布的加工和运输

整张膜布展开面积13535.1m²，膜布长162m，宽83.55m。整张膜布由54条宽3m、长83.55m的膜布热合而成。热合位置设计有加强带，膜布和加强带热合长度超过23.000m。为保证膜布的加工质量，采取以下技术措施：①膜布为同一批次生产，保证门布伸缩率相同；②在干净、地面平整的厂房内部进行热合，减少环境的影响；③采用经纬仪在地面放出每张3m宽膜布的基准线；④采用优质热合机，热合时间和热合速度能精确控制；⑤工人经过热合试验合格后上岗。膜材热合示意如图5-76所示。

a 地面热合基准线　　　　　　b 热合膜布

图 5-76　膜材热合

膜布面积大，热合后需要按一定规律折叠好，便于运输和安装。为保证吊装时膜布锁紧位置和钢索对应，膜布在工厂按照钢索间距240mm进行堆叠。门布柔软，用力不均匀会导致皱褶。工厂制作专用工装（90m长的电动卷筒），多点同时拉动门布均匀折叠。膜布堆叠成宽17m、长84m状态后，内侧膜材间距用浮动锁扣和长绳锁定，并设置绳梯腰带，腰带间距3m，共26道。采用电动卷筒从膜布17m宽一侧开始卷，最终卷成长17m、直径2m的圆柱体。该膜布卷重18t，采用17m长平板车直接运输（图5-77）。

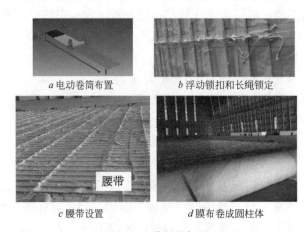

a 电动卷筒布置　　　　　　　b 浮动锁扣和长绳锁定

c 腰带设置　　　　　　　　　d 膜布卷成圆柱体

图 5-77　膜材的折叠

（3）大门膜布安装

大门膜布面积大，柔度大，采用提升施工方法。为保证顺利提升，在结构外侧20m高空设置了风速仪，确保提升过程中风荷载≤8m/s。大门的提升设备为固定在顶部桁架梁的8台提升机。对应钢索的数量，膜布的提升点为67个，通过钢梁将提升机的8个吊点转变成膜布的67个提升点，通过钢梁与膜布67个提升点，计算机控制同步提升到位。提升前必须将补偿系统配重全部固定好，防止受风不均时，单个补偿系统动作，造成提升点受力不均。为保证膜布提升点的强度，每个提升点采用1块钢板和1块挤塑板夹紧。

膜布卷安放在电驱动滚动支架上，转动膜材卷筒，放出膜布，膜布放出的速率和提升的速率相匹配。

前10m的提升中，有2个阶段，需要将膜布和钢索的固定连接节点连接好（每阶段67个固定点），分别是提升到高度2、5、10m时。

膜布再继续提升时，每隔1m，同一标高面上67根钢索均与膜材采用浮动节点连接（膜布上的绳子套住钢索，不锁紧）。每隔3m，将卷在膜布里的"腰带"与钢索拢在一起。

提升完成后共连接70排浮动连接点，26道"腰带"，它们将索和膜材形成一个整体，可有效避免大风吹散膜材，保证提升的顺利。膜材提升如图5-78所示。

（4）大门控制系统的设计

大门由4台卷扬机驱动水平方向行走，2台1组分别同步控制大门上下的2组导向装置行走。每组电机通过钢丝绳牵拉对应的导向装置进行前进和后退，一组牵引时另一组送绳。大门极限位置设限位开关，在上空和地坑设置若干大门位置检测开关，在地面滑车的连接钢索上设置若干测力装置。

大门控制系统由2台控制柜、2台电阻箱、控制电缆及其DP工业控制网络组成。采

a 膜布与钢索的临时绳扣　　　　b 膜布和索体间的"腰带"

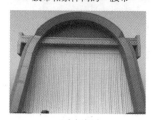

c 膜布提升到设计标高　　　　d 大门闭合

图 5-78　膜材提升

用变频调速控制，通过编码器实现速度闭环和位置控制。大门运行时，牵拉的 2 台电机采用位置控制和同步控制，保证大门上下同步稳定运行。送绳的 2 台电机采用速度控制和转矩控制，保证送绳的平稳。采用 PLC 完成控制指令的发送、设备状态和故障信息采集、发出报警信号等功能；通过 DP 接口与变频器连接，实时发送控制指令和接收变频器的状态信号；实时采集钢索测力装置信号，当钢索受力过大时，PLC 通过声光报警器发出报警信号。系统中 IPCI 采用触摸面板式工控机，通过 MPI 接口与主 PLC 连接，实时采集记录测力传感器和风速风向传感器的数据及控制系统的状态。通过触摸时工控机还可以实时显示系统状态（图 5-79）。

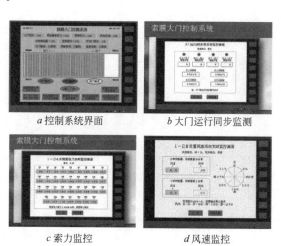

a 控制系统界面　　　　b 大门运行同步监测

c 索力监控　　　　d 风速监控

图 5-79　实时控制系统

【专家提示】

★ 大门安装过程中稳定、安全，安装完毕，大门运行情况良好，开启或关闭过程机构运行平稳，系统发出和收集指令、数据正常。大门在完全关闭状态承受了 9 级风荷载，未发生安全问题。折叠开启式索膜大门施工关键技术解决了超大面积膜布的加工制作及运输、膜布的热合、折叠及卷曲等问题，并对索膜结构大门提升安装关键技术进行研究。大门控制系统设计针对大门运行时的参数实时监测，保证了大门的安全运行。

专家简介：

周观根，浙江东南网架股份有限公司教授级高级工程师，硕士生导师，E-mail：zgg1967@163.com

第六章 建筑工业化

第一节 PCa内浇外挂技术在住宅工业化体系中的应用与研究

技术名称	PCa内浇外挂技术在住宅工业化体系中的应用与研究
工程名称	哈尔滨工业大学深圳校区扩建工程二标段
施工单位	中建四局第三建筑工程有限公司
工程概况	哈尔滨工业大学深圳校区扩建工程二标段项目，包含5栋学生宿舍，结构形式为剪力墙结构，标准层采用4种通用户型。学生宿舍从第3层(标准层)开始装配预制，预制构件种类和数量如表6-1所示，其中预制内墙和预制外墙选用国标图集中上部为叠合梁、下部为填充预制复合墙的构造做法，空调板与外墙板整体预制。工程预制率为36.09%，装配率为66%

预制构件种类和数量　　　　　　　　　　　表6-1

标准层类	构件类型	构件种类	单层数量	总数量
标准层1(从3层到7层共25层)	预制外墙	12	22	550
	预制内墙	8	15	375
	预制隔板	3	16	400
	预制栏板	2	12	300
	预制楼梯梯段	1	4	100
标准层2(从8层到顶层共108层)	预制外墙	12	22	2376
	预制内墙	8	15	1620
	预制隔板	3	16	1728
	预制栏板	2	12	1296
	预制楼梯梯段	1	4	432

【施工要点】

1. 哈工大项目的内浇外挂体系

（1）图纸深化

根据构件生产制作工艺、施工技术、运输方式、安装施工及机电预埋管线等要求对施工图纸进行深化，对各类预留孔洞、预埋件和机电预留管线进行优化，其中施工技术主要包括内浇外挂装配技术、铝模现浇工艺技术和爬架技术。深化图纸内容包括预制构件的平面布置图、模板图、钢筋图、节点大样图。

（2）构件生产

构件严格依照深化设计图纸和相关规范要求进行生产。利用工厂的自动化、机械化和规模化设备，进行模台清理、定位放线、模具安装、钢筋绑扎、孔洞预留、预埋件和机电管线预埋、混凝土浇筑、振捣、压光抹面、养护、脱模等工序操作。脱模后冲洗需与现浇部位结合的构件表面，使其露出石子，石子深度≥4mm。

（3）施工方法

1）测量放线

在底层轴线控制点放出后，用线锤将该层底板的轴线基准点引测到顶板施工面上；在楼板面上根据施工图纸和定位轴线放出预制墙体定位边线及200mm控制线；同时在预制墙面上放出500mm水平控制线，用于墙体标高的控制；用专用钢筋定位控制钢板复核预留钢筋定位和垂直度，对偏位钢筋进行矫正，确保上层预制墙体内的套筒与下层预留插筋精确对孔；然后用水平仪复核标高。预制楼梯安装前，按施工图纸采用砂浆在梯梁上找平，复核梯梁的标高，然后放出预制楼梯水平定位线及控制线。

2）预制墙板吊装

吊装时，安排2名信号工，起吊处1名，吊装楼层上1名。外墙吊装时配备1名挂钩人员，楼层上配备3名施工人员安装及固定墙板。构件吊装前由质量负责人对预制墙板型号、尺寸等进行检查，确保质量满足设计要求后，再由专门负责挂钩人员确认安全后方可起吊，预制墙板降至距楼面1m高度时采用人工手扶缓慢下落（图6-1a），用镜子观察预留钢筋是否对孔，正确对孔后缓慢下落就位，通过激光扫平仪（扫平高度500mm）、墙体500mm控制线和墙体下部钢垫片来调整墙体标高。预制墙板安装就位后，在预制墙体底部安装七字码（图6-1b），用于加强墙体与主体结构之间的连接，确保后续灌浆时墙体不会产生移位；然后安装斜支撑（图6-1c），用于固定和调整预制墙体，再用钢尺和2m靠尺分别校正墙体定位和垂直度（图6-1d），复核墙体定位及标高后摘钩。

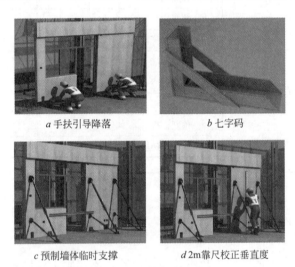

a 手扶引导降落　　　　　　　　b 七字码

c 预制墙体临时支撑　　　　　　d 2m靠尺校正垂直度

图6-1　预制墙板吊装

3）现浇部位钢筋绑扎与铝模安装

预制墙板吊装的同时进行穿插现浇部分（剪力墙）的钢筋绑扎，钢筋绑扎完成后，对现浇部分采用铝合金模板进行安装加固，预制墙体吊装后，将现浇墙柱纵筋与箍筋按照设计要求的箍筋间距依次绑扎，箍筋根据设计要求采用闭口箍或开口箍。

待剪力墙钢筋绑扎完成后，安装梁、楼板阳台的模板支撑，安装梁、楼板、阳台的铝合金模板至指定位置，然后依次进行梁和楼板底钢筋绑扎与预制复合墙板预留钢筋绑扎连接、水电管线预留预埋、绑扎板面钢筋、部分混凝土浇筑。

2. 内浇外挂关键技术

（1）非承重结构的外挂技术

1）预制复合梁的内外墙

在工厂生产时将预制外墙与预制叠合梁预制为一个整体，形成预制复合梁的外墙。预制内墙参照外墙预制方案，采用预制复合梁的内墙。预制墙体两侧每隔 500mm 预留 2 根拉结筋。预制内外墙与现浇部分采用湿式连接。在水平方向，叠合梁横向钢筋伸入剪力墙纵筋内侧与现浇部分梁的纵筋进行绑扎连接，预制外墙两侧预留的拉结筋与剪力墙的纵筋进行绑扎连接；在竖直方向，叠合梁上部预留箍筋内侧插入纵筋，并与箍筋和楼板钢筋进行绑扎连接。以铝模为支撑体系，将预制复合梁的内外墙与主体结构现浇为一个整体。预制墙体的上部和两侧均为刚性连接。预制外墙下部钢筋不贯通，外墙与防水反坎或结构楼板的接缝处铺设防水卷材，内墙与防水反坎或结构楼板的接缝处铺设聚合水泥砂浆。

施工现场经常会出现问题 1：预制内外墙预留钢筋与现浇剪力墙钢筋的重叠碰撞问题，严重影响吊装时间和施工质量。预制墙体上部预留的梁纵向受力钢筋和两侧的拉结筋应伸入剪力墙或暗柱纵向受力钢筋内侧，如果伸入外侧会出现现浇部分钢筋保护层厚度不够。因此，在图纸深化设计时，预留出的钢筋应先在预制构件内向里弯折一段距离再平直伸出，偏离距离根据预留钢筋直径和现浇部分剪力墙或暗柱纵向受力钢筋直径适当调整，使得预留钢筋在吊装预制构件过程中能顺利地伸入到现浇部分剪力墙或暗柱纵向受力钢筋内侧。其深化效果如图 6-2 所示。预制构件厂要严格按照深化图纸要求对钢筋进行加工。

施工现场经常会出现问题 2：部分叠合梁预留箍筋做成 135° 弯钩后形成了闭合箍，如图 6-3a 所示。在吊装完成后绑扎梁上部纵向受力钢筋时，钢筋只能从侧面插入，由于受钢筋本身长度或附近障碍物的影响，纵筋插入很不便，费力费时。改进方法是：将预留箍筋一端做成 135° 角，另一端做成 45° 弯钩，形成开口箍，如图 6-3b 所示，这样梁上部纵向受力钢筋就可以直接从上面往下放，固定绑扎后再用工具将 45° 弯钩弯成 135° 角。相对来说这种做法方便快捷。

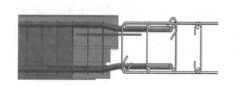

图 6-2　钢筋深化效果

a 钢筋闭合　　　*b* 钢筋开口

图 6-3　箍筋优化

2）轻质混凝土条板隔墙

内隔墙除了公共区域（电梯间、楼梯间等）外均采用轻质混凝土条板。在条板顶部抹上聚合物砂浆与梁底连接。条板间通过前块轻质混凝土条板的竖向凹槽和后块的竖向凸槽榫卯连接；在凸槽边抹上聚合物砂浆，用力挤压，使聚合物砂浆从缝隙中挤出，这样使得板间能达到更好的连接效果；在板间侧面凹槽内贴玻璃纤维网格布，然后用聚合物砂浆填补、抹平。条板底部先用木楔将板底塞住，固定牢靠；板底缝内用砂浆填塞密实，把木楔拔出后用同强度等级的砂浆将孔洞塞严，如图6-4所示。

图6-4　预制轻质混凝土条板

采用以上优化设计，显著提高了本工程预制率，减少现场湿作业，提高效率和质量；将预制内墙、预制外墙、轻质混凝土条板隔墙与铝模现浇工法系统结合，实现"整体钢筋混凝土"内外墙"不渗漏""免抹灰"。

（2）承重构件的现浇连接技术

1）铝模与预制构件的连接

本工程采用铝模现浇工艺将预制构件与现浇剪力墙或暗柱结合为一个整体。为了使预制构件与现浇结合部位不易出现漏浆，并考虑便于铝模的固定和铺设，构件设计时在预制构件上预留铝模孔洞。为了满足铝模固定和搭设的要求，在预制外墙距上边缘250mm处预留一列直径为25mm的铝模孔洞，且铝模孔洞离竖向边缘的距离为150mm；在预制构件左右两侧距边缘120mm处预留了一列铝模孔洞，且铝模孔洞离下端水平边缘的距离为130mm。铝模安装时，需将铝模孔洞与预制构件预留孔洞对孔，并用对拉螺杆穿孔紧固。混凝土现浇过程中，由于重力的作用，预制构件上部相较于两侧更容易漏浆，所以以上列铝模孔洞离边缘更远点，有利于防止砂浆的渗漏。

为了进一步控制预制构件边缘在浇筑混凝土时出现漏浆现象，在预制外墙上边缘预留1道高60mm、深5mm的水平凹槽，并且在预制外墙两侧各预留1道宽100mm、深5mm的竖向凹槽。安装铝模前，在凹槽内边缘粘贴2~3层双面胶条，保证胶条在安装铝模后能紧贴铝模。粘贴双面胶时需用力按压，使叠合胶条完全紧贴在凹槽表面。叠合胶条厚度需略大于凹槽深度，保证安装铝模后能紧贴铝模，且在浇筑、振捣混凝土时不脱落，从而达到防止边缘砂浆渗漏。拆除铝模后，应去掉凹槽内的胶条，并将凹槽清理干净，用同比例砂浆或腻子将凹槽填补抹平，如图6-5所示。

图6-5　铝模与预制墙板的连接

2）爬架与预制构件的连接

本工程外脚手架采用附着式升降脚手架（爬架），支撑跨度为5.4m，跨架步距为1.8m，覆盖4层。爬架依靠附墙支座综合体将传力构件与导向装置和防坠装置联合成一体。附墙支座综合体用来附着架体，悬挂动力系统，安装防倾装置，并且传递施工升降工况荷载及防坠器冲击荷载。每个机位处竖向设置≥3个附墙支座综合体，并用穿墙螺杆固定于建筑结构上，以此作为爬架的着力点。

图纸的深化根据爬架施工方案进行，相关方相互协调，合理布置出爬架孔洞，并在爬架孔洞周围设置加强筋。在工厂生产时，根据深化图纸确定预留爬架孔洞位置和大小，预留孔洞大小为$\phi 36$。工程中采用M27穿墙螺杆对附着支座进行连接处理。当主体混凝土结构脱模后，将固定附着支座从导轨的临时固定处移到穿墙螺杆处，再安装M27穿墙螺杆。穿墙螺杆两侧各用1个垫片和2个螺母紧固，垫片≥100mm×100mm×10mm；拧紧所有螺母后，两侧外露丝扣均应≥3扣，且≥10mm。爬架穿墙螺杆应牢固拧紧（扭矩45～60N·m）。导向座采用2根M27螺栓固定于结构上，并与吊挂系统采取牢固连接，上层固定附着支座的墙体结构混凝土强度等级必须达到C10。吊挂系统的附着处墙体结构混凝土强度等级必须达到C20方可进行升降。提升（下降）过程中注意导轨垂直度，特别是顶部固定附着支座应与其下的两个固定附着支座保持在同一垂直面，并成一条直线；否则暂停提升（下降），并进行调整。每天检查穿墙螺杆和各节点螺栓是否完好，如发现裂纹或螺纹损坏、弯曲变形等现象，应立即更换，如图6-6所示。

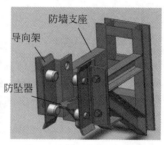

防墙支座

导向架

防坠器

图6-6 附墙支座综合体示意

3）企口缝施工技术

本工程中存在大量预制构件与现浇部分的结合面，结合面主要存在于预制墙板与现浇楼板之间，以及预制墙板与现浇剪力墙、暗柱之间。为了使预制构件与现浇部位能更好地连接，提高预制构件与现浇部分的整体性，本工程采用了不同大小的两种企口。大企口是在预制构件设计时将其整个结合面做成高差为50mm凹凸形状；小企口则是在构件混凝土未凝固时，采用水冲洗结合面，构件在水压的冲刷下，两侧形成深至4mm的凹凸石子面，从而形成了许多小企口。现浇部分结合面通过混凝土定型形成与大、小企口相对应的形式，预制构件与现浇部分由此紧密连接。在浇筑混凝土之前，应将预制构件结合面清理干净，并洒水湿润，保证表面无明显积水，有利于提高预制构件与现浇部分结合面黏结力。在运输、安装过程中，预制构件企口外侧易破损，应注意防护。

（3）防水措施

1）预制外墙接缝防水

预制外墙下部与现浇楼板或反坎水平接缝处采用封闭式高低缝，将构造防水和材料防水相结合处理。现浇部分上部做成泄水坡和具有一定高度的挡水台，墙板下部前沿做成凸起的"遮缝边坎"，上下相互错开，互相咬合；缝内形成的水平空腔，破坏了毛细管的作用，使外墙板面的挂流雨水不致侵入缝内；当有少量雨水渗入，雨水也不会立即突破边坎。材料防水是在外墙内侧设橡胶膨胀止水条，并用聚合物水泥砂浆封堵，在外墙外侧铺

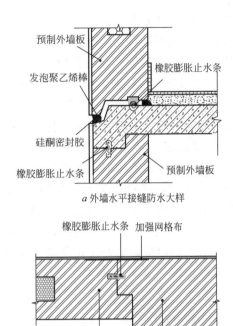

图 6-7　预制外墙接缝防水大样

设发泡聚乙烯棒，并用硅酮密封胶封堵，将雨水挡在墙外，延长外墙使用寿命。做法如图 6-7a 所示。

预制外墙上端与现浇楼板水平接缝处采用材料防水与构造防水相结合，构造防水就是在外墙上部做成内高外低的企口，使雨水即使通过缝隙侵入墙内也不易渗入到室内。2 道材料防水，第 1 道是将 60mm 宽橡胶膨胀止水条固定在预制复合梁外墙上部中间 16mm 宽的水平凹槽里，第 2 道是在预制外墙上部与现浇部分结合面外侧铺贴 1 层厚 5mm、宽 200mm 的加强网格布，外层再涂上外墙涂料，阻止雨水直接从水平接缝或竖直接缝处侵入。做法如图 6-7b 所示。

2）预制内墙接缝防水

室内防水主要是卫生间和厨房的防水，防止水从预制内墙下部的水平接缝侵入到隔壁室内。室内防水采用了构造防水和材料防水措施，首先在室内底部做 300mm 高的现浇细石混凝土防水反坎，然后在预制内墙下部与防水反坎水平接缝两侧铺设 20mm 厚的聚合物水泥砂浆，并在迎水面铺贴 2 层防水卷材。具体做法如图 6-8a 所示。

在室内其他房间，不做防水反坎，只在预制内墙下部与楼板水平接缝两侧铺设 20mm 厚的聚合物水泥砂浆进行防水。具体做法如图 6-8b 所示。

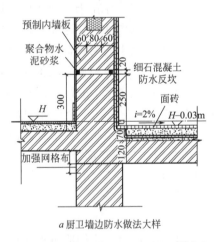

a 厨卫墙边防水做法大样

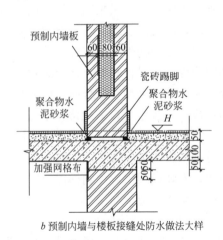

b 预制内墙与楼板接缝处防水做法大样

图 6-8　预制内墙防水做法

3. 内浇外挂与传统现浇经济效益分析

基于哈尔滨工业大学研究生院学生宿舍项目，以 1 个标准层为例，采用内浇外挂施工方式相对于传统现浇施工方式大大地减少了钢筋工和混凝土工费用，但总人工费却增加了

3.5万元左右。多出的费用主要集中在铝模人工费用和吊装人工费用方面。铝模人工费用比木工费用高近1倍。相对传统现浇而言，内浇外挂的吊装人工费用是额外增加。1个标准层有69块预制构件，平均30min吊装1块构件，时间总花费34.5h，吊装整体花费时间很长。另外吊装人工单价相对其他工种高1倍多。从上述分析可知，减少铝模工费用和吊装工费用是降低内浇外挂施工方式的总人工费用的突破口，可以从以下2方面考虑：①从提高吊装工的技术能力方面来降低吊装单块构件的时间；②大力推广装配式技术，培养更多的装配式建筑专业技术人员。

【专家提示】

★ 本项目根据内浇外挂体系技术进行了深化和优化：①采用预制复合梁的内外墙和轻质混凝土条板隔墙，提高了预制率，减少了现场湿作业；与铝模现浇工艺系统结合，实现"整体钢筋混凝土"内外墙"不渗漏"、"免抹灰"；②通过深化钢筋位置，避免预制构件预留钢筋与剪力墙纵筋出现重叠打架情况；③在预制墙体的边缘预留小凹槽，防止铝模现浇时出现漏浆；④在预制墙体需与现浇部分结合的结合面形成大、小企口相结合的粗糙面，增强预制墙体与现浇部分的黏结力，提高结构的整体性；⑤采用构造防水与材料防水相结合的方式对外墙水平接缝和室内厨卫间水平接缝进行防水，效果更佳。基于本项目经济效益分析，可知工业化住宅模式在人工费方面的成本较传统住宅模式高，可以通过培养更多专业技术人员和提升技术人员的技术能力来降低吊装时间和人工单价，从而在整体上降低人工费。虽然目前内浇外挂式的人工成本偏高，但在未来面临劳动力短缺和劳动力成本高的情况下，内浇外挂式的优势更加明显。

专家简介：

杨淑琼，中建四局第三建筑工程有限公司高级工程师，E-mail：911520317@qq.com

第二节　预制组合技术在大型装配式冷库围护结构中的应用

技术名称	预制组合技术在大型装配式冷库围护结构中的应用
工程名称	南京太古冷链物流项目
施工单位	中建三局安装工程有限公司
工程概况	南京太古冷链物流项目位于南京经济技术开发区，项目规模为80000托板以上低温立体冷库，包括低温冷库及综合配套设施，冷库为单层钢结构仓库，包括冷间A、冷间B、冷间C，均为单层钢结构。冷库总建筑面积约44709m²；库房运营温度为－25～12℃；装货/卸货平台约45个(图6-9)  图6-9　冷库效果

【工程难点】

围护结构为 PIR 板结构外封闭，冷库主体外高在 20m 以上，冷库板采用 200、100mm 系列，单块板长度沿结构标高通长布置，宽度为 1120mm。PIR 保温板材除了要求自身具备国际 FM 认证和外墙美观性能外，还要具备冷库板材的保温功能、气密性能和无冷桥现象。

【施工要点】

1. 预制组合方案

外围保温夹芯库板预制加工墙板安装前，根据设计图纸及现场情况，进行 PIR 保温板工厂预制，板接口处预制加工成承插式公母槽口。

主库墙板安装固定预埋结构件项目考虑一般施工工艺：室外外露结构件表面生锈，局部可能产生冷桥，致使库板外表面局部结露甚至结冰现象的产生，结合设计图纸，采用外墙板库内预埋结构件。

墙板顶部用 U 形定位槽预制封顶：提前将 3mm 厚 U 形定位槽封墙板顶部，成品进现场后直接拼装墙板。

PIR 保温板组合拼装：起重机组合拼装，墙板采用 S 型防水胶拼缝处理。

2. 组合安装难点

冷库保温夹芯库板自身长度最长约 22m，自重大，易发生翘曲变形，因此组合安装有以下难点：①卸车时板材易损坏，需进行板材保护；②二次平地运输；③安装时吊装成品保护；④施工交叉影响；⑤施工完成时的成品保护。

3. 冷库保温夹芯库板工厂预制加工

（1）保温夹芯库板制作

结合设计图纸及现场情况，采用 BIM 技术进行深化设计，按深化设计图进行保温夹芯库板的制作。保温板从剪板、折板、压筋、定型均采用专业流水线设备，芯材为采用连续高压密闭发泡系统 PIR 发泡。聚氨酯原料选用"巴斯夫"优质黑白料调配。

聚氨酯树脂原料、固化剂、发泡剂等经灌注机计量泵以特定的配合比输送至高速混合头，均匀混合后，通过布料头的往复运动，连续涂布于上、下层基础面材上，随面材进入双带机中，在双带机加热后的上、下层覆板间发泡固化成形；夹芯板材固化成形后，经过生产线两侧修边装置进行切割修边，控制板侧边垂直度和平整度，获得准确的、预先设计好的宽度尺寸。最后通过定尺随动跟踪锯切机按设定的产品长度切断。

库板制作完成后进行库板密度、抗压强度、库板烟密度、库板水平燃烧、库板垂直燃烧等试验，试验合格产品用薄膜包裹，打包堆码存放。

（2）库板槽口预制

库板连接处槽口根据强度验证，槽口形式采用承插式公母槽口，材质为 PVC，长度事先根据设计图纸及现场情况确定（图 6-10）。槽口型材与保温板金属面板咬合，使 EPS 夹芯板更为结实，安装后更为平整。库板安装对接时，槽口内事先打好冷库专用密封胶，断绝了冷桥。

（3）库板预埋结构件

本项目冷库为内承重、外贴式结构，保温库板直接暴露于室外环境中，考虑室外外露结构件表面生锈，局部可能产生冷桥，致使库板外表面局部结露甚至结冰现象的产生，结

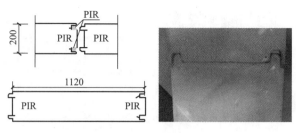

图 6-10 库板槽口形式

合设计图纸，采用外墙板库内预埋结构件，通过专业厂家特制扣件固定在钢结构墙面檩条上，预埋件根据设计图纸确定位置，在板内固定安装好，并做好标记。具体连接方法如图 6-11 所示。预埋结构件的预埋位置必须保证准确，根据现场墙面檩条的位置图加工库板。

（4）库板顶部用 U 形定位槽预制封顶

每块库板顶部采用 2mm 厚 U 形镀锌钢盖板倒扣在墙板顶部，并采用自攻钉固定在彩钢板上。U 形镀锌钢盖板安装前，平行屋脊及垂直屋脊 2 个方向库板顶板平整度应保证在 3mm 以内，且垂直屋脊方向应按屋面设计坡度找坡，再均匀饱满地打好防水不干胶。盖板扣好后，内外两侧自攻钉每 300mm 1 道。具体做法如图 6-12 所示。

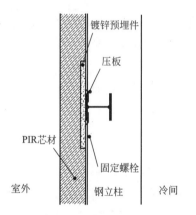

图 6-11 墙板与钢柱檩条
连接纵向剖面

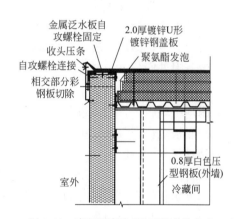

图 6-12 库板顶部与屋面搭接处节点

（5）墙体内侧顶面与地面切口预制

库板顶、底部与屋面和地面保温层相交处预先切缝，达到防冷桥效果。切口位置及长度运用 BIM 技术，对节点进行深化设计，加工图纸发至制造厂预制。地面防冷桥切缝施工前，切缝标高及尺寸应严格按照图纸要求，建议采用激光水平仪进行标高测设及验收；库板顶部防冷桥切缝施工沿屋面坡度方向，应先弹线然后施工（图 6-13）。整个切割过程中，人员应戴护目镜进行施工，避免铁屑飞溅入眼。

4. 冷库库板组合安装

（1）库板运输及施工现场场地堆放

采用加长车辆将库板运输至现场，用 25t 汽车式起重机卸车。为防止变形，卸车时采用平衡梁多点吊装，捆扎库板的吊带宽度≥100mm，材质为尼龙吊带。起吊时调整好吊带

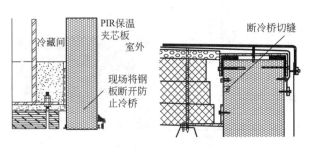

图 6-13　墙体内侧顶面与地面切口示意

长度和承重位置，吊起时板材处于平衡状态，以防板材滑落。保温板直接卸在施工面区域，防止板材因多次搬运产生板材变形或损伤。保温墙板的二次搬运方式为在不具备就近安放保温板材的区域需要板材二次搬运，因聚氨酯保温夹芯板表面极易损坏，搬运时要多点同时受力搬运，避免受力不均匀造成变形或损坏，现场宜采用人工方式进行二次搬运。

（2）施工前现场检查

施工前对现场地面平整度和钢结构檩条垂直度与水平度用经纬仪进行检验，如有不达标则进行调整，平整度要求为 3/1000。

（3）施工流程及施工顺序

施工流程施工场地验收→钢结构檩条垂直度验收→水平放线→板底隔汽层施工→板固定底槽安装→板材槽口打胶→板材就位→板梁固定安装→板材收紧→立板安装→立板缝聚氨酯发泡→附件安装→板材顶部处理。

施工顺序遵照"先地下，后地上；先封闭，后安装；先主体，后围护；先结构，后装修"的原则组织施工，主体自下而上，装饰由外到内、由上到下。

（4）库板组合安装关键施工工艺

1）墙板拼缝处理

PIR 墙板吊装完成后采用防水胶通缝填实，PIR 墙板竖向公母槽面采用 S 型防水胶打胶挤实，以防止雨水渗入拼缝内。内墙岩棉板横向缝公母槽口内采用 S 形防水胶，中间界面采用冷藏胶；竖向缝隙先用防火岩棉塞缝，两侧用 100mm 宽丁基胶带贴缝，再用预制成品固定件和收边件进行最后固定和收边处理。

2）墙板与地面间隙处理

现场施工时用墨线在地面上打出墙梁中心线，然后根据中心线确定墙板下方橡塑保温棉以及 U 形定位槽的位置。必须严格控制墙梁的安装精度来保证墙板的安装质量。在混凝土地面铺设防水卷材，防水卷材宽 50cm，宽度方向水平面上黏结 40cm，竖直方向黏结 10cm，长度方向搭接长度 10cm。铺设防水卷材时要清理地面，保证地面干燥整洁，然后用火烘烤防水卷材，使其与地面紧密黏结，要避免防水卷材与地面粘结不足而产生空洞。

外墙板拼装完后与结构接触面需做防水处理，外侧缝隙处用预制压条收边。内墙板根部需进行灌浆处理，内墙板拼缝发泡压边。

3）库板吊装

本项目冷库墙板为外贴形式，且冷库墙板 20m 高，考虑施工的可行性及安全性，在施工过程中采用起重机辅助安装形式，同时做好板材保护及夹紧工作。每块板材质量不超过 500kg，长度约 22m，选用 25t 汽车式起重机吊装。吊装时，用紧固件紧固 PIR 板上下两端，上方紧固件用吊带与汽车式起重机连接，下方紧固件紧固在 PIR 板的 2 个角上，吊装速度尽量慢，注意对成品的保护。

库板内侧固定人员工作环境采用云梯的方式，每榀宽 2.7m，有 2 榀共 5.4m 宽，高度到屋面梁下口，安装人员站在移动脚手架上工作。脚手架两侧分 2 段采用链条连接在钢檩条上或钢柱上。

4）墙板与屋面节点处理

外墙与屋面节点处理，保温板铺至墙板处，错层预留 50mm 进行发泡挤实，沿墙板往上 50mm 处进行防冷桥切槽处理，保温板上铺隔汽膜到墙板边缘后上翻至此切槽内；在切槽下口处用丁基胶带粘贴，使隔汽膜与墙板进行有效粘结。再用 TPO 防水卷材铺过 U 形盖板并在墙板外侧、墙板两侧用压条进行收边固定，最后用防水耐候密封胶将压条上口灌注挤实（图 6-14）。

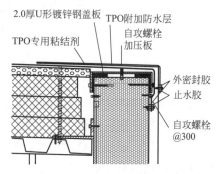

图 6-14 墙板与屋面节点示意

5）内、外墙相交处节点处理

冷库使用时每个冷藏间内温度基本不同，有些甚至温差较大，因此内墙与外墙交接处以及内墙与内墙交接处，保温隔汽是关键。内墙板与外墙板交接处预留 30mm 间隙，用防火岩棉填充挤实，两侧用 100mm 宽丁基胶带粘贴密封，最后用收边件覆盖固定（图 6-15）。

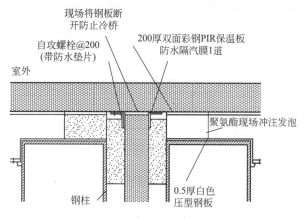

图 6-15 内、外墙相交处节点

6）高、低跨节点处理

冷库屋面风机房山墙处是屋面易漏汽和跑冷地方，故此节点的处理尤为关键。a. 屋面保温板铺至山墙墙板处，错层预留 50mm 进行发泡挤实，再沿墙板往上 50mm 处进行防冷桥切槽处理；b. 保温板上铺隔汽膜到墙板边缘后上翻至此切槽内，在切槽下口处用丁基胶带粘贴隔汽膜，使隔汽膜与墙板进行密实粘结；c. 将 TPO 防水卷材铺至山墙切槽上方 150mm 处，首先用压条进行固定，然后用自攻螺栓进行固定；d. 用防水耐候密封胶将压条上口及螺母灌注挤实（图 6-16）。

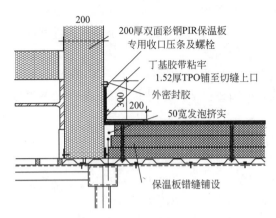

图 6-16　高、低跨节点示意

【专家提示】

★ 本项目围护结构 PIR 板总计安装约 $5500m^2$，仅在 2 个月时间内全部完成现场组合安装，节约了工期；库板工厂预制加工，不占用现场空间，有利于现场节地、节材及现场安全文明施工；现场组合过程中，对细部易跑冷处节点处理，有效解决了保温节能问题。目前本项目已建造完成，整体运行效果良好。然而该技术运用于冷库围护结构中，仍有一定的技术改进空间，本研究成果可作为类似工程技术借鉴，也为该技术冷库优化运用提供参考。

专家简介：

杨飞，中建三局安装工程有限公司，E-mail：yf@cscec3bmep.com

第七章　混凝土

第一节　超高层外包钢管柱薄壳混凝土施工技术

（一）概述

当前，钢管混凝土柱（以下简称钢管柱）由于受力性能好、结构韧性强、构件截面积相对混凝土柱较小、施工方便等优势，在建筑结构设计中得到了越来越广泛的应用。钢管柱的防火措施一般采用防火涂料设计，但是自从美国世贸大厦被撞击起火导致大楼整体坍塌事件以后，钢结构的防火和结构耐久性问题越来越受到人们的关注。为了解决防火涂料易空鼓脱落、使用年限低和耐久性差等缺陷，钢管柱外包混凝土方案设计开始得到尝试和应用。

钢管柱外包混凝土与结构结合紧密，不易空鼓开裂，耐久性强，但是施工难度大。本文从超高层钢管柱外包混凝土的模板设计、配合比设计和泵送浇筑等关键技术进行研究和总结。

（二）典型案例

技术名称	超高层外包钢管柱薄壳混凝土施工技术
工程名称	广西九洲国际工程
施工单位	中铁建设集团有限公司
工程概况	广西九洲国际工程建筑高度318m，地下6层，地上71层，采用钢管混凝土柱＋钢筋混凝土环梁＋框架核心筒结构体系，大楼外框柱设计为钢管混凝土，柱内浇筑C60混凝土，钢管柱外包混凝土分为150mm厚及50mm厚两种情况，其中管内C60混凝土和人防部位设计外包150mm厚混凝土与主体结构同步施工，外包50mm厚C20混凝土待主体结构分段验收合格后再进行浇筑，本文重点总结50mm厚外包混凝土的综合施工技术

【工程难点】

钢管柱自基础底板至七十一层，结构高度317.6m，柱外包混凝土内径随楼层钢管柱截面变化逐渐减小，其中大堂层高最大15.6m，平均层高为3.8m和4.2m。如表7-1所示。钢管柱外包混凝土设计构造主要由定位角钢（一肢两侧与钢管贴焊 H_f＝3mm，共4根，竖向间距600mm）、2mm厚20mm×40mm钢板网（角钢间钢板上绑扎25mm厚水泥垫块控制钢板网位置）、定位混凝土垫块和C20混凝土组成，具体如图7-1所示。

各层钢管柱分布情况 表 7-1

序号	楼层	钢管柱数量	钢管柱直径/mm	层高/m
1	B6～B2 层	12	1500	3.3,5.5
2	B1 层	11	1500	5
3	一～五层	14	1500	5,5.5
		4	1100	5,5.5
4	六层	18	1450	5.6
		4	1050	5.6
5	七层	16	1450	3.8
		4	1050	3.8
6	八～十层	16	1450	3.8,5.6
		8	1050	3.8,5.6
7	十一～十五层	16	1400	3.8
		8	1000	3.8
8	十六～二十一层	16	1350	3.8
		8	950	3.8
9	二十二～二十六层	16	1300	3.8
		8	900	3.8
10	二十七～三十层	16	1250	4.2
		8	850	4.2
11	三十一～三十四层	16	1200	4.2
		8	800	4.2
12	三十五～三十九层	16	1150	4.2
13	四十一～四十四层	16	1100	4.2
14	四十五～四十八层	16	1050	4.2
15	四十九～五十三层	16	1000	4.2,5.6
16	五十四～五十七层	16	950	4.2
17	五十八～六十一层	16	900	4.2
18	六十五层	16	850	4.2
19	六十六～七十一层	16	800	4.2

图 7-1 钢管柱外包混凝土节点做法

【施工工艺】

施工工艺流程：施工准备→操作架搭设→钢管柱表面处理→角钢焊接→钢板网安装→底节圆柱模定位→安装底节圆柱模→底节圆柱模垂直度调整→混凝土浇捣→圆柱模拆除→接高圆柱模安装→顶节混凝土浇捣→浇筑口处理→养护。

【施工要点】

1. 外包高流态混凝土配制

外包混凝土厚度 50mm，中间设置钢板网，混凝土有效截面尺寸 25mm，一次浇筑高度 3.3m，混凝土强度 C20，如何实现混凝土的泵送浇筑工艺，是配合比设计的一大难题。经反复试验，确定解决方案如下。

1）采用高流态混凝土配制方案，原材料中水泥采用华润产红河水 P·C32.5 复合硅酸盐水泥，武鸣产直径 5~10mm 碎石，钦州细砂，外加剂采用聚羧酸 KNF-3B 高效减水剂。经试验确定，水灰比 0.52，坍落度 230~240mm，扩展度 540~570mm，倒筒时间 6s。具体如表 7-2 所示。

C20 高流态混凝土配合比 表 7-2

原材料	质量配合比	用量/(kg·m⁻³)	每盘用量/kg
水泥	1	383	50
砂	2.11	809	106
石	2.58	989	129
水	0.52	199	26
减水剂	0.02	7.66	1

注：7d 抗压强度 15.2MPa，28d 抗压强度 27.2MPa。

2）考虑外包混凝土方量小，泵送部位多，单根浇筑时间长，采用现场搅拌方案。

2. 外包混凝土模板优化设计

外包混凝土柱总计 77 层，单层最大高度 15.6m，截面尺寸变化 17 次，如何完成薄壳混凝土质量的外坚内美，模板方案选择是重中之重。经对比分析，钢模板坚固、易加工、不易破损，但存在质量大、不利于高空作业搬运、成本高昂等特点，对于超高层外包混凝土模板施工不是最佳选择。

采用定型加工木模板方案彻底解决了上述问题：①圆柱模板采用 4 片组装方案，设凹+凸企口拼接，模板采用 50mm 宽、3mm 厚柔性钢带锁紧固定，间距 500mm 布置。梁下预留 100mm 条带浇筑口，拆模后人工抹细石混凝土收口。②对酒店区 3.8m 和办公区 4.2m 以下层高的外包柱采用一次配模一次浇筑工艺。对商业区 4.5m 及以上层高分段配模浇筑，大堂 15.6m 外包柱采用 3 段配模浇筑。

3. 外包超薄混凝土超高泵送技术

钢管柱外包混凝土厚度仅 5cm，进料口与钢管柱间距过小，混凝土输送泵管直接向模板内灌送混凝土将会因混凝土输送过快却又下落过慢而造成混凝土外溢或泵管堵塞。混凝土输送管道出料口处如采用人工控制灌送将费工费时，且极易产生浪费。而且大楼结构高度 317.6m，地上 71 层，外包混凝土泵送难题亟待解决。对此，经多次试验反复论证，采用如下方案。

1）采用 HBT40.8.45ES 电动拖式混凝土泵＋$\phi80$ 混凝土输送泵管＋特制出料口组合方案，额定泵压 8MPa，改进泵机后泵送高度 120m。

2）出料口设计类似听诊器状的 U 形泵管构件对输送管道内混凝土进行分流，减小出料口处混凝土输出量，在模板顶部入模位置，设置入料口，将混凝土出料口与木制圆柱模进行有效连接，如图 7-2 所示。

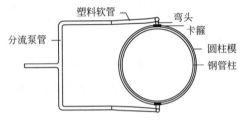

图 7-2　U 形泵管连接示意

3）泵站采用低区、中区、高区阶段泵送方案。低区泵站设在地下二层，主要负责地下室和二十五层以下，中区泵站设在二十五层，高区泵站设在五十三层。中区和高区泵站采用施工电梯输送材料。

4）混凝土泵采用气洗＋水洗方案。气洗采用 W-2.8/5 活塞式空气压缩机，额定气压 0.5MPa，从上往下通过海绵球清除管内混凝土，水洗采用混凝土泵机从下往上泵水清洗管道。

4. 薄壳混凝土裂缝控制措施

钢管柱外包混凝土壳体，最大直径 1500mm，最小直径 800mm，曲率 0.67～1.25，根据柱壳体理论，本工程圆柱壳体与钢管柱结合紧密，实际上参与协同受力，再加上环境气温、湿度变化，混凝土收缩等原因，壳体内部会产生复杂应力，外包混凝土容易产生裂缝，影响钢结构的耐久性能。因此：①重视钢结构的表面基层处理，要做到干净、无杂物附着；②重视混凝土配合比的控制，水灰比越大收缩越大；③注意薄壳混凝土浇筑的连续振捣密实，防止结构疏松；④加强混凝土浇筑后的保水养护，防止失水收缩产生裂缝。

5. 施工准备

技术人员对工人进行技术交底培训，明确施工工艺流程及质量标准，做好原材料的试验检验，做好泵送设备的维护和保养。

（1）操作架搭设

每颗钢柱周圈均需搭设双排操作架，架体跨距 1.2m，排距 0.6m，步距 1.5m，架体四周加设竖向剪刀撑，架体距钢柱边缘最近距离为 40cm，操作层需满铺木脚手板，操作层底部满挂安全平网，防护栏杆满挂安全立网。

（2）钢管柱表面处理

清理钢管混凝土柱表面，并用钢丝刷清除钢管柱表面锈迹、混凝土流浆等。

（3）角钢焊接

在钢管表面焊接 40mm 长∟25×3，沿钢柱周长四等分布置，竖向间距 600mm，全高布置，角钢一肢两侧与钢管贴焊，焊脚尺寸 $H_f=3mm$。另在圆柱模拼缝位置处及钢管柱顶部周圈以 600mm 间距焊接 40mm 长∟50×3 用于控制圆柱模位置及混凝土厚度。

（4）钢板网安装

在钢板网上按照 500mm 间距与角钢成梅花形布置 25mm 厚水泥垫块，用扎丝将钢板网与水泥垫块绑扎牢固。垫块主要起到控制钢板网位置的作用。

（5）底节圆柱模定位

在楼板上确定 8 个定位点，确保点与钢管柱表面的垂直距离等于防火层厚度。在每个点的位置上钻孔插入 $\phi6$ 钢筋头，钢筋头伸出板面约 30mm 长，每根定位钢筋的长度为 80mm，利用钢筋头定位圆柱模内侧控制防火保护层厚度。

（6）安装底节圆柱模

依据定位钢筋位置安装圆柱模，拼缝处避开定位钢筋头，紧固柱箍两边接口螺栓固定牢固，柱箍第 1 道距地 300mm，向上间距为 600mm/道。要求圆柱模接口肋槽必须拼接严密。

（7）底节圆柱模垂直度调整

用线坠调整圆柱模板垂直度，单节圆柱模垂直度偏差为±2mm，确定垂直后将木楔塞入圆柱模上口，固定牢固防止偏移，圆柱模底端与楼板间缝隙需使用水泥砂浆进行封堵，防止漏浆。

（8）混凝土浇捣

按施工配合比拌制 C20 细石混凝土，拌好后从圆柱模四周分层灌入，每层浇筑高度 300～500mm。用附着式振捣器振捣至无明显气泡，辅以外侧钢管敲击保证浇捣密实。

（9）圆柱模拆除

混凝土浇捣完后，根据现场情况在约 12h 可拆模，拆模时应从上到下，先拆固定螺栓再拆柱箍。及时清理柱箍及模板内壁残留的砂浆等杂物，涂刷脱模剂，分类摆放整齐，严禁堆压。

（10）接高圆柱模安装固定

在施工缝向内 5mm 弹线使用无齿锯切割一道 10mm 深线，将混凝土薄弱层剔除、凿毛，直至露出混凝土石子，然后将施工缝位置松动石子及混凝土渣子清理干净，浇水润湿。沿切割缝满贴一条海绵条，根据施工层高度调整圆柱模位置，圆柱模顶部与环梁底部顶紧，底部压紧海绵条确保不漏浆，利用在圆柱模顶部焊接的定位角钢来控制混凝土厚度及圆柱模垂直度。

（11）上节薄壳混凝土浇捣

在顶节圆柱模 2 个方向顶部下 10cm 处对称开凿出 2 个直径 5cm 的圆洞。用上下 2 道柱箍将定制钢板固定于顶节圆柱模上，确保钢板上圆洞与圆柱模上圆洞对齐。连接泵管浇筑混凝土，混凝土浇筑工艺同 9）。

（12）浇筑口处理

待混凝土浇筑完成后把浇筑口的定制钢板拆下，将浇筑口混凝土清理干净，钢板循环使用。待 12h 上节圆柱模拆除后使用干硬性水泥将浇筑口及钢管柱顶部未充满混凝土处进行修补。

（13）养护

拆模后 12h 内对薄壳混凝土采用满刷水性养护剂并缠裹塑料薄膜的方式进行养护，养护时间≥7d。

6. 施工要注意的问题

（1）质量问题

施工中容易发生质量问题，有强度达不到设计要求、薄壳混凝土有过振和漏振缺陷、壳体裂缝空鼓等方面的问题。过程中要注意以下几点：做好配合比优化，控制砂和细石的含泥量及时抽检，严禁使用不合格原材料；现场搅拌严格按照配合比计量，根据每盘混凝土计算水泥、水、砂、细石和高效外加剂的用量，砂和细石换算成专用料斗计量；混凝土浇筑采用改进的插入式振捣棒做外附着振捣，手持平板振捣器补充振捣。振捣中通过计时和布点控制，防止振捣不均问题；养护是避免裂缝的重要环节，气温变化异常时，增加涂刷水性养护剂和满包塑料薄膜养护，防止水分散失。养护期过后如果出现表面裂纹，及时采用环氧树脂胶泥封闭。

（2）安全问题

超高层钢管柱外包混凝土施工中，安全风险极大，主要是大堂等部位的挑空高、塔楼框架柱临边 700mm，高空坠物和高空作业风险不可避免，因此必须采取有效措施防范。

在塔楼与裙房无交接处及裙房上塔楼施工层，钢管柱外包混凝土施工用操作架搭设方式如下：除悬空侧外其他三侧搭设双排操作架，架体跨距 1.2m，排距 0.6m，步距 1.5m，架体四周加设竖向剪刀撑，架体距钢柱边缘最近距离为 40cm，操作层满铺木脚手板，操作层底部满挂安全平网，防护栏杆满挂安全立网，操作架施工部位以下每步均需与钢管柱进行抱箍；悬空侧搭设单排防护架体，并与其他三侧双排操作架连接为整体，防护架体与钢管柱间距为 40cm，从底部至顶部满挂安全立网。

对于高挑空大堂位置，钢管柱高度均＞5m，对该处钢管柱操作架需进行加固，现采取在操作层下部已施工钢管柱上采取抱箍的方式进行加固，抱箍采取隔一抱一的方式，另沿操作架四周需自下而上设置连续剪刀撑，剪刀撑与水平面夹角为 45°～60°。

（3）环保问题

高流态混凝土现场制作和泵送，影响环境的主要是污水处理。施工中要注意绿色施工，加强环境保护。混凝土泵管采用从上向下水洗，水洗产生的废水及废弃混凝土都排到泵送层的砖砌排污沟里，排污沟向下接 φ150 PVC 排污管，污水通过排污管排到下一层废水沉淀箱内，沉渣清理到料斗中运输至地面垃圾池，沉淀后水用污水泵抽至泵送层搅拌机用水箱内循环使用。排污沟用砌体砌筑 120mm 厚侧壁，排污沟净宽为 20cm，高 20cm，其内侧壁及底部需用砂浆抹灰 20mm 厚，底部向排水口找坡 1%。

【专家提示】

★ 钢管柱外包薄壳混凝土是钢结构防火防腐措施的一项创新设计。只要克服施工难题，混凝土壳体耐久性远远大于防火涂料的作用。

★ 薄壳模板采用定型圆柱模板，设 4 片企口拼接，钢带作箍，混凝土成型良好，截面准确不变形。

★ 高流态混凝土的设计要注意配合比的控制，水灰比越大混凝土收缩越大。高流态混凝土通过高效减水剂的使用能起到良好效果。

★ 在薄壳混凝土泵送中，U形泵管和入料口装置的设计，解决了混凝土易堵管、泵送难的问题。

专家简介：

张加宾，中铁建设集团有限公司高级工程师，国家一级注册建造师，E-mail：zhangjiabin@ztjs.cn

第二节　三向有粘结预应力混凝土圆板结构施工技术

技术名称	三向有粘结预应力混凝土圆板结构施工技术
工程名称	泰州市华荣麦芽有限公司
施工单位	江苏鼎达建筑新技术有限公司
工程概况	泰州市华荣麦芽有限公司年产 10 万 t 麦芽项目位于泰州市海陵区城北物流园内，建筑面积为 10500m²。在发芽及干燥车间的 9.000、18.000、21.000、36.000、50.500m 标高的圆形楼板中采用后张有粘结预应力施工技术，圆板直径为 29.8m，板厚 700mm，混凝土强度等级为 C45。在圆板 3 个方向(0°、60°、120°)板带中分别布置 32 束预应力筋，每束 6 根，分成 2 个 3 根放在 2 根 φ60×22 扁形波纹管内，预应力筋平面布置如图 7-3 所示，线形采用二次抛物线。同时在 46.000m 标高楼层中采用大跨度有粘结预应力梁施工技术 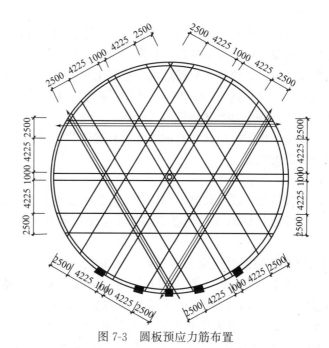 图 7-3　圆板预应力筋布置

【施工要点】

1. 施工准备

（1）材料准备

材料进场后，必须按批次对预应力筋、锚（夹）具等进行进场复验，合格后方可使用。

钢绞线采用 1860 级 ϕ^s15.2 低松弛钢绞线；锚具选用 FIM15-3 扁形锚具及配套锚垫板，锚具构造如图 7-4 所示；波纹管采用 ϕ60×22 扁形金属波纹管。

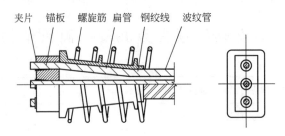

图 7-4　锚具构造示意

（2）主要机具设备

张拉设备 8 台 YCQ-25 型穿心式千斤顶及配套油泵、油表；灌浆设备 UB3 型灰浆泵 1 台及附属设备 1 套。

2. 施工工艺控制

（1）工艺流程

本工程预应力施工工艺流程如图 7-5 所示。

（2）钢绞线下料与制作

预应力筋下料应在平整、光滑的场地上进行，下料时，将钢绞线盘放在用脚手架钢管搭设的铁笼内，从盘卷中央逐步抽出，较安全。下料采用砂轮机切割，不得使用电弧或气割。已下好的钢绞线捆卷成盘，穿筋运输至楼层上时，宜分散堆置。

下料长度：$L=l+(2l_1+100)+l_2$，式中：l 为构件孔道长度；l_1 为夹片式工作锚厚度；l_2 为前卡式千斤顶端部至体内锚具处长度。

固定端挤压头制作时，应注意对油压表读数的监管，压力表读数宜为 40～45MPa。

（3）预应力筋的铺设

1）放线

本工程圆形板每束钢绞线长度不同，所以需先在模板上按图纸要求标出每束钢绞线的位置，否则可能导致部分钢绞线长度不够、无法张拉的情况发生，也违背了原结构设计意图。

首先找出每个方向钢绞线束的起始点和结束点，过程如图 7-6 所示。通过柱子中心 1 点和圆形 2 点找出 3 点，以 1 点为圆心，用钢尺保持圆板半径的长度绕 1 点旋转，找出与圆边相交的 4、5 点，用同样的方法绕 3 点旋转，找出 6、7 点，复核 4 点和 6 点、5 点和 7 点间的距离是否也为圆板半径，若是则放线准确，若相差较大则应重新放线。得出每个方向钢绞线束的起始点和结束点后，根据钢绞线间距，在模板上标出每束钢绞线位置。

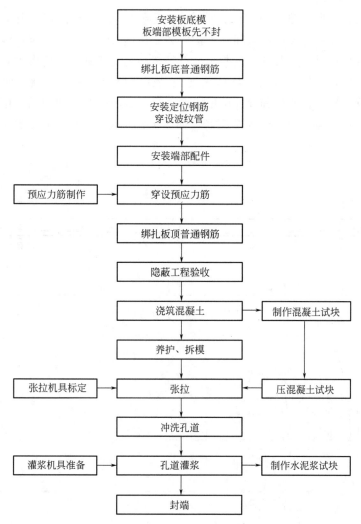

图 7-5　预应力施工工艺流程

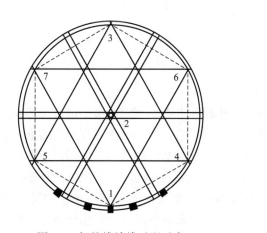

图 7-6　钢绞线放线过程示意

2）安装定位支架钢筋

根据预应力筋线形（图 7-7）及以往矩形平板施工经验，最高点及反弯点附近预应力筋线形需控制好，反弯点至最低点间由于预应力筋穿插、编网相互影响，线形能够较自然地得到控制。现场在反弯点及其附近共 4 个点安装马凳支架钢筋，考虑到若每束钢绞线都安装马凳支架钢筋，工作量较大，且马凳支架钢筋支撑腿太多会影响其他方向波纹管铺设，导致波纹管不平直，通过和设计单位协商，每个方向在两边和中间 1 束预应力筋处设马凳支架钢筋，在马凳上横 1 根 φ22 钢筋，如图 7-8 所示，这样大大减少了工作量，也满足工程精度要求。

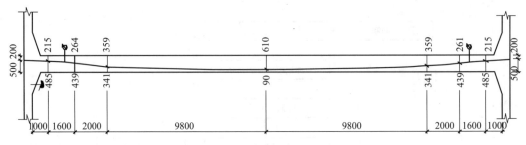

图 7-7　预应力筋线形

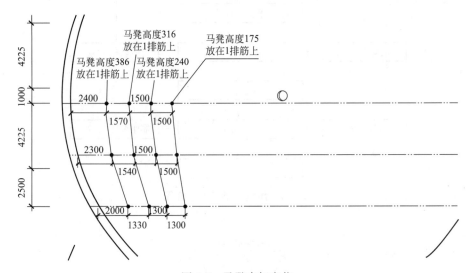

图 7-8　马凳支架定位

3）铺设波纹管

在后张预应力混凝土楼板施工中，预应力束的铺放、编网是施工过程中比较复杂、重要的一环，预应力筋相互交错影响，如果处理不好预应力筋的上下位置关系和顺序，施工时将会眼花缭乱、错综复杂，既浪费时间又容易做错，导致返工而影响工期。

参考以往双向矩形预应力混凝土楼板施工经验，首先在图纸上确定出两向交点的位置，然后根据交点坐标在线形图上找出每个方向预应力筋在该位置的竖向坐标，通过比较，确定预应力筋的上下关系，来指导预应力筋编网施工。但对于本工程三向板而言，交点数量多，工作量大，不易实施。

借助 AutoCAD 软件，通过三维建模，可较直观查看钢绞线空间位置，如图 7-9 所示。然后利用三维实体布尔运算，两两做差集，得到预应力筋交错位置，将近 1200 个点有交叉影响，计算这些点的上下位置关系，工作量仍然较大。

图 7-9　预应力束空间位置

借助 PKPM 软件 SlabCAD 模块，建立圆板和预应力筋模型，通过软件分析，得出所有点的交叉位置关系，然后找出每束预应力筋处于下方的交叉点个数，将交叉点处于下方个数最多的预应力束作为第 1批铺放的预应力束，再铺放个数次之的，相当于铺放其上方的预应力束，以此类推。这样就可以保证预应力束的上下位置关系不会放错，且避免预应力束像织布一样极为麻烦的穿梭程序，大大加快了施工速度。

施工过程中，安排甲、乙、丙 3 组工人分别负责每个方向波纹管的铺设，由现场技术人员统一指挥，先铺 60°方向最外边 2 束，然后铺 120°方向最外边 2 束，最后铺 0°方向最外边 2 束，如此交叉进行，由外向内逐步有条理地顺利完成这块大板的编网布筋，整个施工过程中没有出现任何错误，且施工速度较快。

4）钢绞线穿束

采用人工单根穿束，按钢绞线编号依次有序地穿入波纹管，为减小摩阻力，在钢绞线端头套上炮弹头形穿束器。施工过程中，可边穿边转动，不得来回抽动。一束波纹管内 3根钢绞线，先穿中间的 1 根，再依次穿两边的，以免钢绞线发生扭绞。波纹管接头处波纹管端部可能会翘起导致钢绞线无法通过，此时应把接头拆开，手动调整穿过。穿束后，应检查张拉端操作长度是否满足要求，以便及时调整。

（4）预应力筋张拉

1）张拉准备

待混凝土强度达到设计强度的 75％后，拆除端部模板，逐一检查张拉端是否密实，若不密实，需经处理后才能张拉。对于不密实的部位，应凿除至密实部位，不宜再用混凝土进行浇筑修复，可用比原混凝土强度高一等级的水泥基无收缩灌浆料进行灌实修复。

张拉设备在使用前应送权威机构检测，对千斤顶和油表进行配套标定，压力表直径不宜小于 150mm，其精度不应低于 1.6 级。

2）张拉力理论伸长值计算

根据图纸要求，预应力筋张拉控制应力 $\sigma_{con}=0.7f_{ptk}=0.7\times1860=1302MPa$，超张拉 3％，则单根预应力筋张拉力=187.8kN。

3）张拉流程

开始张拉时，预应力筋在孔道内自由放置，而且张拉端各零件间有一定的空隙，需要用一定的张拉力才能使之收紧。因此，应当首先张拉至初应力（本工程初应力取为张拉控制应力的 10％），量测预应力筋的伸长值 l_1，然后张拉至 2 倍初应力，再次量测伸长值 l_2，最后张拉至控制应力，第 3 次量测伸长值 l_3，计算实测伸长值 $l=l_3+l_2-2l_1$，校核伸长值符合要求后，卸载锚固回程并卸下千斤顶，张拉完毕。即：$0\rightarrow10\%\sigma_{con}\rightarrow20\%\sigma_{con}\rightarrow100\%\sigma_{con}\rightarrow1.03\sigma_{con}$（持荷 2min）→卸荷。

4）张拉顺序

根据规范要求，预应力筋的张拉顺序应使结构及构件受力均匀、同步，不产生扭转、侧弯，不应使混凝土产生超应力，不应使其他构件产生过大的附加内力及变形等。

单层预应力构件：为保证圆板在张拉时变形均匀、协调，每个方向用 2 套张拉设备分 2 个阶段进行张拉，由该方向预应力束外侧向中间同步对称张拉，如图 7-10 所示。图中"→"代表张拉起点及张拉设备移动方向，待第 1 阶段张拉完成后，再进行第 2 阶段张拉。考虑本工程 1 层钢绞线较多，位置较集中，为避免后批张拉所产生的混凝土弹性压缩对先批张拉预应力筋的影响，在第 2 阶段张拉完成后，重复上述第 1、2 阶段张拉工作 1 次。

图 7-10　单层圆板张拉顺序

多层预应力构件根据图纸要求：预应力板底模拆除时间应在本层和相邻上一层圆板混凝土强度达到 100%，且本层和相邻上一层圆板预应力筋张拉完成后方可进行。确定整栋建筑张拉顺序如图 7-11 所示。

5）张拉质量要求

张拉时以应力控制为主，用伸长值进行校核。实测伸长值应与理论伸长值接近，相差 ±6%，如不符合，应立即停止张拉，查明原因并采取相应措施后再继续作业。预应力张拉后，应检查构件有无开裂现象，如出现有害裂缝，应会同设计单位进行处理，单孔张拉顺序如图 7-12 所示。

（5）孔道灌浆及封锚

1）孔道灌浆

准备工作：预应力筋张拉完成后，孔道应尽早灌浆，以免预应力筋锈蚀。灌浆前应检查排气孔是否畅通，可用嘴对排气孔吹气进行检查，若不通，则打开备用排气孔。用手提砂轮锯切除张拉端处外露多余钢绞线，但需保证预应力筋外露长度不宜小于其直径的 1.5

1.该层圆板张拉 2.该层圆板张拉完成后拆除下层模板支撑	▽ 50.500
1.上层圆板混凝土强度100%，张拉该层梁 2.该层梁张拉完成后，拆除下一层模板支撑	▽ 46.000
1.上层梁混凝土强度100%，张拉该层圆板 2.该层圆板张拉完成后，拆除下一层模板支撑	▽ 36.000
1.上层圆板混凝土强度100%，张拉该层圆板 2.该层圆板张拉完成后，拆除下一层模板支撑	▽ 27.000
1.上层圆板混凝土强度100%，张拉该层圆板 2.该层圆板张拉完成后，拆除下一层模板支撑	▽ 18.000
1.上层圆板混凝土强度100%，张拉该层圆板	▽ 9.000

图 7-11　整栋建筑张拉顺序

倍，且不应小于 30mm。对夹片空隙和其他可能漏浆处采用高强度等级水泥或结构胶进行封堵，封堵后 24～36h 方可灌浆。

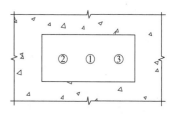

图 7-12　单孔张拉顺序示意

灌浆材料：根据图纸要求，灌浆料采用 42.5 级普通硅酸盐水泥，水灰比为 0.35。为保证灌浆过程中浆体流动性、泌水率及孔道密实性，在灌浆料中加入减水剂和膨胀剂，委托当地商品混凝土搅拌站确定配合比为：水泥：UEA 膨胀剂：JK-PCA-1 减水剂：水＝920：80：23：306.3。灌浆料在混凝土搅拌站制作好，用搅拌车运送到现场，直至灌浆结束再离开，持续保证浆体性能。

灌浆过程：控制灌浆时采用一端注浆另一端出浆方式。灌浆应缓慢连续进行，不得中断，待孔道两端冒出浓浆封闭排气孔后，应持续加压至 0.5～0.7MPa，稳压 1～2min，再封闭灌浆孔。每个台班留取 2 组试块，每组 6 个试件，做抗压强度试验。

2）封锚

清理干净张拉端凹槽后，用 M40 高性能水泥复合砂浆嵌塞凹槽并压实抹平。

【专家提示】

★ 本工程预应力施工技术得到成功应用，满足工期和质量要求，同时增大了楼板跨度，减小楼板厚度，节省钢筋用量，具有良好的经济效益。

★ 平板结构预应力筋的铺束和编网是施工中的一道难题，本工程通过不同方法对比，利用计算机软件成功地解决了这一难题，可为今后相关工程提供经验和参考。

专家简介：

范冬冬，江苏鼎达建筑新技术有限公司，E-mail：454496935@qq.com

第三节 超高层劲性混凝土框筒结构施工技术

技术名称	超高层劲性混凝土框筒结构施工技术
工程名称	沈阳东北世贸广场
施工单位	北京怀建集团有限公司
工程概况	沈阳东北世贸广场位于沈阳市北站经济开发区,由1栋总高度为260m的63层超高层主楼、2栋高度为100m的27层辅楼和高度35m的7层裙房组成,占地面积约3万 m²,工程总建筑面积35万 m²,其中主楼建筑面积为12.39万 m²。本工程是集商业、餐饮、娱乐、办公、酒店等多功能于一体的大型综合现代化建筑,也是沈阳市的标志性建筑之一。本工程的鸟瞰图如图7-13所示  图7-13 沈阳东北世贸广场

【工程难点】

主楼为超高层筒中筒结构,基底标高为−17.950m,基础为60m×60m、厚度为4m的大体积钢筋混凝土筏板基础,设有3层地下室,地下一层(−2.045m)～十四层(58.100m)的外筒柱内设有工字型钢柱,钢柱总高度为60.145m。型钢柱采用钢板在钢结构加工厂加工焊接而成,钢板材质为Q345B,按主体结构施工进度分层运到施工现场安装。十五～五十七层为钢筋混凝土筒中筒结构,五十八～六十三层为钢筋混凝土及轻钢结构。主楼首层(−0.050m)平面如图7-14所示。

本工程外筒结构采用劲性混凝土结构,其44个外筒结构柱截面分为矩形和异形截面。劲性混凝土结构均采用H型钢柱,其钢板厚度分别为50、40、32、30、20mm,型钢柱单根钢柱长度为5m,质量为0.5～2.5t。

矩形劲性混凝土结构柱有32根,截面尺寸为1700mm×1100mm、1600mm×1100mm、1400mm×1600mm等,高度为4500、5000mm。矩形钢骨混凝土柱与混凝土梁节点处纵筋位置定位如图7-15所示。

异形角柱有12根,截面尺寸为2002mm×1100mm、2571mm×1100mm,由于柱截面均为异形,给柱钢筋、模板施工带来很大困难,异形钢骨混凝土柱与混凝土梁节点处纵筋位置定位如图7-16所示。

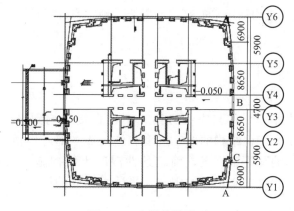

图 7-14　主楼首层平面

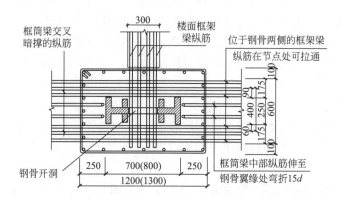

图 7-15　矩形钢骨混凝土柱与混凝土梁节点处纵筋位置定位

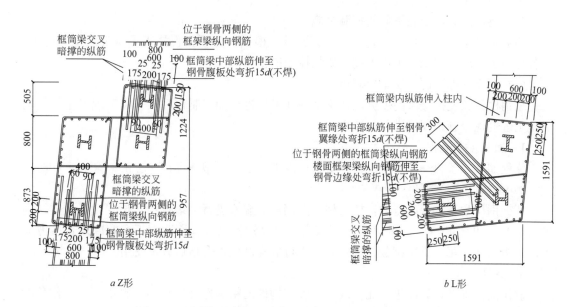

a Z形　　　　　　　　　　　　　　　　　　　　　　　　*b* L形

图 7-16　异形钢骨混凝土柱与混凝土梁节点处纵筋位置定位

内筒由 4 个电梯井及楼梯间组成，地下三层～三十三层内筒以及外筒的首层～三十三层柱和梁混凝土强度等级均采用 C60 高强混凝土，地下室外墙板、柱均采用 C40P10 抗渗混凝土。

【施工要点】

1. 劲性混凝土结构

（1）H 型钢柱

较厚钢板构件的加工制作与安装方案，不仅直接影响到钢结构的施工进度、质量、安全，而且对整个工程结构的施工进度和施工成本都产生很大影响，因此，施工前应仔细研究、精心编写施工方案，确定劲性混凝土结构施工的重点难点在于 H 型钢柱的加工制作、吊装时中心位置的固定、吊装垂直度的控制以及施工现场钢柱的人工焊接。

（2）钢筋工程

型钢柱外表面熔焊栓钉，且在型钢柱外侧钢筋较密，H 型钢柱的腹板处又设有拉结钢筋，特别是纵横双向梁与柱节点处的钢筋非常密集，因此，合理布置柱、纵横双向梁间的钢筋及梁柱节点处钢筋，尽可能加大同一垂直面内钢筋的净距，并解决柱及主、次梁节点处的钢筋绑扎，便于高强混凝土的下料及振捣密实，是劲性混凝土结构施工中的重点难点。

（3）模板工程

劲性混凝土结构柱截面尺寸较大，高度较高，特别是异形截面的模板及梁柱节点处的模板支设，也是劲性混凝土结构施工中的重点难点。

（4）混凝土施工

由于纵横双向梁与柱钢筋非常密集、净距很小，而且还有柱中型钢及其表面的栓钉，使得高强混凝土的下料及振捣极为困难。因此抗渗混凝土、高强混凝土浇筑及振捣是劲性混凝土结构施工的又一个重点难点。

2. 主要施工方法及施工质量控制措施

为减少型钢与梁、柱钢筋施工的交叉影响，根据各分项工程施工重点难点逐一解决，在各分项工程施工中采取了以下施工质量控制措施。

（1）型钢柱加工制作质量控制措施

型钢柱的长度按楼层高度分段在钢结构加工厂进行加工制作，根据施工现场主体结构的施工进度运至施工现场进行吊装焊接。

1）加工工艺流程

流程如下：备料→试验→放样→下料→加工→组立成型→焊接→矫正→除锈→验收。

2）备料、试验

依据钢厂生产钢板的宽度，按钢柱所需钢板的规格进行合理排板，长度为 2 个楼层高度（10040、9840mm），与生产钢板厂家预定定尺钢板以减少所购钢板在宽度及长度方向上的排板损耗。每一批次钢板按规定要求进行取样试验，合格后方可使用。

3）放样

制作前按细部设计图进行比例放样，确定构件的精确尺寸，绘制下料草图，制作角度放样。

4）下料

钢板下料采用数控多头门式切割机下料，但下料前应将切割表面的铁锈、污物清除干净，以保持切割件的干净和平整，切割后应清除熔渣和飞溅物。下料后检查切割面应无裂纹、夹渣和分层，板条若有旁弯应进行火工矫正。下料时，板条长度方向应加放 20mm 的焊接收缩余量。板的一端切割成 45° 坡面，部分腹板需要人工用气割开 250mm×800mm 梁洞等。

5）组立成型

下完料的钢板在组立前应矫正其变形，接触毛面应无毛刺、污物、割渣和杂物，以保证构件组装紧密结合。采用设备为 Z12 型型钢组立机，在组立机上组立 T 形、H 形钢，组焊时所采用焊材与焊件匹配，焊缝厚度为设计厚度的 2/3 且≤8mm，焊缝长度≥25mm，位置在焊道以内。组焊完的构件必须进行检查，确保符合图纸尺寸及构件的成型精度要求。

6）焊接

H 型钢柱采用门式焊机进行自动埋弧焊，以此来减小 H 型钢柱翼缘板的角变形。焊接材料为 10Mn2 焊丝、HJ431 焊剂。为减小焊接变形和防止扭曲，采用对称施焊，并且每焊 1～2 道进行翻转，焊接下部位的焊缝，即通过经常测量和变换焊接程序控制焊接变形，焊接顺序如图 7-17 所示，由①～⑧按顺序依次进行焊接，直至焊缝厚度达到设计要求。另外，需要用大型台钻在每层的 32 根钢柱腹板中线位置，钻成 @100ϕ14 的孔，用来穿拉结钢筋。

7）矫正

H 型钢柱焊接完毕后，转入 H 型辊式型钢调直机，对其拱度图和旁弯值进行机械顶直矫正，调直机矫正如图 7-18 所示。必要时可以进行火工矫正，但加热温度≤700℃。

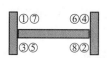

图 7-17　焊接顺序

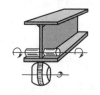

图 7-18　调直机矫正

地下一层钢柱按图纸要求焊接安装底座，地下一层～十四层所有钢柱翼缘板外侧面上需要焊接栓钉，焊接方法为：接通焊机焊枪电源，把柱状栓钉、防弧座圈套在焊枪上，启动焊枪，座圈则产生弧光，经短时间后柱状栓钉端部熔化，以一定速度顶紧钢板母材，切断电源，柱状栓钉焊接在母材上。柱状栓钉的质量以锤击为主，外观表面检查为辅，按每天产量取其中的 1/500 进行弯曲检查，焊缝处无断裂视为合格，如焊缝出现裂缝，该栓钉判为报废，需在附近重新焊接一只柱状钉作为补充。

8）除锈

采用专用除锈设备，进行抛射钢丸除锈，可以提高钢材的疲劳强度和抗腐能力，对钢材表面硬度也有不同程度的提高，除锈施工环境相对湿度应≤85%，除锈合格后进行编号。

9）验收

钢构件出厂前，除对实物进行检查验收外，还应交验以下资料：产品合格证、制作过程技术问题处理的协议文件、钢材和连接材料的质量证明书及试验报告、焊缝检测报告、主要构件验收记录以及构件发运清单等资料。

（2）型钢柱安装的施工质量控制措施

1）施工流水段及工艺流程

钢柱吊装随主体结构施工划分为 2 个施工流水段。每个施工流水段施工工艺流程为：外墙板柱-2.000m 以下绑扎钢筋及安装钢柱地脚螺栓→支模→浇筑地下一层外墙板柱混凝土至-2.000m→地下一层梁板支模→安装地下一层钢柱→柱脚灌浆→绑扎地下一层-2.000m 以上外墙板柱钢筋支模及地下一层钢筋绑扎→浇筑地下一层混凝土→各楼层测量放线→安装钢柱（同时进行核心筒钢筋绑扎及支模）→柱筋绑扎→支柱模板→梁板支模及钢筋绑扎→浇筑核心筒、柱及梁板混凝土→混凝土养护。

2）安装钢柱地脚螺栓

钢柱地脚螺栓位于地下一层外墙柱内中部，地下二层楼板标高为-4.950m，钢柱柱底标高为-2.045m。每种规格带有螺栓孔的钢柱底座钢板制作 2 块，用于将每根钢柱 4～8 根 $\phi25$ 的地脚螺栓用 $\phi12$ 钢筋焊为一个整体模具。将焊为一个整体的地脚螺栓依据地下二层楼板轴线及标高安装在外墙柱内，用线坠和水准仪校核准确后，用钢筋与柱筋多处点焊拉结牢固，反复进行校核，确保地脚螺栓的位置及高度准确牢固，并将地脚螺栓上部带有丝扣部分用塑料布和铁丝进行包裹绑扎防护，检查模板、钢筋及外贴式橡胶止水带等，经验收合格方可进行下一道工序。

3）安装地下一层钢柱

安装前检查钢构件出厂时的出厂合格证，按安装图查点复核构件规格型号及编号，将构件依照安装顺序运到安装范围内，复核-2.045m 外墙柱混凝土上的预埋螺栓轴线及标高，当混凝土强度达到安装要求时，开始吊装地下一层钢柱。当钢柱起吊、柱脚距地脚螺栓 30～40cm 时，安装人员扶正钢柱，使柱脚的安装孔对准螺栓，缓慢落钩就位，经过初步校正使垂直偏差在 20mm 内，拧紧螺栓并临时固定即可脱钩。然后在 2 个垂直方向分别用经纬仪进行垂直度检验，当有标高及垂直偏差时用地脚螺栓上、下固定螺母进行调节校正。

4）柱脚灌浆

待钢柱整体校正无误后，在柱脚底板四周每侧≥50mm 支设侧模，且稍高于柱脚底板表面。在柱脚底板与结构混凝土间预留 45mm 缝隙，用 C60 高强无收缩灌浆料从一侧灌浆，至其他侧面溢出并明显高于柱脚底板的下表面为止，使柱脚底板内填充密实，严禁从 2 个以上方向灌浆浇筑。灌浆料无须振捣，开始灌浆后必须连续进行，不能间断，并应尽可能缩短灌浆时间。

5）安装首层及以上各层钢柱

重点控制构件平面位置偏差、标高偏差、垂直度偏差，利用测量仪器跟踪安装施工全过程。首层～二层钢柱吊装用主楼南侧的 QT63 塔式起重机，三～四层选用 LT25/6015 内爬式塔式起重机，经过核算满足本工程钢柱安装及结构施工要求。吊装前首先对钢柱进行验收，核对安装轴线、标高及编号等，检查吊装机具，吊装时做好相应防护措施。由于梁柱节点处钢筋较密，在此处钢柱又设有安装耳板，经与设计协商，将安装耳板改为钢板吊环，配合专用卡具进行安装，方便垂直度的调整，节约钢材，便于混凝土下料及振捣。首层～十四层钢柱起吊后，对准下一层钢柱，采用2台经纬仪检验，必须确保钢柱的平面位置及垂直度准确，并使用专用卡具调整垂直度并临时固定。钢柱对接采用全熔透焊接，型钢柱两翼缘钢板第1遍焊接后，即可脱钩吊装下一根钢柱，然后此钢柱可以进行钢柱腹板及翼缘钢板的坡口熔透焊接连接，钢柱焊缝为一级，焊完后全部做探伤检验。

（3）钢筋绑扎质量控制措施

1）柱钢筋绑扎

柱主筋采用 $\phi16\sim\phi32$、箍筋采用 $\phi10\sim\phi12@100$ 的 HRB400 级钢筋，型钢柱安装验收合格后，柱竖向筋 $\phi16\sim\phi25$ 采用电渣压力焊、$\phi28\sim\phi32$ 采用滚轧直螺纹连接，箍筋@100 安装绑扎至梁底，将一端带有 135° 弯钩的拉结钢筋穿过钢柱腹板@100 的孔，再用钢筋扳手弯成 135° 弯钩，勾牢主筋及箍筋。

2）梁柱节点钢筋绑扎

双向梁主筋为 $\phi18\sim\phi32$，采用滚轧直螺纹连接，箍筋为 $\phi10@100/200$，截面为 $600mm\times2500mm$、$600mm\times1800mm$、$600mm\times1100mm$、$500mm\times950mm$ 等，经多次与设计讨论研究梁柱节点处的钢筋绑扎，先安装绑扎梁底以下柱箍筋、穿外筒柱与内筒的主梁主筋及箍筋绑扎，此梁主筋穿过钢柱腹板上的 $250mm\times800mm$ 的预留洞，再穿外筒柱之间的交叉暗梁、框筒梁主筋及箍筋绑扎，此框筒梁上、下外侧双排各 4 根主筋由钢柱外侧穿过并与下一根梁筋连通，中间的双排 4 根钢筋遇到钢柱后向下弯曲 90° 并锚牢在混凝土柱内，最后进行梁柱节点处柱箍筋的绑扎，穿拉结筋并绑扎。

（4）外筒柱模板施工

1）模板施工方案

由于外筒柱中有型钢柱，在长、宽方向均无法穿模板加固用的对拉螺栓，因此外筒柱模板支撑体系采用 [10 加固体系，下部 5 排按 300mm 间距设置，上部按 400mm 间距 1 道设置，槽钢两端利用 $\phi16$ 粗扣螺栓拉紧固定，模板采用 18mm 厚覆膜多层板，外侧采用 $50mm\times100mm$ 木方竖向背楞，间距 287mm。

2）模板基本参数计算

柱模板的截面宽度 $B=800mm$，截面高度 $H=1200mm$，计算高度 $L=5000mm$，柱箍间距计算跨度 $d=400mm$。柱箍采用 [10 钢 U 形口竖向，柱模板竖楞木方截面宽 50mm，高 100mm。参数计算包括：柱模板荷载标准值计算；2 个方向柱箍计算；2 个方向对拉螺栓计算；对拉螺栓直径取 16mm。经过计算，柱箍及对拉螺栓均能满足柱混凝土施工要求，柱模板支撑计算简图如图 7-19 所示。

（5）混凝土施工质量控制

1）免振自密实混凝土

由于地下一层地下室的柱截面比首层柱截面大，其柱主筋在 -0.050m 处向柱内弯 90°，首层柱主筋在此处要重新生根，并且设有地下室顶板的纵横向梁，因此，梁柱节点处钢筋较密，而且按设计要求，其箍

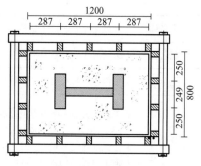

图 7-19　柱模板计算

筋 135°弯钩后平直段长度为 10d，按此方式绑扎的钢筋给混凝土浇筑带来极大困难，混凝土难以通过，振捣棒无法插入到柱内，普通配合比的 C40P10 抗渗混凝土无法满足施工要求。为此，经与设计协商，地下一层 −2.000～−0.050m 外墙板及柱采用 C40P10 免振自密实抗渗混凝土进行浇筑。此混凝土中掺加了大量硅粉，且石子粒径均 <10mm，和易性好，无须振捣，强度达到设计要求且表面无气泡，表面观感非常好。

2）高强混凝土

在首层以上的外筒梁柱施工中，经与设计协商，适当改变梁筋的位置等，使竖向形成局部较大空隙，并且多次调整混凝土的施工配合比，充分考虑运输过程中高强混凝土坍落度的损失，确保混凝土运到施工现场时坍落度为 18～22cm，便于 C60 高强混凝土的浇筑及振捣。通过各项改进，使普通 C60 高强混凝土能够顺利通过此钢筋较密处，振捣棒也可以插入到柱内振捣。

柱浇筑混凝土前，用清水将模板及柱内杂物冲洗干净且不能有积水，封堵柱模清扫口，人工往柱内灌入 50mm 厚的与混凝土配合比相同的减石子砂浆。柱混凝土分层浇筑，每层浇筑柱混凝土的厚度为 50cm，振捣棒不得触动钢筋和钢柱，振捣棒插入点要均匀，防止多振或漏振。下料时使软管在柱上口来回挪动，使之均匀下料，防止骨浆分离。对于柱和梁板混凝土强度等级不同，在距柱 150mm 的梁内垂直设置多层钢丝网，绑扎牢固严密，先浇筑柱头处强度等级较高的混凝土，混凝土初凝前再浇筑梁板混凝土。

【专家提示】

★ 施工中应尽量减少型钢与钢筋分项工程的交叉影响，即结构受力筋及构造筋与型钢的冲突，或者净距过小，不便于施工，应提前审图，编制详细可行的施工方案，解决此类技术问题，以确保工程施工质量，加快施工进度。

★ 由于劲性混凝土结构施工难度较大，把技术措施和改进意见提前做好，有利于工程的顺利施工。

专家简介：

张永林，北京怀建集团有限公司总工程师，国家一级注册建造师，国家注册监理工程师，E-mail：zylin977@sohu.com

第四节 大截面异形钢管柱混凝土泵送顶升施工技术

技术名称	大截面异形钢管柱混凝土泵送顶升施工技术
工程名称	天津周大福金融中心工程
施工单位	中国建筑第八工程局有限公司天津分公司
工程概况	天津周大福金融中心工程塔楼采用"核心筒+外框钢结构"的组合结构形式，外框钢结构柱内包混凝土，钢管柱±0.000～292.000m(59F)混凝土强度等级为 C80；292.000(59F)～413.000m(88F)混凝土强度等级为 C60。钢管柱截面多变，如图 7-20 所示。首层钢管柱数量为 40 个，钢管柱交错扭转向上，直径为 1200、1800、2300mm(图 7-21)

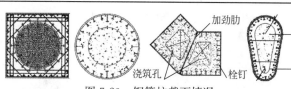

图 7-20　钢管柱截面情况

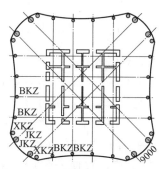

图 7-21　塔楼首层钢管柱平面示意

工程概况

【工程难点】

外框柱浇筑方式有顶升法、高位抛落法、人工浇捣法等。高位抛落法是通过一定抛落高度，产生动能使混凝土密实，较简单，但对倾斜交叉、内有加劲板的柱难以密实。人工浇捣是利用人工配合振捣棒达到密实效果，操作简单，但工作面狭窄，工人长时间在管内施工，速度也较慢。另外一种人工浇捣方法是增加串筒，浇筑一定高度，向上提升串筒，但须占用吊运工具。

泵送顶升法是利用泵送压力将混凝土自下而上注入钢管内，通过泵压和混凝土自重达到混凝土密实，施工速度较快、密实度较好，但对混凝土性能和泵送要求较高。本工程为了提高顶升效率，减少钢管柱内混凝土施工缝，利用超高压顶升泵送技术。

因顶升法施工不占用钢结构施工主导工序时间，相比于传统的抛落法施工大大缩短工期。本工程外框钢管柱混凝土浇筑方式主要采用顶升法，其施工重点与难度如下。

（1）钢管柱混凝土竖向施工缝浮浆多、骨料少

由于采用顶升法施工混凝土由下向上流动，达到设计标高位置开始回落，粗骨料较浆液密度大，下沉快，致使钢管柱表面浆液富集，粗骨料少，强度低；且只能通过上层钢管的顶升孔进行剔凿，剔凿后无法将混凝土残渣清除，存在严重的质量隐患。

（2）一次顶升超高、截面超大

钢管柱最大截面尺寸为直径 2300mm，一次顶升高度达到 6 个施工作业层（30m），则 1 根钢管柱 1 次顶升混凝土体量可达 124m³，混凝土强度等级为 C60、C80，且顶升最大标高 419.000m，顶升难度大。

（3）倾斜角度大，环板多

每根钢管柱有不同的倾斜角度，最大倾角 19°（图 7-22），钢管柱内环板多，若采取顶升法施工很难使其内部达到密实，尤其是环板阴角位置。

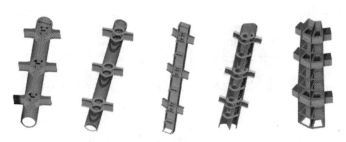

图 7-22　斜向钢管柱剖面示意

（4）异形钢管柱顶升组织难度大

如双腔钢管柱顶升过程中需保持双腔内的混凝土基本上同步上升，避免从一个腔体向另一个腔体高抛下落，造成混凝土离析，从而形成质量隐患。

（5）桁架层交叉杆件多，工序安排难度大

桁架层竖向杆件（包括斜杆）内均有混凝土，且多个杆件交叉相汇，顶升工序安排不合理会导致桁架层杆件内串流，致使杆件内混凝土无法达到密实和整个结构的受力平衡。

【施工要点】

1. 新技术实施

为保证顶升混凝土过程中对主体结构的应力平衡，采用对撑施工原则，总体施工顺序：1区→2区→3区→4区；各区内施工顺序为：1→6→5→2→3→4，如图 7-23 所示。

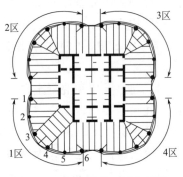

图 7-23　钢管柱施工顺序示意

（1）高性能混凝土配合比控制

本工程钢管柱内混凝土采用自密实混凝土，其属"建筑业十项新技术"中推广应用的内容，现其配合比设计也已成熟，其扩展度需满足 600～700mm，以保证混凝土良好的流动性。

（2）用于顶升法的混凝土钢管柱深化设计技术

除针对高强高性能混凝土自身进行优化配合比设计外，鉴于顶升法施工混凝土的高流速状态，在顶升施工策划时需结合钢管柱深化设计的特点，对其柱身进行设计优化，以降低混凝土顶升施工难度。主要采取以下几点措施。

1）根据设计要求，钢结构柱内位于梁柱节点部位需加强处理，其内部增设了加劲环板。为增大钢管内梁柱节点部位混凝土瞬时流量，除设计要求在加劲环板中间留设≥ϕ450 圆孔外，在环板上另外增设多个过浆孔，孔直径 50mm，环向间距≤350mm。

2）在钢结构柱身上设置排气孔，每层至少设置 2 个（直径 1800mm 和 2300mm 钢管柱分别设置 4 个、6 个），梅花形布置开设直径 20mm 排气孔，开设位置为钢管柱内环板的阴角部位，且呈反对称，以保证混凝土顶升施工时能够顺利将钢管内的空气排出、柱内混凝土密实，如图 7-24 所示。

3）在钢管混凝土柱楼层标高上 300mm 处开设顶升孔，适合泵管布置，不用增加弯

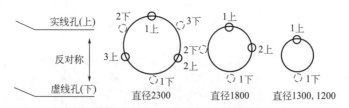

图 7-24　钢管柱身开设排气孔

头，泵管下还需要垫木方且不会对既有楼板造成损伤等。孔径为 140mm 圆孔（开孔标高为圆孔中心标高），兼作溢流观察孔。圆孔开孔方向应朝向有楼层板的位置便于泵管的安装操作。

4）设置专用观察孔直径 10mm，每层设置 2 个（置于朝向核心筒方向一侧，便于观察），位于楼层层高 1/3 和 2/3 处，顶升孔、观察孔兼作排气孔。

5）柱内纵横向隔板上需要开设一些直径 300mm 过浆孔，竖向间距为 800mm 左右；另外，柱身内横隔板上还需要开设一定量的排气孔，使混凝土在进入空腔时里面的空气能够通过排气孔顺利排出，如图 7-25 所示。

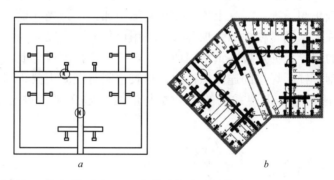

图 7-25　钢柱内板设置过浆孔

（3）可周转顶升口的研发

1）顶升口设置

根据钢管柱竖向分节统一确定顶升口的位置，每次顶升高度≤30m 且≤6 个结构楼层。顶升孔均开在钢管柱正对核心筒的一侧并避开竖向加劲肋，兼作溢流观察孔。

2）可周转顶升孔制作

传统钢管柱顶升混凝土施工原理为：在钢管柱上开设顶升孔→在顶升孔处焊接泵管孔→泵管外接混凝土截止阀—混凝土截止阀与混凝土输送泵的泵管连接→在一定压力下，通过混凝土输送泵将混凝土顶升至钢管柱内孔→顶升完成后将混凝土截止阀封闭→待钢管柱内混凝土达到一定强度后拆除截止阀，并将焊接在钢管柱上的混凝土泵管进行割除→将原开设顶升孔割除的钢管柱钢板进行焊接。

在钢管柱上焊接泵管作为顶升孔时，后期混凝土泵管需采用火焰进行割除，此做法对顶升口处的混凝土损伤较为严重，且使用火焰割除时致使切口表面凹凸不平，钢板的焊接质量不利于保证。

第 1 阶段研发：对此进行了部分改进，改成加工厂焊。内增加补强板，外面钢板不再焊，仅用普通钢板封堵洞口即可。但是后续切割量大，浪费钢材和人工费用，如图7-26所示。

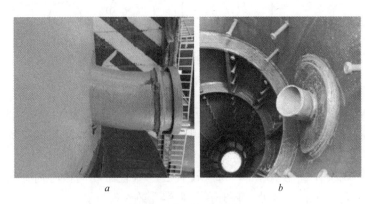

图7-26　内环板式顶升口

第2阶段研发：鉴于现有存在的技术问题，项目研发了一种可周转的钢管柱混凝土顶升接口周转装置，包括钢管柱内圆弧顶升管、橡胶垫圈、可焊接螺栓及配套螺母、连接钢板、混凝土截止阀系统。混凝土顶升孔在钢结构加工厂预先开设，并将开孔割下的钢板电焊于钢管柱上。钢管柱内圆弧顶升泵管采用比顶升孔直径大80～100mm钢焊管，固定连接顶升孔的螺栓根据定位在钢结构加工厂焊接。连接钢板与混凝土截止阀系统进行焊接，利用在钢管柱上焊接的连接螺栓加设橡胶垫圈将混凝土截止阀系统与钢管柱进行连接，然后将混凝土截止阀系统的另一端与混凝土输送泵管进行连接，如图7-27所示。

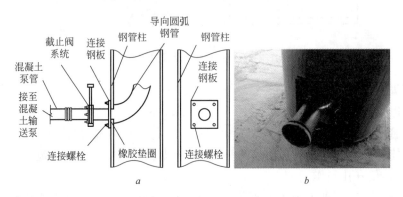

图7-27　钢管混凝土柱顶升接口周转装置及现场实景

混凝土顶升完成且其达到一定强度后，将钢管柱混凝土顶升接口周转装置拆除。拆除后，人工将顶升孔钢管柱钢板范围内的混凝土进行剔凿、清理，将原开孔割下的钢板补焊于顶升孔处。

在钢管混凝土柱顶升工艺中，钢管柱混凝土顶升接口周转装置，不但解决了火焰割除顶升口对混凝土及钢板焊接质量的影响，而且此装置焊接、开孔等工作均在工厂完成，现场仅进行安装即可，降低现场施工难度，有利于保证质量。钢管混凝土柱顶升接口周转装置拆除后，将周转装置内的混凝土清理后即可进行周转使用，有利于节能环保、绿色施工。

（4）钢管混凝土柱竖向施工缝处理技术

为防止钢管柱上口落入杂物且无法清理，而造成水平施工缝存在质量隐患，开发了钢柱顶部吊耳安装临时盖板。且该临时盖板可周转使用，实现了绿色施工；同时，解决了钢管柱上端开口时人员操作的安全隐患，如图 7-28 所示。

| a 临时盖板与吊耳 连接立面 | b 实景 |

图 7-28　钢管柱临时盖板设计及现场实景

（5）多腔体钢管柱顶升施工

对于椭圆形双腔组合钢管柱，为保证混凝土不串流，两个腔体保持同速顶升。安装 2 个顶升接口，使用 2 台泵车同时顶升。

2. "顶升法＋高抛法"综合施工技术

结合工程钢管柱特点，并减少钢结构焊接次数，项目采用二节柱和三节柱的划分方式。为减少泵管布置方式，项目顶升口设置在同一个楼层，如图 7-29 所示。

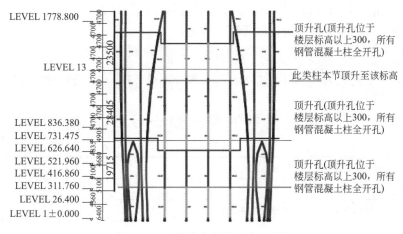

图 7-29　钢管柱分节及顶升口设置

因钢管柱分节不同，而顶升口标高一致，有的钢柱在顶升前存在 1 层层高位置高抛施工的情况，下落高度在 4～6m。为此，为了避免混凝土下落高度大造成混凝土离析现象，项目采用高性能自密实混凝土，实现了钢管柱的"顶升法＋高抛法"相结合的泵送方法。

桁架层竖向杆件（包括斜杆）内均有混凝土，且多个杆件交叉相汇（图7-30），顶升工序安排不合理会导致桁架层杆件内串流，致使杆件内混凝土无法达到密实和整个结构的受力平衡。

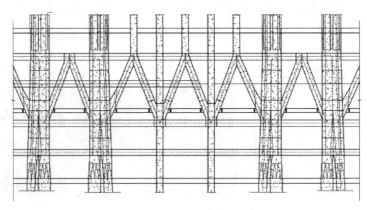

图7-30　桁架层混凝土杆件立面

在中间边框柱上层梁底300mm处设置观察孔，然后顶升中间2根边框柱至观察孔后停止；在角框柱顶部焊接同截面的套筒，高度控制在1m左右，防止顶升至设计标高后回落致使顶部混凝土缺失，同时防止混凝土溢出造成的高空坠物；顶升角框柱至设计标高，确保顶部不缺失；中部边框钢柱混凝土顶升时，混凝土先向下流淌，实现下层柱顶尚未浇筑部分小距离高抛施工，再转为向上顶升施工，完成倾斜交汇桁架层混凝土施工。

【专家提示】

★ 本工程钢管柱混凝土体量大，与钢结构穿插施工多，采用顶升法施工，避免了因混凝土浇筑造成的钢结构工期延误，实现了每次顶升4～6个结构层高，最大顶升高度达30m（6个结构楼层）。此外，施工中解决了钢管柱深化设计及加工、可周转顶升口的研发、多腔钢管柱及桁架层混凝土浇筑等诸多难题。

专家简介：
段新华，中国建筑第八工程局有限公司天津分公司，E-mail：540194652@qq.com

第五节　巨型型钢混凝土组合柱结构施工技术

技术名称	巨型型钢混凝土组合柱结构施工技术
工程名称	天津周大福金融中心
施工单位	中国建筑第八工程局有限公司天津分公司
工程概况	天津周大福金融中心项目位于天津市经济技术开发区内，北靠广达街，南倚第一大街，东临广场路，西临新城西路，整个用地为L形，分为裙楼区与主楼区，其中主楼区又分为塔楼区与裙房区。总用地面积27772.35m²，总建筑面积39万m²（地下98370m²），由香港周大福集团投资开发，涵盖甲级办公、豪华公寓、超五星级酒店等众多业态，由4层地下室、5层裙楼和100层塔楼组成。塔楼采用"钢筋混凝土核心筒＋钢框架"结构体系，建筑高度530m，为世界第九高楼

【工程难点】

组合柱内钢筋强度大，分布密集，单根箍筋展开长度达 25m，ϕ2300 钢管柱内 16ϕ32 钢筋安装困难，给钢筋下料、运输、安装都造成较大困难，如何高效安装成为保证施工的重中之重。

【施工要点】

1. 塔楼组合柱设计概况

本工程塔楼地下室型钢混凝土组合柱是由 2 组 ϕ2300 和 ϕ1800 钢管柱搭配 ϕ1200 钢管柱以劲性板彼此连接、以钢板墙为中心对称组合形成的 T 形型钢混凝土组合结构，结构最大截面尺寸 3000mm×17650mm，钢管柱内外分布高强度超大直径密集钢筋，单根封闭箍筋最长 25m。组合柱分布在塔楼 4 个大角处，如图 7-31 所示。

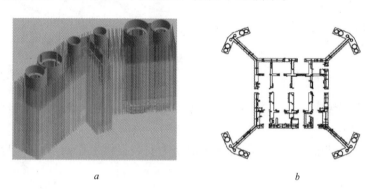

a   b

图 7-31 塔楼地下室型钢混凝土组合柱分布平面及效果

2. 大直径高强度密集钢筋工程施工技术

（1）钢筋工程概况

塔楼地下室组合柱截面尺寸 3000mm×17650mm，整体高度 21.9m，钢管柱壁厚 100mm，由 2 组 ϕ2300 和 ϕ1800 钢管柱，搭配 ϕ1200 钢管柱以劲性板彼此连接，形成 T 形型钢混凝土组合柱，组合柱内 869 根 ϕ40 主筋，单根超长封闭箍筋 25m，如图 7-32 所示。

（2）技术实施

塔楼地下结构 T 形组合柱结构钢筋施工要点如下。

1）将组合柱分成 5 部分，进行同步施工（灰色点表示因受钢柱脚影响而移动的钢筋），分段如图 7-33 所示。

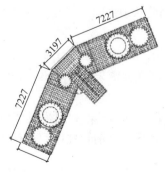

图 7-32 组合柱密集钢筋布置

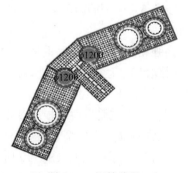

图 7-33 钢筋分段

2）型钢、钢管柱安装完成后，安装外围竖向钢筋，如图7-34所示。

3）根据施工实际情况，将封闭大箍筋分解安装，采用直螺纹套筒连接，箍筋与型钢碰撞处及穿过钢筋开孔处，如图7-35所示。

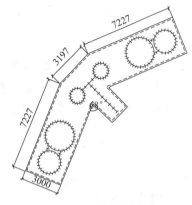

图7-34　外围钢筋安装

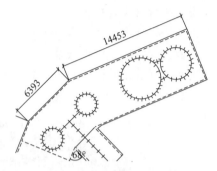

图7-35　超长箍筋分段安装

4）超长箍筋安装完成后，按照箍筋深化布置，自下往上安装其余箍筋，如图7-36所示。

5）从内向外安装竖向钢筋（后安部分钢筋为安装提供工作面），直至竖向钢筋顶部，如图7-37所示。

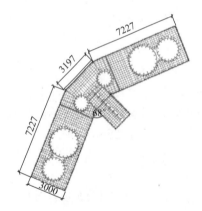

图7-36　其他箍筋安装（大箍筋撑托小箍筋）

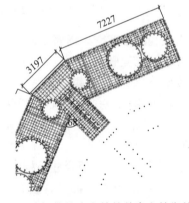

图7-37　除钢管柱内主筋外其余主筋绑扎完成

6）步骤5）中钢筋施工完毕后，将操作工作面的钢筋从顶部向下与底部预留的直螺纹套筒连接。

7）高强密集竖向钢筋遇钢柱后弯锚收头处理，利用"正＋反丝"分段安装，旋拧反丝钢筋连接套筒，达到固定并连接钢筋的效果，提高了高强度密集钢筋遇钢管柱弯锚收头的质量。如图7-38所示。

8）钢管柱内主筋贯通，根据预留钢筋位置自制钢筋定位模具，利用模具将钢管柱内主筋通过加强箍筋固定成型，组成整体钢筋笼，将钢筋笼下放至钢管柱内，与预先留置的定位钢筋连接。如图7-39、图7-40所示。

9）所有主筋安装完成后如图7-41所示。

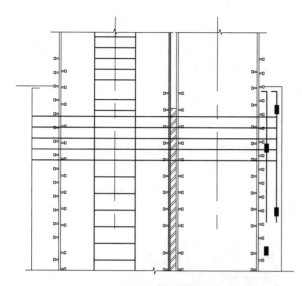

图 7-38　钢筋遇钢管柱弯锚收头处理

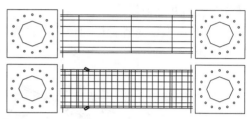

图 7-39　定位模具安装钢筋笼

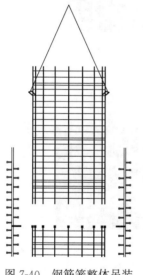

图 7-40　钢筋笼整体吊装

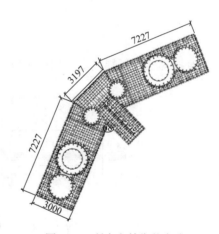

图 7-41　所有主筋绑扎完成

3. 大截面 T 形组合柱结构模板支设施工技术

（1）T 形组合柱模板设计概况

组合柱结构最大截面 17650mm×3000mm 呈 T 形，组合柱阴阳角模板支设复杂，受组合钢管柱的影响，对拉螺栓不能穿过，且墙体内钢筋密集，模板对拉螺栓设置及保护层控制成为主要技术难题。

（2）工程重点与难点

1）本工程施工工期紧，施工现场场地狭窄，地下室单层面积大，不利于模板及架体构件堆放与周转使用，模板工程施工组织难度大。为满足模板工程施工中模板及时供应，须做到动态管理，做到材料随用随进场，做到场地的合理有效利用。

2）组合柱结构采用散拼散支模板支模，如何保证巨型组合柱混凝土观感质量，是模板支设控制的重点。

3）组合柱结构最大截面达到 17650mm×3000mm，如何保证组合柱施工质量将成为 B1 区模板工程施工的难点。

4）受组合钢柱的影响，对拉螺栓不能穿过，且墙体内钢筋密集，模板对拉螺栓设置成为又一难点。

（3）技术实施

1）根据密集钢筋位置及钢骨形状，对拉螺栓的设置提前深化，定位与其配套的对拉螺栓接驳器并提前焊接。

2）自制型钢龙骨背楞和预拼大木模板组合支模体系，遇钢板墙与接驳器拉结，如图 7-42 所示。

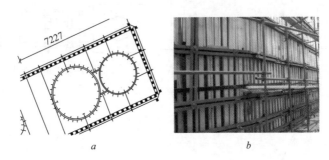

图 7-42　钢板墙与接驳器拉结

3）对拉螺栓及可焊接套筒保护装置，如图 7-43 所示。

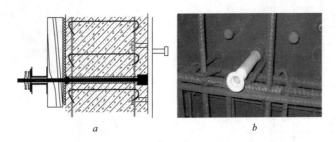

图 7-43　对拉螺栓及可焊接套筒保护装置

4）自制型钢龙骨背楞，阳角 45°斜拉加固，如图 7-44、图 7-45 所示。

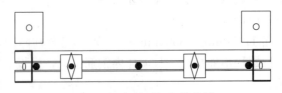

图 7-44　自制型钢龙骨背楞

5）双钢管拉结钢板墙，旋转山型卡，微调控制保护层，如图 7-46 所示。

6）双钢管对拉，旋转山型卡微调钢筋间距，上、下采用自制短钢筋定位保护层。如图 7-47 所示。

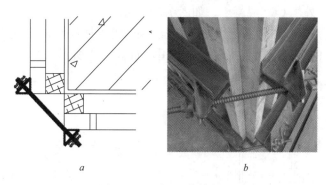

a   b

图 7-45　阳角 45°斜拉加固

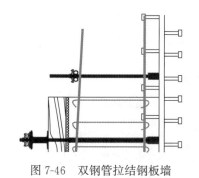

图 7-46　双钢管拉结钢板墙

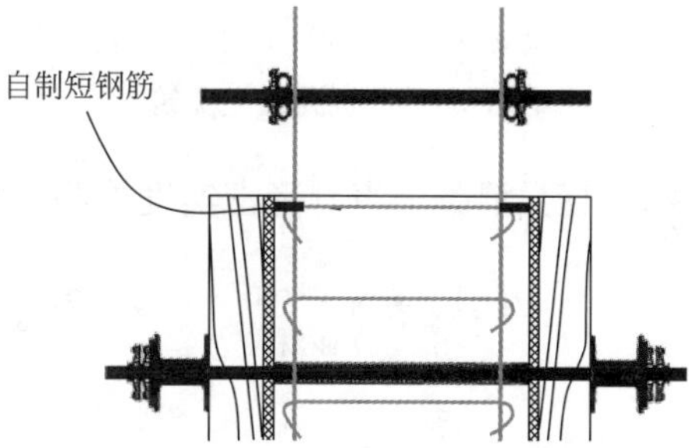

图 7-47　自制短钢筋定位控制保护层

7）模板支设完成，如图 7-48 所示。

4. 高强高性能混凝土冬期施工技术

（1）探究概况

本工程地下室钢管柱外包混凝土、剪力墙混凝土强度等级为 C60，钢管柱内混凝土强度等级为 C80，高强度大体积混凝土冬期浇筑、密实度检测、保温是本工程重点。

（2）技术实施

1）于钢管柱外逐层浇筑每一楼层范围内的外包混凝土，并于当层楼层范围内的外包混凝土浇筑完成时，进行当层楼层的除钢管柱以外结构的施工，直至完成全部楼层的钢管柱外的外包混凝土浇筑，如图 7-49 所示。

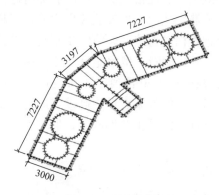

图 7-48　模板支设

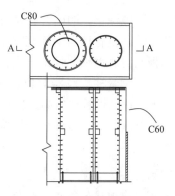

图 7-49　混凝土等级分布

2）浇筑钢管柱外侧 C60 混凝土，如图 7-50 所示。

3）再浇筑钢管柱内 C80 混凝土，利用先浇筑的钢管柱外 C60 混凝土自身的水化热特点，对后浇筑的柱内 C80 混凝土提供保温作用，如图 7-51 所示。

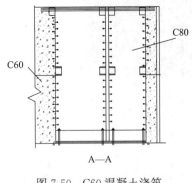

图 7-50　C60 混凝土浇筑

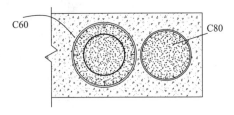

图 7-51　钢管柱内 C80 混凝土浇筑

4）高强混凝土声测管密实度检测，如图 7-52 所示。

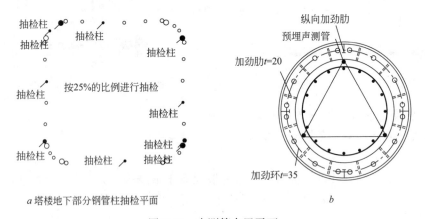

图 7-52　声测管布置平面

5）对管理人员及工人交底。

【专家提示】

★天津周大福金融中心工程塔楼地下室型钢混凝土组合柱根据剪力墙配筋提前进行箍筋穿钢板墙孔隙深化，明确开孔位置和大小，定位箍筋，从内向外安装竖向主筋，将超长箍筋分段安装，钢管柱内钢筋笼整体预拼，吊装至钢管柱内连接，大截面 T 形组合结构采用大木模板与自制型钢龙骨组合支模体系，阳角 45°斜拉加固，型钢龙骨外侧采用高强对拉螺栓与预留钢管柱接驳器对拉连接，先浇筑钢管柱外侧 C60 混凝土，再浇筑钢管柱内 C80 混凝土，达到钢管柱内高强度混凝土冬期自保温施工的效果。最终高效完成高强度大直径密集钢筋绑扎、大截面组合结构模板支设以及高强度混凝土冬期施工；加快了施工进度，节约了成本。

专家简介：
王宜彬，中国建筑第八工程局有限公司天津分公司，E-mail：164240972 @qq.com

第六节　合肥恒大中心C地块高强大体积混凝土施工技术

技术名称	高强大体积混凝土施工技术
工程名称	合肥恒大中心项目
施工单位	中国建筑第四工程局有限公司
工程概况	合肥恒大中心项目位于合肥市滨湖新区CBD核心区,项目由1栋518m的主塔及4栋99~298m的裙塔组成,其中主塔楼建筑塔冠高度为518m,地上108层,地下4层,主要使用功能为办公、酒店、服务式酒店、多功能厅、商业等,项目总建筑面积为91.38万 m²,是安徽省目前在建最高的地标性建筑,本文主要介绍518m主塔楼大体积混凝土施工情况。该项目中心效果如图7-53所示 图7-53　合肥恒大中心效果

【施工要点】

1. 基础底板概况

根据后浇带和实际情况,将底板分区及分段,地下室底板总面积约24200m²。其中塔楼底板厚4.5m,混凝土强度等级为C50,抗渗等级为P10。塔楼地下室底板面积为6183m²,塔楼区、TL-1段剩余部分同步施工。其中,塔楼4.5m区域大体积混凝土一次浇筑量约为20100m³,同时TL-1区域、四周800mm厚底板浇筑量为1500m³,混凝土与主塔楼超厚底板一起浇筑,总方量约为21600m³。后浇带和混凝土分区示意分别如图7-54、图7-55所示。

（1）基坑及坑中坑概况

本文所述坑中坑是指4.5m厚底板标高以下因设计变更另外增加的3个较深电梯井基坑。项目非主塔楼区域基坑深20.4m,主塔楼区域基坑深24.9m,主塔楼范围内因设计变更另外

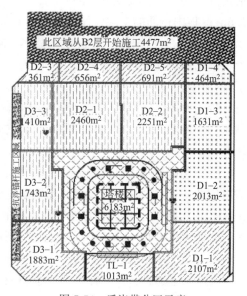

图7-54　后浇带分区示意

增加的 3 个坑中坑，最深达 33.1m。由于建设单位提出主塔楼区域内电梯基坑及消防电梯集水井位置和深度变更时，底板垫层已浇筑完成，桩头已破除，桩头钢筋已调直。基坑设计变更共涉及 3 个电梯基坑，部分新电梯基坑与原已施工的电梯基坑交叉重叠。在此情况下，变更后的施工面临 3 个问题：①与新电梯基坑交叉重叠的原电梯基坑现场已施工，需回填处理；②新电梯基坑支护、土方开挖及外运，同时要保护桩头及桩头钢筋；③极有可能会遇到地下水，需考虑降水措施或合理选择施工工艺。已开挖基坑与变更基坑平面关系如图 7-56 所示（深阴影与斜阴影图例为已开挖部分）。

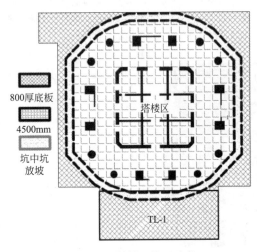

图 7-55　混凝土分区示意

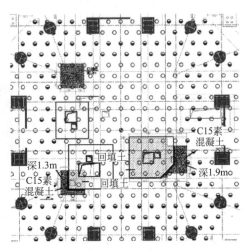

图 7-56　已开挖基坑与变更基坑平面关系

（2）基础底板钢筋概况

主塔楼底板厚度主要为 4.5m，局部最厚处多为消防电梯井、集水井处，因主塔楼底板设计变更，3 个变更的坑中坑已先行施工，留置施工缝。本文主要叙述底板大面的 4.5m 厚板内钢筋的支架设计及施工。底板配筋分为 16 层，上 8 层下 8 层，其中 B5、B6、B7、B8 为 $\phi 50$ 的钢筋，其他均为 $\phi 40$，基础大底板钢筋共 4600t。

2. 坑中坑支护设计及施工

（1）新旧基坑交接处理

现场主塔楼区域已按照原基坑图纸开挖，需要对原基坑进行处理，本文仅以其中 1 个基坑为例说明。图 7-57 为变更前后基坑开挖对比，采用细石混凝土将原基坑超挖部分填充。

主塔楼区域垫层已浇筑完成，且基坑 JK3（8.2m 深）已按照原基坑图纸开挖施工完成。因此，变更后基坑需要对原场地基坑进行以下处理，回填 C15 素混凝土：深阴影部分采用 C15 素混凝土将原基坑超挖部分填充；回填素土：斜线阴影部分变更后基坑包含原基坑，部分采用素填土回填至场地垫层标高，以便为支护桩施工提供工作面。

（2）坑中坑小孔径型钢混凝土灌注桩支护设计

变更后基坑尺寸分别为 5.35m（深）×12.20m（长）×11.79m（宽）和 8.35m（深）×12.25m（长）×10.92m（宽）（考虑混凝土垫层 150mm）。由于现场工作面狭小，基坑位置较集中，考虑现场成桩机械的工作面、工程桩预留钢筋密集、内支撑对开挖机械

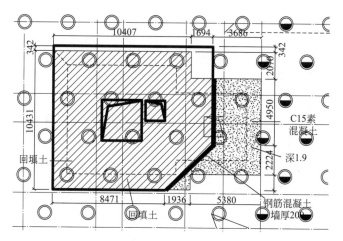

图 7-57　新旧基坑标注大样

的影响、土层施工难度等特点，本项目基坑支护形式采用上部放坡、下部小孔径灌注桩＋内撑形式支护，灌注桩主要为型钢混凝土，基坑支护平面布置如图 7-58 所示。基坑 1—1和 2—2 剖面分别如图 7-59、图 7-60 所示。

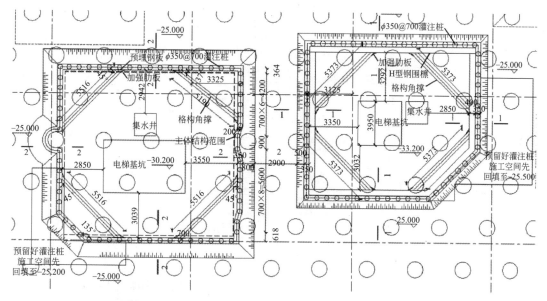

图 7-58　基坑支护设计平面（左侧 5.2m 深、右侧 8.2m 深）

基坑深度为 8.2m，基坑顶部采用 1：1 放坡，放坡高度为 0.5m，喷射 C20 细石混凝土加钢筋网片，$\phi350$ 灌注桩长为 12.3m，间隔 700mm 沿基坑周边布置，基坑四角加格构角撑 2 道。基坑深度为 5.2m，基坑顶部采用 1：0.8 放坡，放坡高度为 1.2m，喷射 C20细石混凝土加钢筋网片，$\phi350$ 灌注桩长为 8.7m，间隔 700mm 沿基坑周边布置，基坑四角加格构角撑 1 道。

（3）坑中坑支护施工

坑中坑支护施工共涉及 8.2、5.2、3.7m 3 个深坑，包括坡道及作业平台的回填垫土、桩头破除、基坑支护、土方开挖等多道工序，根据现场情况，以 8.2、5.2m 深坑施工为

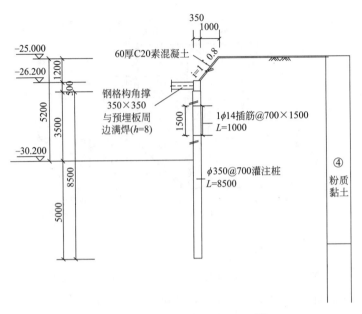

图 7-59　基坑 1—1 剖面（8.2m 深）

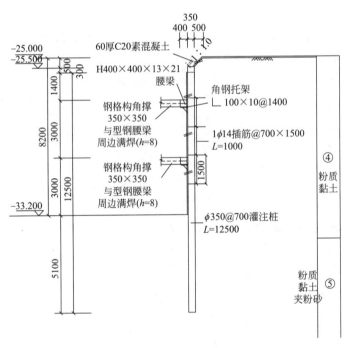

图 7-60　基坑 2—2 剖面（5.2m 深）

主，3.7m 的深坑施工穿插在 8.2m 及 5.2m 施工中，各工序相互穿插流水。现场已完成工程桩预留锚固钢筋长为 1.12～1.6m，需将预留钢筋切割至 1.12m，并搭设便道供专业机械进场地操作。

1）高效低价施工作业平台

已施工完成的垫层上采用回填 1.5m 厚垫土，与坡道坡底标高一致，作为支护桩成孔机械、挖机进场、小土方倒运的施工道路。5.2、8.2m 基坑，支护桩施工前，首先将桩头破除至垫层标高，而后在桩头以上铺设钢板，作为成桩机械作业平台。

2）免降水湿作业灌注桩施工

针对大型设备难于进场、少量地下水、工程桩间距小、桩头钢筋多等诸多难题，灌注桩采用泥浆护壁成孔，支护桩桩身混凝土采用细石＋水泥注浆灌注。但现场场地内局部遇到圆砾及钙质结核层，此种情况下支护桩需调整机械设备，针对坚硬土质，采用水钻法钻孔施工，将坚硬土层钻通后施工的方式。成孔、成桩顺序根据现场实际条件，按照隔一打一、对称成桩的原则施工。施工流程如图 7-61 所示。

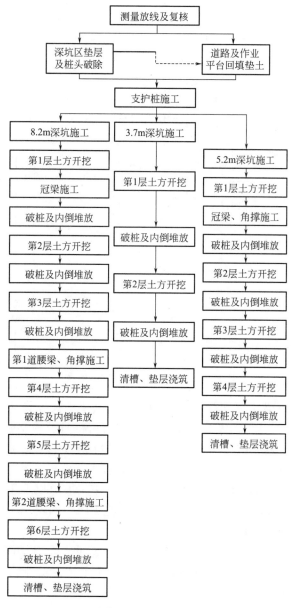

图 7-61　施工流程

3. 坑中坑小间距土方开挖

坑中坑的土方开挖需在工程桩之间进行，工程桩间距仅为2.2m，支护四角有2道内支撑，土方开挖水平间距小、竖向空间也有较大限制。且土方开挖要穿插到腰深、角撑的支护结构、桩间土钢筋网片喷护、桩头破除等施工工序，工作面穿插较多，工期较紧。坑中坑小间距土方开挖需注意以下4个关键问题：①选择合理分层方案，确定各阶段的开挖部位和深度；②优化工序穿插，减少施工停歇；③选择适宜的开挖方法设备，合理匹配不同开挖工作面；④确定合适的土方内倒、外运路线及运土机械，降低土方内倒及外运对其他工序的影响，避免运土机械对原工程桩头的碾压破坏。土方开挖分层如图7-62所示。

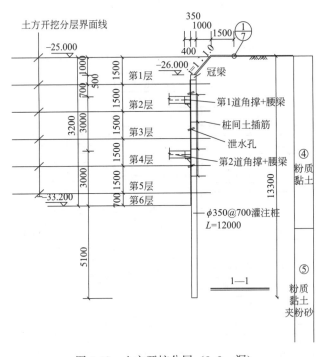

图 7-62　土方开挖分层（8.2m深）

根据支护设计中冠梁、腰梁及内支撑的标高，以及桩头破除高度和吊运情况，针对8.2m深基坑土方分6层开挖。其中，第2层土方需待桩身及冠梁强度达到75%后开挖，可由中部向四周开挖。破除桩头，分2段截桩，每段长度为700～800mm。根据当地政府政策及要求，临时堆放点的土方待政府允许出土、具备场外出土条件后外运。土方开挖过程中，内支撑下方区域、垫层设计标高以上30cm、施工坡道以下工程桩桩芯钢筋内、工程桩桩侧30cm内，采用人工挖土配合。土方开挖施工组织如表7-3所示。

4. 坑中坑侧壁提前施工措施

本文第3节所述坑中坑共涉及3个电梯基坑，针对此3个电梯深坑，对基础大底板施工方案进行优化，基础大底板采取分段施工，此3个电梯深坑作为第1阶段采取先行施工、合适位置留设施工缝的措施，本文以8.2m深坑为例。底板施工剖面如图7-63所示，施工缝留置如图7-64所示。

土方开挖施工组织 表 7-3

分层/标高/m	标高特征	穿插工序	开挖机械	坑内倒运	场内倒运
第 1 层/－26.500	冠梁底标高以下 200mm	冠梁、破桩头	大小挖机		大挖机将坑中坑底部边缘土内挖出，并内倒倒至临时堆放点
第 2 层/－28.000	第 1 道腰梁底标高以下 400mm	腰梁、角撑、破桩头、侧壁桩间土喷护			
第 3 层/－29.500	—	破桩头、侧壁桩间土喷护	大小挖机＋长臂挖机	小挖机挖土，并先将土方在坑中坑内归堆至坑中坑底部边缘	长臂挖机将坑中坑底部边缘土内挖出，大挖机将土内倒至临时堆放点
第 4 层/－31.000	第 2 道腰梁底标高以下 400mm	腰梁、角撑、破桩头、侧壁桩间土喷护			
第 5 层/－32.500	—	破桩头、侧壁桩间土喷护	大小挖机＋长臂挖机＋塔式起重机吊运		长臂挖机结合塔式起重机吊运，将坑中坑底部边缘土内挖出，大挖机将土内倒至临时堆放点
第 6 层/－33.350	垫层以下 150mm				

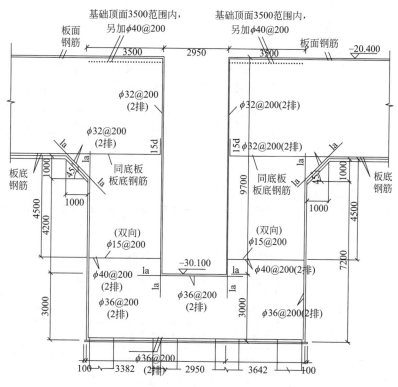

图 7-63 底板施工剖面

施工缝采用加设钢板止水带，待第 2 次浇筑混凝土前人工将表面浮浆及混凝土碎块进行清理，将原混凝土表面的松动的石子剔除，并将表面凿毛，用空压机吹干净，并浇水润湿。使新旧混凝土结合牢固，提高接缝质量和接缝处的抗渗漏及抗裂性能。

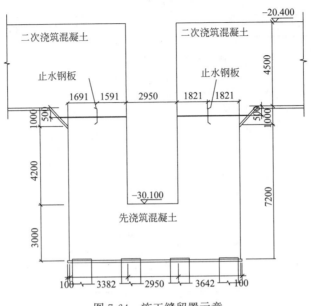

图 7-64　施工缝留置示意

5. 基础底板钢筋支架设计及验算

（1）钢筋支架方案设计

本文钢筋支架方案的设计，以上部为 8 层钢筋的区域为例。采用 [12.6a 作型钢主横梁（受力梁），∟50×5 作次横梁（非受力梁），立杆一般采用 [10a，立杆间距 2m×2m，水平拉结步距≤2m（中间 1 道水平拉结设在板中温度筋处），底部采用∟50×5，设双向拉结，立杆采用双向拉结每 2 跨布置∟30×3 剪刀撑做拉结，保证支架侧向稳定，底部采用 250mm 长 [10a 作垫脚。典型 4.5m 板钢筋支撑示意如图 7-65 所示。

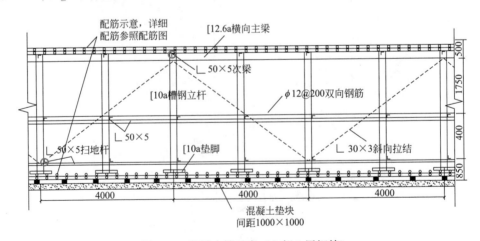

图 7-65　钢筋支撑示意（上部 8 层钢筋）

（2）钢筋支架安全验算

本项目钢筋支架验算采用 MIDAS/Gen 进行计算，主要针对支撑立杆、型钢间焊缝以及钢筋支架整体稳定性 3 个方面进行检验。

1) 钢筋支架整体稳定性验算

取最不利工况组合，结构变形矢量为 2.190mm/2000mm＜1/300，最大压应力约为 151.645N/mm²＜$f=205$N/mm²，主体钢结构应力比最大为 0.75（考虑了构件失稳等强度折减因素），满足要求。

2) 立杆验算

取最不利工况组合，结构变形矢量为 2.181mm/2000mm＜1/300，最大压应力约为 87.069N/mm²＜$f=205$N/mm²，主体钢结构应力比最大为 0.75（考虑了构件失稳等强度折减因素），满足要求。

3) 焊缝验算

焊缝采用现场围焊，厚度同母材焊接厚度。主梁 [12.6a 之间的对接焊缝，焊缝采用 I 形双面对接焊缝，组对间隙为 6mm，E43 型焊条现场手工焊接，焊缝质量等级为 3 级，抗拉强度设计值均为：$f_t=185$N/mm²，抗剪强度 $f_v=125$N/mm²。经验算，焊缝满足要求。

6. 混凝土配合比设计及浇筑

（1）配合比设计方案

总结以往超厚底板大体积混凝土施工经验，质量的主要问题是裂缝，影响裂缝的关键因素之一是混凝土的水化热，而控制水化热要从源头控制配合比。影响混凝土水化热的主要原因是水泥含量过多，项目部通过试配，减少水泥用量，增加粉煤灰的用量，降低水化热，延迟峰温出现时间。试配时采用不同水泥、批次材料、外加剂掺量、掺和料掺量进行了约 200 多组试配，对比混凝土强度及和易性，最终确定 C50 P10 的原材料以及配合比。混凝土配合比（kg/m³）：水：水泥：砂：石：粉煤灰：矿粉：缓凝减水剂：防水剂＝168：233：701：1074：130：32：5.9：7.9。

（2）混凝土供料控制及浇筑

1) 混凝土供料及场外交通组织

为保证连续浇筑，同时对周边不产生太大影响，考虑在 48h 内完成塔楼底板本阶段混凝土连续浇筑，需确保平均浇筑量≥450m³/h。混凝土浇筑前，确定主、备用共 2 个搅拌站为本项目供料，并提前与政府沟通好，同时确定主、备用 4 条交通线路，以满足供料及交通的需要。

2) 混凝土浇筑场内部署

本项目共投入 8 台拖泵、5 台汽车泵，泵管主要沿着南北方向布置，将东西向分为若干个长条浇筑区域，采用斜向分层的方法，每层控制在 500mm 厚，自由流淌，由南向北整体推进浇筑混凝土。混凝土浇筑分布如图 7-66 所示。

3) "时间管理法"在浇筑进度控制中的应用

以混凝土最不利自由流淌长度为高度的 10 倍控制冷缝，按照分层浇筑、循序退浇的原则，将混凝土浇筑分 4 个阶段，每层每个泵机浇筑的量具体到每小时，以"时间管理法"控制泵机及分层分段的浇筑。

① 第 1 阶段由塔楼坑中坑南侧边界开始浇筑一～六层，至 TL-1 的底板标高位置。

② 第 2 阶段由 3～7 号拖泵，1 号、2 号天泵，开始浇筑第七层及 TL-1 剩余部分。

③ 第 3 阶段浇筑第八～十二层混凝土，由 1 号、2 号天泵配合拖泵浇筑死角，完成作

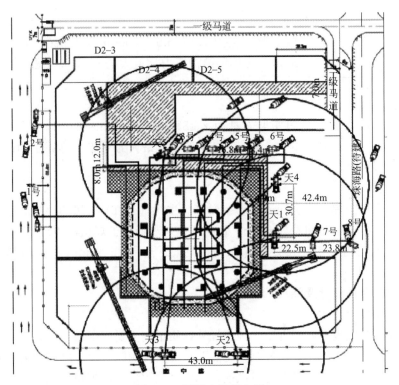

图 7-66　混凝土浇筑布置

业半径区域浇筑后，1 号、2 号天泵退场。

④ 第 4 阶段 1～8 号拖泵、3 号天泵开始浇筑剩余混凝土。混凝土浇筑时间如表 7-4
所示。

混凝土浇筑时间　　　　　　　　　　　　　　　　　　表 7-4

阶段	分区序号	分层	方量/m³	浇筑时间/h	泵机投入	浇筑强度/(m³·h⁻¹)
第 1 阶段	主塔楼	第一～六层	3420	9	8 台拖泵、1 台天泵	380
			430	0.9	8 台拖泵、3 台天泵	480
第 2 阶段	TL-1 主塔楼	剩余部分 第七层	412	5.8	8 台拖泵、3 台天泵	480
			2360			
第 3 阶段	主塔楼	第八～十二层	2544	5.3	8 台拖泵、3 台天泵	480
			7411	15.4	8 台拖泵、3 台天泵	480
第 4 阶段	主塔楼	剩余混凝土	5523	11.5	8 台拖泵、3 台天泵	480
总计（量及时间为估算）			22100	47.9	—	—

（3）混凝土分层浇筑及振捣

浇筑方法采用"斜向分层，薄层浇筑，循序退浇，一次到底"连续施工的方法。分层
厚度≤500mm，分层浇捣使新混凝土沿斜坡流一次到顶，使混凝土充分散热，分 4 层布置
振捣手进行振捣。在底板面层钢筋设置多个能进入钢筋网架中部的洞口，方便振捣手进
入。斜面分层及振捣如图 7-67 所示。

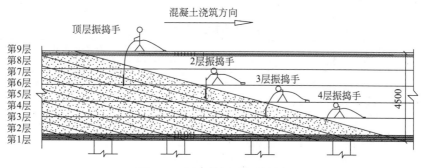

图 7-67 斜向分层及振捣示意

（4）混凝土养护及测温

1）底板温度监测点平面布置

现场布置 7 个监测点，每个监测点的竖向传感器沿混凝土浇筑厚度方向，设置外表面、底面、和中心温度测点。外表面、底面监测点距离浇筑表面 40~80mm 位置处，其余监测点按照面层点与中心点之间＞0.5m，≤1m 间距布置。底板每个测设点布置 7 个传感器。传感器固定在钢筋支架上。监测点平面和竖向布置分别如图 7-68、图 7-69 所示。

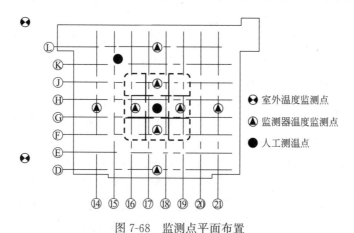

图 7-68 监测点平面布置

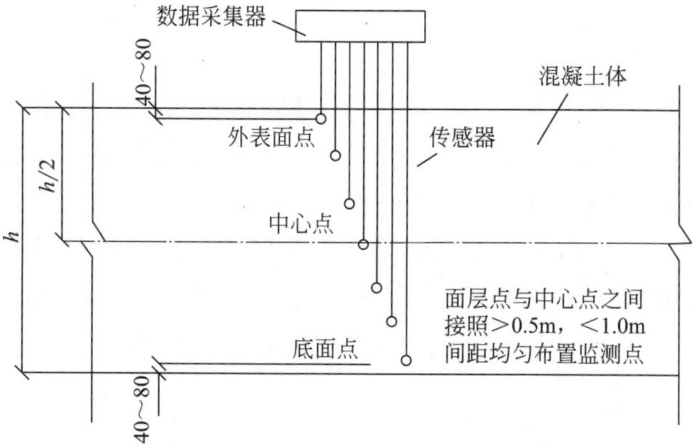

图 7-69 监测点竖向布置

2）底板混凝土养护

混凝土质量检查统计分析   表 7-5

序号	检查内容	检查点数/点	合格点数/点	合格率/%	不合格点数/点	不合格率/%
1	裂缝	75	69	92	3	8
2	漏筋	40	39	97.5	1	2.5
3	蜂窝	40	39	97.5	1	2.5
4	孔洞	25	25	100	0	0
5	强度不足、均质较差	20	20	100	0	0
6	合计	200	192	—	—	—

7. 实施效果

（1）坑中坑支护实施效果

经过对本文所述内容的实施，施工过程中，未出现侧壁渗水、土方松动或坍塌现象，周围土体变形监测数据正常，坑中坑支护效果良好。

（2）坑中坑侧壁提前施工效果

坑中坑侧壁提前施工，主要体现以下 3 个作用：穿插到基础底板大面区域的施工工序中，如坡道土体清除、桩头处理、防水及保护层等，节约了工期 15d；减轻了后期基础底板大面的大体积混凝土浇筑压力，更便于施工质量的管控；场地条件更好、人工机械材料配合更及时，降低了坑中坑侧壁吊模抗浮措施的风险。

（3）基础底板钢筋支架实施效果

钢筋支架的设计选用型钢焊接形成整体架体，整体稳定性好、承载力大，过程中未出现倾覆、倒塌，过程安全。同时未出现影响钢筋标高、板面标高的支架变形。

（4）基础底板混凝土实施效果

经过多次现场试验，确定泵机功效、人员功效以及罐车交通功效时间，最终确定合理的"时间管理法"方案，按照本文所述实施，在混凝土和易性、坍落度、入模温度、供料及时性、浇筑振捣、保温养护等各方面均取得良好效果。拆除基础底板养护后，对底板质量进行了全面检查，施工质量良好，达到预期效果。混凝土质量检查统计分析如表 7-5 所示。通过对超高层建筑超厚底板质量检查的统计发现，共检查 200 点，合格 192 点，合格率为 96%，较好地实现了质量控制。

【专家提示】

★ 超高层建筑在基础底板施工中呈现的典型问题较明显，本文以合肥恒大中心 C 地块 518m 的超高层项目为例，详细阐述了超厚基础底板的钢筋支架及底板混凝土质量控制的经验，在本文中针对本项工程设计变更的特殊性，从狭小场地的工艺选择、多种工序交叉的优化流水施工组织等方面介绍了已成功应用的经验。所介绍的这些成功经验中的工艺方法、技术措施以及施工组织的思路具有快速简便、适用性强、绿色施工、成本造价低等显著特点，是一项降本增效的实用施工技术，推广性较强，可为类似工程的施工提供借鉴。

专家简介：

田卫国，中国建筑第四工程局有限公司高级工程师，E-mail：524211759@qq.com

第七节 云报传媒广场大截面现浇混凝土斜柱施工技术

技术名称	大截面现浇混凝土斜柱施工技术
工程名称	云报传媒广场
施工单位	云南建投第四建设有限公司
工程概况	云报传媒广场建设项目为昆明南市区标志性建筑,建筑外形特殊,主楼分东、西楼,主楼23层,高99.6m,东、西楼立面为对称内凹曲线(图7-70),且曲线主要靠主体倾斜柱与幕墙配合达到视觉效果。十一层以下斜柱向建筑内侧倾斜,十一层以上向外侧倾斜,倾斜角度每层均不同,最大倾斜度为12°,与楼板呈78°。三~十八层斜柱截面为1500mm×1500mm,十八~二十三层斜柱截面为1350mm×1350mm,层高为5.4m和4.2m  图7-70 斜柱立面

【工程难点】

1)从图7-70中可以看出斜柱每层倾角均不相同,通过层层变化,最终使斜柱整体达到连续弧形效果。因此,斜柱放线定位、保证倾角准确,是斜柱施工控制的重点。

2)斜柱主筋为28φ32钢筋,箍筋φ12,间距100mm,钢筋直径大且密集,且钢筋应随着柱进行倾斜,钢筋加工和安装比较困难,为施工控制难点。

3)斜柱水平截面不规整,模板加固、保证混凝土成型后曲线顺滑、棱角方正为施工技术控制难点。

4)斜柱倾斜角度和截面较大,斜柱兼具水平构件和竖向构件的特性,混凝土浇筑时模板支撑体系需承受一定的水平荷载,需具有一定的抗倾覆能力,保证施工安全,是斜柱施工的重难点。

5)斜柱向内、向外倾斜时与楼板面成钝角、锐角,且钢筋密集,混凝土振捣时,振捣棒在自然情况下无法保证混凝土密实,采取有效措施保证斜柱根部混凝土振捣密实为施工难点。

【施工要点】

1. 定位放线

为避免复杂控制定位和大量的测设点,又能提高测量精度,先按施工图纸中注明的斜柱距轴线的距离和斜率计算出梁底位置距轴线的距离,作为控制依据,根据图纸中柱位置在柱底板面弹出斜柱与底板交接处定位线和斜柱与顶板交接线。并弹出柱底200mm控制线，方便检查及校核。斜柱定位放线如图 7-71 所示。

柱的斜面、背斜面与柱交接部位为斜面，需按柱的倾斜度推算出梁底与斜柱交接线，并投影至地面，弹出墨线，控制梁底定位。并对各种线条进行标记，防止混淆。

2. 钢筋加工、安装

在斜柱开始倾斜的楼层，斜柱主筋在混凝土楼面进行弯折，钢筋进行现场冷弯，弯折前确定弯折角度，一次性按照放样角度缓慢弯折到位，禁止来回弯折，弯折到位后及时进行箍筋绑扎，绑扎过程中注意钢筋定位，防止偏移。斜柱转变成直柱楼层也在楼层混凝土面进行弯折。斜柱钢筋角度调整后，进行箍筋绑扎，箍筋沿着水平方向设置，箍筋尺寸为斜柱水平截面尺寸扣除保护层厚度。直柱变斜柱钢筋弯折点如图 7-72 所示。

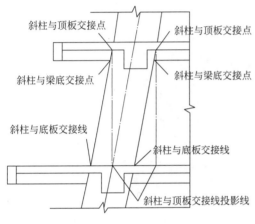

图 7-71　斜柱定位放线

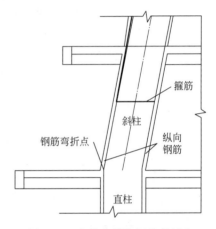

图 7-72　直柱变斜柱钢筋弯折点

3. 模板施工

斜柱水平截面不规整、棱角方正度、混凝土成型采取以下控制措施。

斜柱有 2 个柱面为长方形，另外 2 个柱面为平行四边形。平行四边形面两端头面板采用梯形模板，中间采用方形模板下料，有利于模板加固整体性。2 个方向柱面板同柱宽，另外 2 个方向面板比柱宽多 1 个次楞厚度。

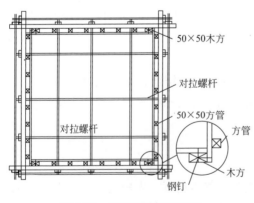

图 7-73　斜柱模板加固平面

经计算，斜柱面板采用高强木胶合板，原材尺寸为 915mm×1830mm，木胶合板长方向沿柱长方向布置，确保柱竖向无模板拼缝，柱的 1 个方向模板长度同柱截面，另 1 个方向延伸至转角次楞外侧。模板与模板之间拼缝采用层板条压缝，柱底与楼板交接处钉层板条，避免漏浆。

次楞主要采用方管，2 个方向层板交接处设置 1 块木方，用钢钉将 2 个方向的层板钉在木方上，确保转角受力均匀，阳角通直（图 7-73）。对拉螺杆沿水平方向设置，减少斜面受力，设置双螺母。

4. 模板支撑体系

斜柱模板倾斜面承受混凝土侧压力及混凝土重力，受力较大，需要单独支撑。斜柱采用钢管扣件脚手架支撑，支撑点为斜柱外箍钢管。最下面 1 道支撑点标高为 1.000m，竖向支撑间距≤1.5m，水平方向支撑为 3 道，支撑杆与地面倾斜度＞45°。在支撑斜杆水平方向及竖直方向设置构造钢管，采用旋转扣件连接形成整体。斜杆受力应进行稳定性复核，杆顶受力为支撑面积所受混凝土侧压力及斜面上混凝土重力。

施工前，对不同底板厚度进行支撑钢管受力计算，确定不同底板厚度部位脚手架搭设间距要求。并考虑施工荷载及未凝固混凝土荷载。搭设脚手架时间距控制在承载范围内。斜柱斜面采用独立于楼板支撑体系的斜柱支撑进行支撑加固，内斜柱直接采用斜撑杆进行支撑在楼板上（图 7-74）。对支撑斜杆设置单独的水平杆及竖向构造杆，使斜撑形成整体受力。

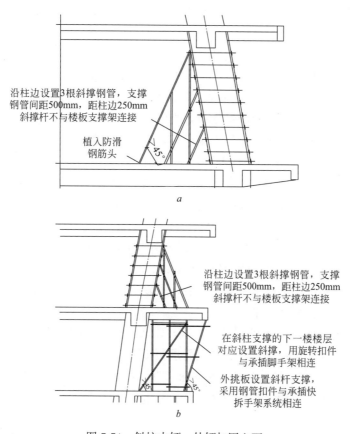

图 7-74 斜柱内倾、外倾加固立面

当斜柱为外倾斜柱时，斜柱支撑钢管落在悬挑板上，悬挑板下支撑不能拆除，且增加一排斜杆支撑。

5. 柱混凝土施工

斜柱混凝土浇筑，进行分段浇筑，每次浇筑高度≤2m，时间间隔不超过混凝土初凝时间。混凝土浇筑前，模板要浇水充分湿润，先浇筑 10～30mm 厚与混凝土同配比的砂浆，湿润钢筋，防止出现离析现象，然后分层浇筑振捣。每层控制在 40～50cm，依次进

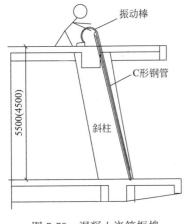

图 7-75　混凝土浇筑振捣

行，一次浇筑到位，保证混凝土浇筑的连续性。

浇筑时，斜柱背斜面振捣棒不能直接进行振捣，采用 C 形管先沿柱斜插入柱内（图 7-75），振动棒沿着 C 形槽插入振捣，避免漏振。斜柱振捣过程中，混凝土中产生的气泡不易排出，辅以人工敲打柱身，防止混凝土蜂窝、麻面。

严格控制混凝土拌合物的坍落度和扩展度，现场在斜柱混凝土大面积施工前先浇筑 4 根斜柱作为试验，根据试验结果总结出混凝土拌合物坍落度在 210～230mm，扩展度在 370～450mm 间浇筑的斜柱外观质量是最好的。大面积施工时以此作为控制依据，在每根斜柱浇筑前均检测坍落度和扩展度，符合要求的混凝土才允许进行浇筑。

斜柱混凝土浇筑过程中，测量人员观察斜柱顶端下沉和模板变形情况。发现异常，立即停止浇筑并进行调整。模板拆除时，不承重的面模及侧模应在混凝土强度能保证其表面及棱角不因拆模而受到损坏，方可拆除。承重侧模的拆除应待混凝土强度达到 100% 时，方可拆除，拆模时应以拆模试块的强度报告为依据。

混凝土浇筑完成 12h 以内需进行保湿养护，以保证混凝土始终处在湿润状态，养护时间≥14d。模板拆除前，根据同条件养护试块强度情况，模板工长应先填写拆模申请，经技术负责人认可，并报监理签认后，方可拆除。在拆模过程中，如发现有影响结构安全、质量问题时。应立即停止拆除，经处理后方能再行拆除。

6. 实施效果

大截面现浇混凝土斜柱施工技术在云报传媒广场建设项目的应用，使斜柱整体实现了连续圆弧造型，斜柱定位准确，倾角符合设计要求。斜柱施工过程中，模板及支架体系最大变形值在容许范围内，支撑体系安全可靠，未发生明显变形。通过有效的振捣，斜柱外光内实，均达到清水混凝土效果。

采用木模加固斜柱，层板可周转≥5 次，木模与定型模板只考虑层板与定型模板差价，不考虑加固措施，简化比较，混凝土面层板成本约为 6 元/m²，若用一次性定型模板成本按照 12 元/m² 计算，该项目斜柱模板面积为 4300m²，最少可节约成本 25800 元。采用木模进行异形柱施工，增加模板周转次数，节省材料，节约资源，节约成本，满足绿色施工要求。

【专家提示】

★ 大截面斜柱在工程中很少遇到，公司在本项目施工之前无成熟施工经验，通过本项目的研究，斜柱支撑体系稳固、模板安装便捷、混凝土振捣到位，现场大量斜柱均能达到清水效果，保证了斜柱的施工成型质量。

专家简介：

何佳超，云南建投第四建设有限公司，E-mail：407388276@qq.com

第八节　天津高银 117 大厦混凝土施工关键技术

<table>
<tr><td>技术名称</td><td>天津高银 117 大厦混凝土施工关键技术</td></tr>
<tr><td>工程名称</td><td>天津高银 117 大厦</td></tr>
<tr><td>施工单位</td><td>中建商品混凝土天津有限公司</td></tr>
<tr><td>工程概况</td><td>天津高银 117 大厦位于滨海高新区，地下 3 层，地上 117 层，总设计高度为 597m，占地 83 万 m^2，规划建筑面积 183 万 m^2，预计投资 270 多亿元。天津高银 117 大厦集高档商场、写字楼、商务公寓和六星级酒店于一身，建成后将是高新区乃至天津市极具代表性的标志性建筑。
天津高银 117 大厦主体结构由钢筋混凝土核心筒＋巨型柱框架支撑组成，其混凝土强度等级、楼层及泵送高度分布情况如表 7-6 所示

混凝土强度等级、楼层及泵送高度分布情况　　表 7-6
<table>
<tr><th rowspan="2">楼层高度/层(m)</th><th colspan="3">混凝土强度等级</th></tr>
<tr><th>标准差</th><th>核心筒剪力墙</th><th>巨型柱</th></tr>
<tr><td>F1～F35(183.96)</td><td>C30/C40</td><td>C60</td><td>C70</td></tr>
<tr><td>F35～F66(332.88)</td><td>C30/C40</td><td>C60</td><td>C60</td></tr>
<tr><td>F67～F117(596.2)</td><td>C30/C40</td><td>C60</td><td>C50</td></tr>
</table>
</td></tr>
</table>

【施工要点】

1. 编制专项施工组织方案

结合天津高银 117 大厦混凝土施工中面临的质量控制、生产组织、物质保障、施工工艺、施工周期等诸多难题，为使天津高银 117 大厦混凝土施工过程中有据可依、有章可循，针对性地编制一系列专项技术及施工方案，如《117 大厦混凝土施工方案》、《117 大厦主塔楼超高泵送混凝土技术支撑方案》、《117 大厦混凝土水平泵送试验方案》、《117 大厦混凝土冬期施工方案》及《117 大厦混凝土生产组织专项作业指导书》、《117 大厦混凝土生产专项应急预案》等，混凝土生产施工过程中严格执行实施，保障混凝土施工过程中的稳定性。

2. 施工物料供应

根据混凝土配合比及项目部提供的每月预计混凝土生产量计算出理论物资需求量，同时也结合搅拌站物质储存能力及时进行原材料进厂，充分保障生产需求。在混凝土正式生产前，及时对骨料、粉料及外加剂等进行库存盘点，确保生产过程中物质供应的连续性，此外，应充分考虑突发事件的产生，对所有原材料采取盈余库存。搅拌站还应充分了解各原材料供应商的库存情况、供应路线、运输时间及车辆安排等相关信息，以应对车辆故障、交通拥堵等紧急情况的发生。

考虑到天津高银 117 大厦混凝土施工的重要性，在接到混凝土开盘通知后，应立即组织车辆、生产线等，确保生产顺畅，租用附近搅拌站防止突发事件影响混凝土供应连续性。此外，做好设备日常维护保养，做好应急预案。

3. 混凝土质量控制技术

(1) 原材料技术要求

水泥选用冀东 P·O42.5 普通硅酸盐水泥，应具有较低的需水性，与外加剂适应性良好，其他指标须符合 GB 175—2007《通用硅酸盐水泥》。

矿物掺和料选用优质矿物掺和料改善混凝土工作性能、力学性能及耐久性能。S95 矿粉主要控制其需水量比及活性指数指标；选用优质Ⅰ级粉煤灰，主要控制其烧失量、细度及需水量比指标；硅灰主要控制 SiO_2 含量、需水量比及烧失量指标。掺和料种类及用量根据混凝土强度等级、混凝土施工高度及施工要求选择。

骨料超高泵送混凝土所用骨料应具有连续级配，粒形圆润饱满，针片状及含泥量少。不得采用活性骨料或在骨料中混有此类物质的材料。细骨料选用天然Ⅱ区河砂，含泥量 ≤1%，泥块含量 ≤0.5%，细度模数应控制在 2.4～2.8，其他技术指标符合 GB/T 14684—2011《建设用砂》；粗骨料采用 2 种粒径石子，其中大石为 5～25mm 连续级配碎石，最大粒径 ≤25mm，小石为 5～16mm 连续级配碎石，最大粒径 ≤16mm，2 种石子含泥量均 ≤0.5%，针片状含量 ≤5%；其他技术指标应符合 GB/T 14685—2011《建设用碎石、卵石》。

外加剂使用聚羧酸高性能减水剂，外加剂的性能要求为：具有良好的水泥适应性，使得混凝土具有优质的工作性，可合理调整混凝土黏度，具有良好的混凝土坍落度保持能力，能够调整混凝土凝结时间及含气量至适宜范围，降低混凝土压力泌水率，对钢筋无腐蚀作用，其他技术指标应满足 GB 8076—2008《混凝土外加剂》。

拌合用水使用自来水，应满足 JGJ 63—2006《混凝土用水标准》。

(2) 混凝土配合比及性能

天津高银 117 大厦超高泵送混凝土采用混凝土扩展度（K）、倒坍流空时间（D）、含气量、压力泌水率及扩展度经时损失表征混凝土泵送性能。天津高银 117 大厦超高泵送混凝土性能要求如表 7-7 所示。

超高泵送混凝土性能指标 表 7-7

混凝土强度等级	含气量	压力泌水率	初始		4h	
			K/mm	D/s	K/mm	D/s
剪力墙 C60	2±1	≤10	680～750	3±1	660～730	4±1
组合板 C30	3±1	≤20	650～700	3±1	630～680	4±1

结合混凝土宾汉姆模型，采用自主研制混凝土流变仪检测混凝土流变性能（黏度 τ 及屈服应力 η），通过配合比及外加剂调整改善混凝土流变性从而优化其施工性能。采用德国普茨迈斯特公司发明的滑管式流变仪模拟真实泵送的状态测得混凝土的压力与流速，评价并优化混凝土泵送性能。

建造混凝土千米级水平盘管试验基地，管道总长 1000m，90°弯头 40 余处，如图 7-76 所示。通过混凝土泵送模拟验证低温条件下混凝土泵送施工性能，为实际施工提供依据，试验采用三一 HBT90CH2150D 型高压泵，泵管为直径 150mm 高压泵管。千米级盘管试验混凝土数据如表 7-8 所示，从表 7-8 可以看出，混凝土泵送施工性能良好，力学性能符合工程要求。

图 7-76　混凝土千米级盘管水平模拟泵送试验

千米级盘管试验混凝土数据检测情况 表 7-8

性能指标	扩展度/mm	倒坍时间/s	含气量/%	压力泌水率/%	抗压强度/MPa		双击高压	
					R7	R28	泵压/MPa	排量/%
C60 入泵	710	2.4	2.6	0	54.4	70.7	6	50
C60 出泵	700	2.2	2.5	0	50.8	69.7		
C30 入泵	680	2.9	2.6	0	34.6	42.8	6	70
C30 出泵	680	3	2.8	0	32.3	40.3		

（3）混凝土生产质量控制

生产天津高银 117 大厦混凝土所用骨料、特殊粉料及外加剂等原材料均采用专门料仓、罐体等储存，防止与普通混凝土原材料混淆。

开盘前 1h，客服专员通知调度室进行天津高银 117 大厦混凝土专用骨料换仓，将仓内剩余骨料全部清除，防止非天津高银 117 大厦混凝土专用骨料用于混凝土的生产中；改换天津高银 117 大厦混凝土专用外加剂输送管道，将管道内残留外加剂抽出；选用天津高银 117 大厦专用混凝土配合比。

技术人员根据每周原材料及气候变化，并结合当周天津高银 117 大厦混凝土施工情况，有针对性地进行混凝土试配验证，动态调整混凝土配合比及外加剂，保持混凝土和易性能稳定（图 7-77），做好试配记录。

混凝土开盘前，搅拌站质检员应进行砂含水检测并做记录，给铲车司机骨料分

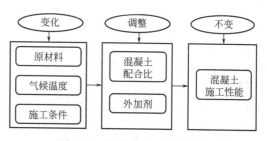

图 7-77　混凝土施工性能调整

布图，防止上错材料。搅拌站技术科提供根据试配验证后的最新生产配合比，试验员提供最新原材料检测数据，质检员根据最新生产配合比、原材料质量情况及砂含水数据进行混凝土开盘，开盘后取样并进行混凝土性能检测，调整混凝土至施工性能达到出厂控制标准方可出厂，并留置混凝土试块。

混凝土生产过程中，搅拌站质检员每隔 1h 进行骨料料仓巡视，并做好记录；每隔 1h

检测砂含水并取样观察混凝土状态，且根据砂含水变化及混凝土状态及时调整，保障混凝土施工性能。

（4）混凝土运输及浇筑质量控制

应选择运距较短、路况较顺畅的混凝土运输路线，尽量减小混凝土运输时间。

现场等待车辆不宜超过 3 辆，尽量缩短混凝土出机至泵送时间，保障混凝土性能。

现场等待时间＞2h 或混凝土扩展度损失＞50mm，倒坍流空时间＞5s 时，混凝土应进行退货，如果现场混凝土性能损失可用外加剂调整的，现场可使用与生产相同外加剂调整 1 次，此外现场严禁加水调整混凝土。

现场质检员应做到每车混凝土性能检测，检测合格后，混凝土才可泵送浇筑。楼顶质检员应对每次施工混凝土出泵进行性能检测，检测结果及时反馈至楼下质检员或站内质检员，及时调整混凝土施工性能，保持混凝土性能稳定。

现场客服人员、质检员应等交接班人员到位后才能离开，避免现场出现人员"真空"情况。

4. 混凝土泵送施工关键技术

（1）泵送设备选择

天津高银 117 大厦混凝土泵送高度达 597m，超高的泵送高度对混凝土泵、泵管的抗压性能要求较高，同时，该工程混凝土施工周期长达数年，对于设备的磨损等也是需要重点考虑的问题。综合多重因素进行混凝土泵及泵管的选择。混凝土泵送高度由出口压力决定，在理论计算的基础上，赋予泵更多的压力储备来应对施工中混凝土异常、堵管等特殊情况，因此，天津高银 117 大厦采用三一重工 HBT90CH2150D 型高压泵，该泵的技术参数如表 7-9 所示。同时，选用三一重工特殊淬火处理的耐磨合金超高压管道，既保障了混凝土管道的抗压抗爆能力，又提高了耐磨损寿命。

三一重工 HBT90CH2150D 型混凝土泵性能参数　　　　　　　　　　　表 7-9

性能	参数
整机工作质量/kg	13500
最大理论混凝土输送量(高压/低压)/(m³·h⁻¹)	50/90
最大泵送压力(高压/低压)/MPa	50/90
混凝土输送缸(缸径/行程)/mm	180/2100
料斗容积/L	700
上料高度/mm	1420
允许最大骨料粒径/mm	40
输送管径/mm	50

（2）混凝土布管及固定

管道布置混凝土输送泵送阻力随输送管径的减小而增大，输送管直径越小，输送阻力越大，因此天津高银 117 大厦混凝土施工选用 150mm 超高压泵管。超高压管道布管时，通过合理设置水平管缓冲混凝土垂直方向的压力，天津高银 117 大厦泵管在底部设有约 120m 水平管道，混凝土泵送高度每提高 200m，设置水平管道抵消垂直自重压力。天津高银117大厦主要布置3套混凝土泵送管道，其中2套为主要泵送使用管道，1套为备用管道。

此外，定期对混凝土泵管进行检查，主要检测泵管管壁厚度及连接处密封性，形成检查记录，对于不符合施工要求的泵管及时保养及更换。

管道固定天津高银117大厦混凝土泵送高度高，泵管如固定不牢，则在泵送过程中很容易导致泵管松动漏浆甚至堵管。该工程泵管通过水泥墩浇筑固定。先将泵管铺设后，在泵管下面安置钢筋模板，浇筑混凝土墩，水泥墩硬化后采用U形卡固定泵管。水平管与竖直管连接处也采用相同方式。垂直管则直接采用U形卡将泵管固定在墙壁上，如图7-78所示。

a 水平弯管固定　　　　　　　　　　　　b 垂直管固定

图 7-78　天津高银 117 大厦混凝土泵管固定

（3）混凝土管道清洗

天津高银117大厦在300m以下混凝土洗泵时，由于混凝土压力相对较小，故采用传统水洗方式进行洗泵，在300m以上混凝土施工时，采用水洗因压力太大很容易导致渗透性极强的水穿透泵管连接处的密闭胶圈，导致漏水、漏浆从而洗泵失败；此外，高压下水容易破坏泵的眼镜板及切割环，导致设备损坏影响使用寿命。

因此，天津高银117大厦300m以上混凝土施工时，采用气洗方式对混凝土管道进行清洗，混凝土气洗原理及总布置如图7-79所示。

混凝土泵管气洗流程为：关闭截止阀，更改管道至回收管，回收罐车停靠到位→拆布料机软管，连接气洗接头→连接空压机并开始打压→打压10min后，打开楼下截止阀，混凝土流出→海绵球从回收管喷出，气洗结束。

【专家提示】

★ 混凝土超高泵送施工技术是超高层建筑施工的核心难点之一，以天津高银117大厦工程为例，介绍了超高层泵送混凝土施工的质量控制措施及施工关键技术，在漫长的施工周期中保障了混凝土的性能稳定及施工顺利。搅拌站通过成立指挥部，确保了组织机构及人员稳定，编制专项施工方案为天津高银117大厦超高泵送施工指明方向。优选混凝土原材料及配合比，加强混凝土生产、运输及施工过程中的质量控制，多环节监控混凝土性能，动态调整配合比及外加剂保障混凝土施工性能；合理选择泵送设备、正确进行管道布置及固定，根据实际施工状况选择洗泵方式，提高了施工效率，降低了堵管等工程施工的风险。

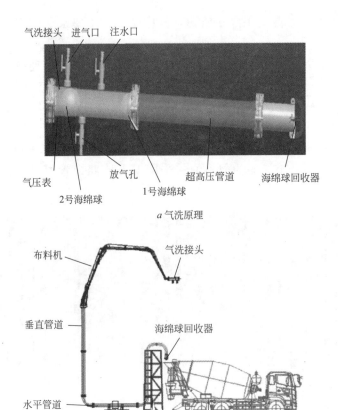

气洗接头　进气口　注水口

气压表
2号海绵球
放气孔
1号海绵球
超高压管道
海绵球回收器

a 气洗原理

布料机　气洗接头

垂直管道

海绵球回收器

水平管道

截止阀　回收架　搅拌车

b 气洗总体布置

图 7-79　天津高银 117 大厦泵管气洗与总布置

专家简介:
　罗作球，中建商品混凝土天津有限公司总工程师，高级工程师，E-mail：leeleen@yeah. net

第八章　信息化

概述

长期以来，建筑业因地域性、专业分散性及工程复杂性、独特性等特征，一直以图纸、文档作为信息交换、协同工作和工程实施的基础。各专业软件、参与方之间存在明显的"信息孤岛"现象，设计、施工、运维各阶段"信息断层"问题突出。因此带来的信息重复录入、数据丢失及人力浪费严重、工作效率低下、综合管理决策困难等问题迟迟得不到解决。建筑信息模型 BIM（building information modeling）是"以三维数字技术为基础，集成建筑项目各种相关信息的产品信息模型，是对工程项目设施实体与功能特性的数字化表达"。基于完整 BIM 模型可描述建筑全生命期各阶段建筑实体及其建设、使用过程的所有数据和信息，各参与方可随时查询、利用、更新和完善 BIM 模型信息，提高工程管理及决策水平。BIM 的提出为解决建筑全生命期面临的"信息孤岛"和"信息断层"问题带来了新的思路和方法。鉴于 BIM 技术的推广与应用涉及组织、流程、技术等各个层面，既有建筑信息管理方法与应用难以形成完整的 BIM 模型，实现 BIM 价值的最大化，国内外从政策、理论、方法及平台、工具等各方面均展开了深入的研究。国际上，building SMART International（bSI）发布并维护着 BIM 数据标准 Industry Foundation Classes（IFC），为 BIM 数据表达和交换提供了开放的标准和格式，并相继发布了 BIM 交换过程描述标准 Information Delivery Manual（IDM）以及国际术语字典框架 International Framwork for Dictionaries（IFD），构成支撑 BIM 应用的 3 大基础标准体系。美国结合 IFC、IDM 和 IFD 等国际标准发布了其国家 BIM 标准 NBIMS 用于指导 BIM 的实际应用。相关学者也对 BIM 技术发展的趋势、挑战、BIM 技术实施方案等做了深入研究。国内，"十五"和"十一五"期间，多个国家科技支撑项目对 BIM 的理论、方法、工具和标准进行了研究。其中，清华大学土木工程系张建平教授课题组研究了面向全生命期的 BIM 建模技术和架构，研发了面向建筑全生命期的 BIM 数据集成平台。

政策层面，2012 年李云贵对国内外 BIM 标准、政策做了较为全面的调研与分析，认为应充分利用我国在 BIM 技术研究方面的积累，结合建筑业现状，做好 BIM 标准、政策制定工作。王广斌等通过调研 BIM 应用现状及发达国家 BIM 政策情况，指出应从战略上重视 BIM 技术推广应用，充分发挥政府作用，制定适合我国行业特点的 BIM 技术战略政策，推动应用示范。随着 BIM 应用的逐渐深入，有关学者也从 BIM 应用的经济政策、现状及障碍等方面做了很多研究探索。自我国住房城乡建设部发布《2011-2015 年建筑业信息化发展纲要》，将"加快 BIM 等新技术在工程中的应用"列入"十二五"规划以来，有 4 部 BIM 标准纳入 2012 年国家工程标准制定计划，后又进一步扩展到 6 部，部分标准至今也已发布。

近年来，BIM 技术无论在软件平台、工程示范、管理模式等方面，还是在标准、政策等方面都取得了长足的发展。尤其是 2013 年以来，国家及各地政府、部门先后发布了大量相关政策，互联网、物联网、云计算、人工智能等技术的发展既从技术上为 BIM 的发展带来了新的变革，互联网＋、大数据、装配式建筑、一带一路等国家战略规划的提出也为 BIM 的发展提出了新的要求。因此，有必要为近几年的 BIM 政策制定充分地调研分析，结合我国建筑业发展趋势为未来 BIM 政策的制定提供参考，更好地推动行业信息化变革与产业升级。

第一节　深圳平安金融中心 BIM 技术综合应用

技术名称	BIM 技术综合应用
工程名称	深圳平安金融中心
施工单位	中建一局集团建设发展有限公司
工程概况	深圳平安金融中心位于深圳市福田中心区，总建筑面积 46 万 m²，地下 5 层，地上 118 层，总建筑高度 600m，总承包单位为中国建筑一局（集团）有限公司。在工程建造过程中，全寿命周期运用 BIM 技术，构筑了一幢国际一流的、可持续发展的、集智慧型办公、商业、观光等综合功能于一体的城市新地标，如图 8-1 所示  图 8-1　深圳平安金融中心效果

【施工要点】

1. 项目 BIM 管理模式构建

工程 BIM 应用覆盖设计、施工、运维等全寿命周期，总承包单位负责对设计院提供的 BIM 模型进行复核，并对全专业的 BIM 模型进行管理和汇总交付。项目在实施初期，业主与总承包单位共同编制项目 BIM 实施导则，用以明确业主、总承包单位、BIM 顾问、分承包商、设计院等的任务分工及职责，相关的建模标准以及其他相关制度规定，确保 BIM 的有序运转。

（1）项目 BIM 参建方职责

业主作为工程的最终决策者，是致力推动在本项目中运用 BIM 技术和管理手段，提高工程管理水平和技术水准的主导力量。总承包单位 BIM 团队是经业主授权，作为本项目 BIM 实施的管理者，对 BIM 工作负有主要责任，同时组织协调全体相关参建单位参与使用 BIM 进行综合技术和工艺协调。项目 BIM 整体组织架构如图 8-2 所示。

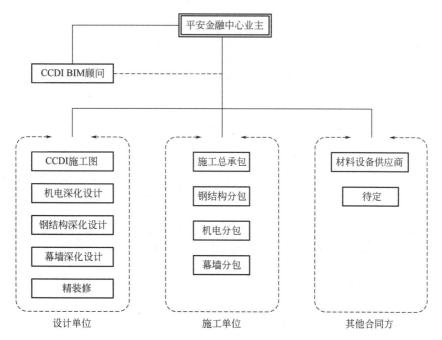

图 8-2　项目 BIM 整体组织架构

（2）项目 BIM 模型标准制定

各参建方 BIM 模型标准应统一规范，包括但不限于构件的创立、命名、颜色的规范、信息数据的录入、图幅图框等的规范化。信息模型的规范标准化，为后续管理工作运转提供了基础保障。

（3）BIM 数据流向

BIM 数据流向如同施工工艺流程的前道工序与后道工序一样，应严格制定建模计划，规划时间部署，也是项目 BIM 应用的关键之一（图 8-3）。

BIM 模型数据流主要分两种，一种为单位与单位之间的数据流向，另一种为软件与软件之间的数据共享。

1）单位协作间的数据流向

BIM 顾问提供基础模型；总承包单位进行基础模型的审核；各方根据审核后的基础模型进行深化；深化后模型由总承包单位整体控制；由总承包单位最终向业主交付竣工模型。

2）软件之间的数据流向

本项目各专业通过各种软件相互配合完成模型深化和各种应用。比如幕墙专业塔楼整体外观模型采用 Rhino 建模，然而作为幕墙深化设计方无法对此模型进行信息录入，通过 Rhino→AutoCAD→Revit 基本流程相互配合，分格线、棱线、各线的交点等重要的空间关系都能在模型中直接测量，通过格式转化和信息录入，最后完成模型深化（图 8-4）。

其他专业之间如钢结构 Tekla 模型对机电管线综合深化中应用，项目采用钢结构 Tekla 深化模型进行轻量化之后导出 IFC 格式，通过共享坐标完成无缝链接，在此基础上进行机电管线综合排布，与直接采用 Revit 搭建钢结构相比提高了不少精度（图 8-5）。

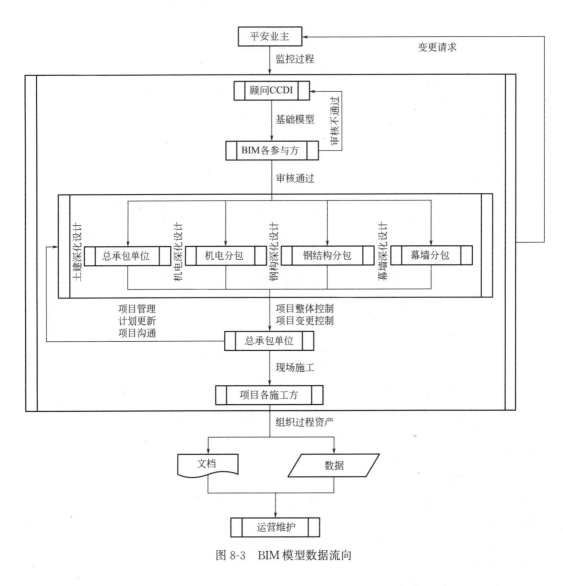

图 8-3　BIM 模型数据流向

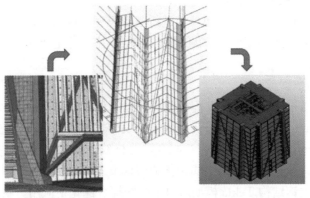

图 8-4　幕墙模型 Rhino→AutoCAD→Revit 转换

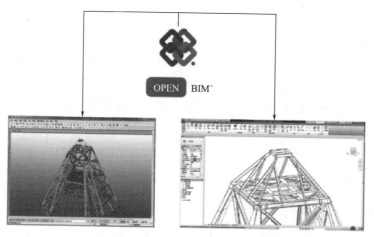

图 8-5 塔冠 Tekla 模型导入 Revit

（4）制定综合设计方案

项目综合设计方案是根据用户对工程的使用要求（系统功能要求、空间使用要求、装饰外观要求等），在合理的建筑空间内，清楚地表达各专业的空间定位信息。在方案制定过程中，要结合各专业系统的功能性要求、相关规范及专业工艺标准，并兼顾施工操作的可行性以及项目运营过程中的维修管理等因素。

由于综合设计方案所涉及的各专业信息复杂，很难在二维平面设计图纸上表达清楚，通过交叉碰撞检测等软件功能，可实现快速审核。在立体空间内调整设计方案，也会变得简单容易。

模拟建筑物内如设备功能机房、卫生间、车库、屋顶等特殊区域的实景，合理进行机电设备的排布、有效利用合理空间以及设备管线的准确定位等，对施工进行有效控制，如图 8-6、图 8-7 所示。图 8-7 中，根据排水方式、洁具的选型、楼层净高，将与设备连接的末端支管的位置和标高通过三维立体设计，体现多角度的安装实景。

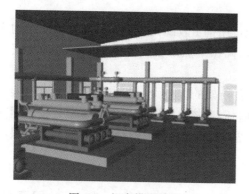

图 8-6 机房模拟效果

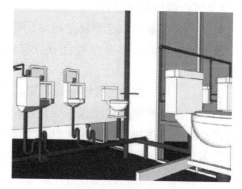

图 8-7 卫生间模拟效果

（5）协同共享平台

深圳平安金融中心项目参建单位众多，达 100 多家，采用 ProjectWise 管理平台配合各个专业 BIM 应用管理，项目模型提交、深化设计（三维及二维）报审等工作采用平台进行，显著提高项目资料管理效率。

2. 项目 BIM 技术应用案例

（1）全专业深化设计 BIM 应用

深化设计工作并非单专业可独立完成，所涉及的专业众多，各方需求不一，深化完毕后仍需总承包管理协调，与建设方、设计方、监理方等多方确认会签。基于 BIM 技术的深化设计主要是通过同一模型进行的深化设计工作，是综合性的、可实时同步的深化设计模式。深化设计流程如图 8-8 所示。

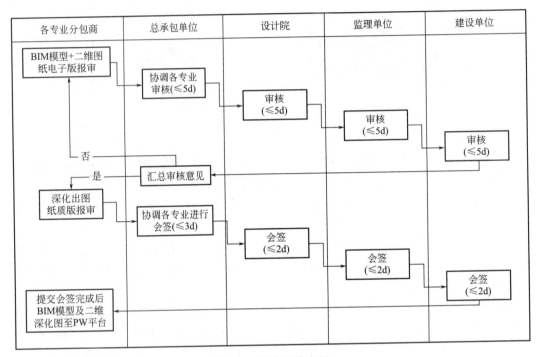

图 8-8　深化设计流程

1）组合结构深化设计

对于平安金融中心这种复杂超高层建筑来说，用钢量较高，当钢结构与混凝土结构之间出现碰撞时，就需要进行组合节点深化设计，确保节点部位受力连续，工程质量安全可靠。

如项目 L48～L50 设置伸臂桁架层，由于伸臂桁架的体型大，节点复杂，伸臂桁架层与核心筒相连处通常设置刚接牛腿，但刚接牛腿将阻碍核心筒纵筋向上通过，故设置钢筋连接器＋纵筋搭接板，另外牛腿处箍筋截断，通常设置栅格状钢板代替截断箍筋，以保证纵筋受力连续，如图 8-9、图 8-10 所示。

2）土建粗装修深化设计

借助 BIM 技术进行土建粗装修深化设计，因其实施动态更新性，省去了大量叠图、查图时间。利用其表格模型双链接形式，可快速统计房间做法、铺砖数量及尺寸规格等。同时在族文件中添加条件参数，驱动模型实时变换，快速更改所需内容，工效提高显著。

同时利用 BIM 可实时提取明细表的功能进行物料单统计，并进行实时跟踪。比如防火门物料的统计，由于项目防火门由两家单位进行供货，同一层当中存在两个厂家的门

图 8-9　Tekla BIM 模型桁架层

图 8-10　组合节点深化设计

体，故在深化阶段进行供应商厂家信息录入，进行划分范围，利用自动编号功能，对每个门体进行唯一的编号，同时在变更修改等其他事宜上针对单一门体的修改进行补充，从而形成统一数据库，在后续施工调用中受益匪浅。

3）机电管线综合深化设计

基于 BIM 技术的机电深化设计较之传统模式具有绝对优势。项目根据原始 CAD 图纸进行三维建模，在建模过程中可及时发现图纸问题，形成问题澄清报告，同时进行各专业间的模型碰撞检测，生成碰撞报告，并在 BIM 深化设计例会中结合各类报告及三维模型确定管线调整原则，包括但不限于各楼层净空分析、管线避让原则等。待最终方案确认完成后，根据模型完成三维模型转向二维图纸工作。

4）精装修深化设计

在精装修深化过程中，由于效果展现需求难免存在土建、机电方面的同步更改，在传统模式下，由于信息传递途径过长，精装完成反馈至机电单位的信息不及时，常会出现部分专业管线已施工完成不可逆的结果。基于 BIM 的深化模式使得信息路径大为缩减，可直观地显示任何专业调整后对精装修的影响，并能双向反馈，将拥有更多的时间进行方案比选以及决策工作。

5）幕墙深化设计

项目幕墙 BIM 应用的重点是在深化设计阶段，将可能发生的与主体结构之间的碰撞体现在模型上，经过相关专业互相协调将碰撞问题消化在设计阶段，提高设计效率。同时通过较为全面的设置嵌板族参数，可在明细表内将体现各种材料的用量，并在铝材胶条、不锈钢面板、玻璃面板及镀锌钢板等材料的用量上得到了成功应用。

（2）基于 BIM 的预制加工技术

为提高施工效率，工程大规模引入自动化生产工艺，在钢结构加工、机电预制风管、水管、精装修等方面，BIM 预制加工技术贯穿从建模到生成构件及零件图，从材料采购排版到自动切割下料，从零件组立、拼装到构件成型等各个环节。

（3）基于 BIM 的虚拟仿真建造技术

1）基于 BIM 的进度模拟

进度控制是采用科学的方法确定进度目标，编制进度计划与资源供应计划，进行进度控制，在与质量、费用、安全目标协调的基础上，实现工期目标。由于进度计划实施过程

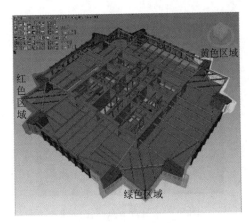

图 8-11 施工进度控制

中存在很多不确定因素。因此，在项目施工过程中必须不断掌握计划的实施状况，并将实际情况与计划进行对比分析，及时纠偏，确保目标的实现。

WBS 与模型关联模式的应用，在 Navisworks 中，我们可以通过调节视图情况来直观展现实际与计划之间的差别，如图 8-11 所示。

以实际为时间轴，观察与计划的差别情况，红色表示滞后，绿色表示同步，黄色表示提前，通过直观展现，能够对现场施工进度有清晰的认识，并为后续的进度计划编排提供可靠的方向。

2）基于 BIM 的虚拟仿真建造

虚拟仿真建造技术的应用将会使传统施工技术得到巨大便利，提升效率。在复杂工艺的施工方案讨论中，运用三维建模结合进度模拟，提供不同方案直观清晰的模拟结果，为决策者提供决策依据，如图 8-12 所示。

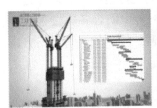

a 施工工序推演　　　　　b 核心筒流水段划分作业　　　　　c 三维塔冠虚拟仿真

图 8-12　虚拟仿真建造

3）消防应急预案模拟

深圳平安金融中心项目采用 BIM 可视化虚拟仿真技术进行应急状况模拟，制定相关应急救援方案，并通过 BIM 技术对应急反应人员进行可视化交底，同时结合现场应急演练，保证项目应急救援的顺利开展，提高项目人员总体应急反应效率。

（4）BIM 数字化建造技术创新应用

1）点云三维激光扫描

首次在超高层双层带状桁架中引入 BIM 点云三维激光扫描技术，验证高精度要求的双层带状桁架的安装精度。借助三维扫描的点云模型，对钢结构构件进行虚拟拼接，并完成各个巨柱牛腿之间距离的测定。通过三维扫描点云数据模型，与理论模型对比分析，综合考虑影响因素，用以指导现场施工。

2）基于 BIM 的互联网＋验收手段

将所建立的 BIM 模型导入 iPAD 等移动设备，进行现场质量验收，通过对比模型和现场实物可快速发现问题，提高现场验收效率。

【专家提示】

★ 深圳平安金融中心在 BIM 技术应用上有很多成功经验，也走过很多弯路，这些都是在创新之路上必不可少的环节。BIM 技术应用及发展快速，在互联网＋的理念下必定会有更多的创新应用，服务传统建筑行业。如 BIM 软件之间的数据流通、大数据下的 BIM 云建立等，多一些实用性的探索和创新，少一些噱头和夸张的设定，将更多有益于建筑业发展的 BIM 技术推广应用，是整个建筑行业急需提高和改善的问题。设想未来，如果 BIM 技术不断发展，很有可能在工程招标时，仅用 BIM 三维模型代替二维图纸，这将是建筑业的又一次革命。

专家简介：

李彦贺，中建一局集团建设发展有限公司，E-mail：liyanhe@chinaonebuild.com

第二节　BIM 与三维激光扫描技术在天津周大福金融中心幕墙工程逆向施工中的应用

技术名称	BIM 与三维激光扫描技术在幕墙工程逆向施工中的应用
工程名称	天津周大福金融中心
施工单位	中国建筑第八工程局有限公司天津分公司
工程概况	天津周大福金融中心位于天津滨海新区，工程总建筑面积约 39 万 m^2，由 4 层地下室、5 层裙楼和 100 层塔楼组成，建筑总高度 530m，工程采用超深基坑、桩筏基础，塔楼采用形式多变的"型钢（钢管）混凝土框架-型钢混凝土核心筒结构体系"

【工程难点】

本工程塔楼幕墙共有约 14800 个单元板块，其中，标准层单元板块约 12700 个，"V"形口 900 个，塔冠 1200 个，总幕墙面积约 11 万 m^2。其主要外立面特点：平面由 8 个曲面圆弧组成，由底层到顶层，各楼层圆弧的弧长都不相同，形成外立面的双曲面结构，整个建筑呈现不断向上延伸的均匀变化的流线型造型（图 8-13）。独特的设计理念、灵动多变

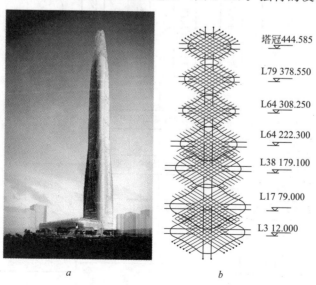

图 8-13　塔楼幕墙效果

的造型，增加了幕墙在深化设计、生产加工以及施工中的难度，如何保证幕墙施工质量一次成优及构件生产加工的精确度是本工程施工面临的一个主要难题。

【施工要点】

1. BIM 与三维激光扫描仪逆向施工流程

（1）BIM 与三维激光扫描仪应用情况

本工程施工全过程应用 BIM 技术，施工前期阶段创建 LOD300 模型，施工过程中创建 LOD400 模型用于施工过程中的各项应用，竣工阶段创建 LOD500 模型应用于后期的运维管理。

三维激光扫描技术，通过扫描获取建筑物的三维点云数据，在对数据进行处理的基础上，实现数据的应用；在超高层复杂建筑中的应用可以有效地进行实体扫描、质量检查、拟合分析、逆向建模、方案制订与修改等。

（2）幕墙逆向施工流程

本工程应用逆向工程技术，在幕墙的生产、加工、施工等过程中进行逆向施工。通过数据的对接、共享实现信息的流动、应用，不仅是 BIM 技术的核心工作，也是三维激光扫描仪技术的核心内容，BIM 的模型设计数据与三维激光扫描的现场点云数据的结合应用，实现了虚拟与现实的完美结合。

在施工阶段，通过 BIM 与三维扫描仪的应用，可以进行逆向深化设计、点云模型修改、BIM 模型创建、指导幕墙进行逆向施工，解决现场施工的质量问题，完成预期目标（图 8-14）。在三维扫描仪采集到现场实际数据的基础上，进行信息的处理，对建筑物多站

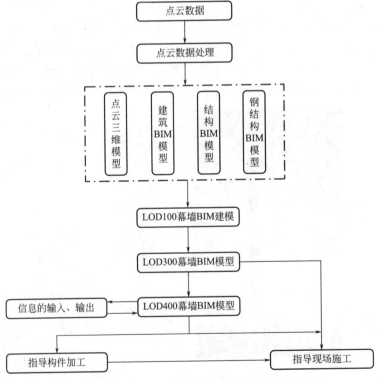

图 8-14　BIM 与三维扫描仪逆向施工流程

点点云数据进行拼接，建立点云三维模型；通过数据格式的转换，导入 Rhino 软件进行精度等级 LOD100 幕墙表皮模型的创建，然后进行幕墙功能系统的深化建模；运用 Revit 软件进行 LOD300 模型的创建，进行碰撞检查、施工模拟等；对幕墙 BIM 模型深化到 LOD400 的基础上，通过添加、提取详细的信息指导幕墙的生产加工，实现精细化的施工管理，确保施工质量一次成优，节约成本、保证工期。

2. BIM 与三维激光扫描仪逆向施工具体应用

（1）塔楼现场扫描

本工程塔楼为对称分布，楼层单层面积最大为 $3600m^2$，外边线轮廓跨度较大，530m 的高度范围内，塔楼水平结构变形较大，给扫描工作带来困难。采用三维激光扫描仪对塔楼进行分阶段扫描。针对工程实际情况，以及每个楼层平面的不同形式和不同面积大小，分别制订不同的扫描方案。水平结构外边线的扫描作业，鉴于扫描仪扫描范围的限制，采用地面扫描无法获取精确的点云数据信息。为了得到有效的扫描信息，通过自主研发的可移动悬挑式数据采集操作平台，在计算的基础上，确定悬挑长度，选取 12 个站点进行扫描（图 8-15），这样不仅可以从不同的角度最大限度地获得塔楼水平结构外边线的实体信息，也满足了两个站点之间 30% 的重合区域进行后期的点云模型拼接。

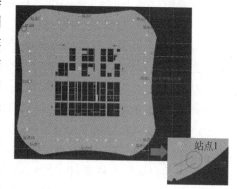

图 8-15　塔楼扫描仪站点位置

在对 12 个站点进行扫描的过程中，首先将三维扫描仪放置在指定位置上，保证最大的扫描视点，在塔楼的每一层设置扫描标靶，选取视点范围，确定扫描精度。在扫描过程中，为了得到精确的信息，确保扫描区域内无杂物以及人的出现，造成视线遮挡，扫描得到的原始数据应该完全对应于被测物体表面的空间位置点云数据。

（2）点云数据处理

分站点扫描之后得到每层的信息是零碎的，为了得到完整的信息，必须对数据进行处理。本工程采用 SCENE 软件进行点云数据的处理分析。三维激光扫描非接触法获取的点云数据非常庞大，必须按照一定的操作流程进行数据处理。

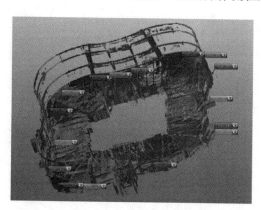

图 8-16　扫描的原始点云数据

点云拼接是对 12 个站点的点云数据进行拼接整合（图 8-16）。通过 SCENE 软件自动选取相邻两站点中 3 个扫描球控制点进行拼接，拼接完成之后，多次抽样，归并重合部分的点云信息，精简数据，避免冗余。

噪点去除，由于扫描的对象与需要获取的对象信息之间存在误差，在扫描塔楼外边线信息的同时，会把一些不需要的信息带进去，这样就增加了点云信息的数据量，导致信息的偏差。去除掉不必要的点、有偏差的点及错误的点才可以进行下一步的操作，有利于后期模型的应用。

去噪之后的点云数据再经过数据光顺、插补、精简过程，就可以得到精确的线状塔楼边线轮廓（图 8-17），通过模型格式的转换，导入软件中进行逆向建模。

（3）BIM 逆向建模

逆向建模的过程是根据现场扫描的数据以及处理之后的点云模型，与 LOD300 土建、钢结构模型匹配，把现场的实际数据添加到理想状态下的 BIM 模型之中，修

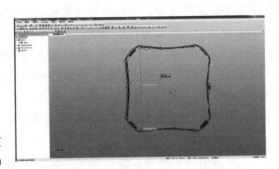

图 8-17　处理之后的塔楼点云轮廓线

改土建、钢结构模型使之与实际相吻合。在此基础上进行幕墙模型的建模工作，处理之后的塔楼边线 BIM 模型导入 Rhino 软件进行幕墙表皮模型的创建（图 8-18）；这样进行幕墙模型的创建可以完全从建筑边线的实际情况出发，按照塔楼实际轮廓进行幕墙边线的精确定位，以及对 8 个 "V" 形口的曲线变化定位，建立 LOD100 幕墙模型。Rhino 创建的模型不具备 BIM 模型的要求，缺少必要的建筑工程信息，必须通过数据转换导入 Revit 软件对模型进行深化，输入物理、功能等信息，逐步完成碰撞检查、生产加工、指导施工等不同精度模型的创建。塔楼每个楼层共有 9 种不同类型的板块系统，利用 Revit 软件创建不同类型板块的自适应点族文件，通过族文件内置参数的变化，在 BIM 模型中可以自动计算出板块的尺寸变化，从而可以自动调整板块的大小，随着工程的进展，还可以对不同的族文件进行节点深化。这样不仅可以保障建筑设计理念，保证幕墙的完美造型，而且完全避免了由于现场情况带来的模型误差，造成后期幕墙的加工、施工问题的出现。

（4）模型深化及应用

在线框模型、表皮模型的逆向建模以及不同软件之间数据的转换完成之后，利用 BIM 软件进行模型的深化。本工程塔楼幕墙系统复杂，板块类型多达 3181 种，曲面旋转的造型导致板块的翘起点占幕墙总数的 45.4%（图 8-19），尤其是要 "V" 形口的板块变化才能体现出幕墙总体的造型风格。在线模的基础上利用 Revit 参数化的设计功能创建 LOD300 模型进行碰撞检查、工期模拟等。但是，此时模型的精度无法体现出龙骨、主材以及其他外部尺寸的具体信息等数据。

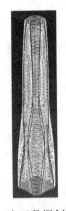

图 8-18　基于点云数据创建的塔楼线模

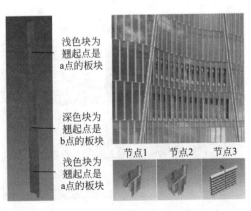

浅色块为
翘起点是
a点的板块

深色块为
翘起点是
b点的板块

浅色块为
翘起点是
a点的板块

节点1　节点2　节点3

图 8-19　幕墙翘起点分部

在 LOD300 的基础上，审图工作完成之后，进一步深化模型，主要是对模型中构建的信息以及加工数据进行深化，增加幕墙开孔、端切等数据，完成 LOD400 模型的创建，进行幕墙加工。LOD400 精度的模型主要包含了幕墙的加工数据信息，通过模型提取必要的加工数据，这样不仅节约了资源的投入，主要是确保了加工环节的质量控制。幕墙构件的生产加工主要是保证构件的尺寸信息以及幕墙板块的组装精度（图 8-20）。通过 BIM 模型提取的数据导入数控机床，这样在保证质量的同时，也大大提高了生产效率，确保现场施工进度的要求。

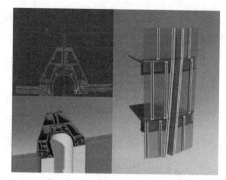

图 8-20　"V"形口幕墙构件加工

从生产场地到施工现场，这中间经过出库、运输等不同环节人为因素的过程，要确保幕墙板块的施工安装质量，必须保证生产车间预拼装的工序以及板块的位置。在这个问题上，本工程在集成 BIM 模型数据、生产加工数据以及预拼装数据的基础上，生产二维码张贴在相应的幕墙板块上，现场施工人员通过扫描读取二维码数据，确保现场施工质量，也解决了生产车间到施工现场的人为误差导致的施工质量问题。

【专家提示】

★ BIM 与三维激光扫描技术在天津周大福金融中心幕墙工程中的应用体现了数字化、信息化以及工业化的逆向工程技术在施工阶段的应用价值。本工程的应用实践也表明了 BIM 技术与三维扫描仪的结合应用，通过逆向施工可以确保复杂、超高幕墙工程的深化设计、生产加工、现场施工质量，对幕墙工程各环节的质量控制，可以减少现场返工，降低施工成本，确保工期要求。

专家简介：

王代兵，中国建筑第八工程局有限公司天津分公司，E-mail：707513939@qq.com

第三节　信息化在天津周大福金融中心项目施工管理中的应用

技术名称	信息化在施工管理中的应用
工程名称	天津周大福金融中心项目
施工单位	中国建筑第八工程局有限公司天津分公司
工程概况	天津周大福金融中心工程位于天津市经济技术开发区，总建筑面积 39 万 m²，地下 4 层、地上裙楼 5 层和塔楼 100 层，建筑高度为 530m，是全球在建及已完项目中第九高楼。项目集商业、办公、豪华公寓及超五星级酒店于一体，建成后将成为天津国际金融交流平台及天津市的新地标

【工程难点】

项目工期紧张，工程量大、业态繁多、系统复杂、技术要求高、总承包管理与协调量大。为提高项目管理效率，使项目管理实现真正意义的"科学化、标准化、信息化"，天津周大福金融中心项目以企业的项目管理方法为指引，以现有设计软件及平台、进度计划管理软件、资料管理软件等专业软件为基础，研发出一套项目信息化管理平台，成功转型项目管理从"＋互联网"到"互联网＋"的跨越。

【施工要点】

1. 项目信息管理平台搭建思路

项目信息化管理平台根据项目管理模式搭建，综合现有专业设备、专业软件，将其产生及现场引起的各类数据、模型、图纸、图片等数据同步纳入同一平台进行数据交互与分析，形成项目管理的大数据。同时，通过平台连接的互联网，实现项目人员数据同步的"互联网＋"，为项目决策、管理与施工提供第一手原始数据与信息。

2. 项目信息管理平台的主要内容及实施

（1）权限设置

根据参建各方施工合同，结合当地政府要求，详细划分各参建单位及其各层级人员在项目管理中的权利与义务，分配其在信息管理平台中的权限。根据现场管理需求，各管理人员权限分为不可读、可读、可修改 3 种；为便于信息管理员操作，管理权限可根据岗位、专业等进行批量设置。

（2）各要素管理流程

根据公司管理要求，结合项目管理需求，对工程设计与深化、资料报审（分图纸、资质、材料、方案、计划等）、图纸下发、采购申请、采购、材料发运及运输、物料管理、管理及施工任务分配与执行、现场施工数据采集、安全质量管理与整改、商务管理、财务资金管理、管理协调、行政后勤管理等管理各要素管理流程进行详细规划（图 8-21），并将其录入信息管理平台的各模块中（图 8-22），实现现场各要素管理的流程化与信息化。

（3）信息管理平台与专业软件、平台的结合

根据知识产权要求，项目信息管理平台采用读取各专业软件、平台可导出数据，基于开源及已采购数据库进行开发和后续数据分析。信息管理平台与各专业软件、平台数据交互示意如图 8-23 所示。

（4）项目管理信息系统

本系统主要分为数据采集、数据分析两大部分，根据功能划分为计划管理、生产管理、内业管理三大系统。各系统根据现场管理需求拆分为多个模块：计划管理系统 4D 工期、任务分配、考核等；生产系统物流跟踪、物料跟踪、质量管理、安全管理等；内业系统设计管理、资料报审、施工日志、商务采购、后勤、投票评比模块等。

同一数据在系统中设置唯一输入路径，各模块数据在信息平台后台同步交互与分析，实现数据的准确性、实时性与唯一性。

3. 4D 工期

现场施工进度是项目履约的最直观反映，项目通过 BIM 平台对模型进行轻量化，通过信息管理平台将工程进度计划管理软件所形成的进度计划导入 BIM 平台，实现施工工期的 4D 模拟，同时通过信息管理平台中的物料跟踪、现场施工管理模块收集现场实际进度，并在 4D 工期中予以体现，如图 8-24 所示。

4. 任务分配与执行

将 4D 工期所生成的实体计划任务＋各级计划派生出的工作任务全部导入任务管理模块中，并将各项任务分配至项目相应管理、生产人员，形成相关人员的责任任务。然后通

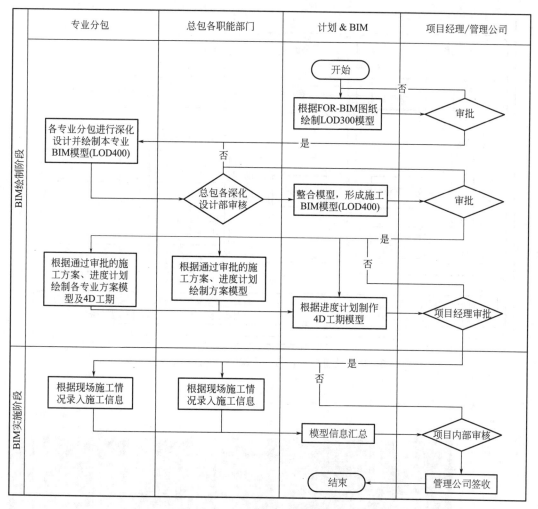

图 8-21　BIM 模型绘制与实施流程

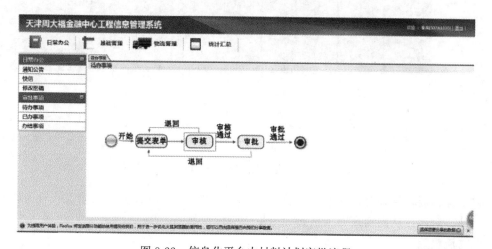

图 8-22　信息化平台中材料计划审批流程

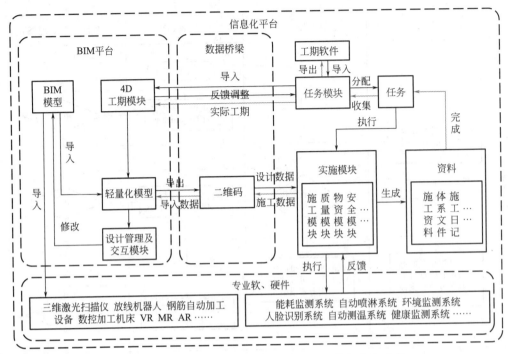

图 8-23　信息化管理平台与专业软件、平台数据交互示意

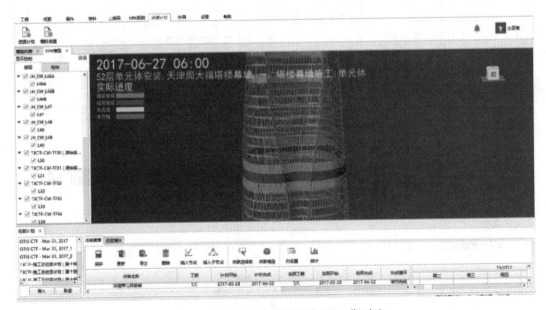

图 8-24　计划进度与实际进度 4D 工期对比

过物料跟踪、资料管理等模块所收集及反馈的实际进度、实际任务完成情况在任务模块中予以统计、对比，从而实现对人员指导与量化考核，如图 8-25 所示。

5. 物流跟踪

为避免常规项目物资运输管理中的电话通知与询问、实际运输与需求物资不符、物资

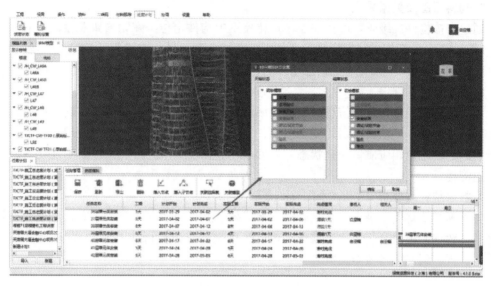

图 8-25　任务分配及完成情况对比

不能按要求按期到达等低效率、影响现场使用情况，参照网络采购物流查询系统开发出项目物流管理模块：通过进度计划派生出材料需求计划→生成发货单→根据发货单——扫描构件二维码按需求装货→运输途中实时定位→到场后根据需求计划单——扫描构件进行验收与收货。实现材料运输准时、准确，避免材料不能按时到场而影响进度或材料提前到场而影响现场堆放，实现现场物料"零存储"。

6. 设计管理平台

随着项目复杂程度越来越高，传统的二维图纸设计已不能满足工程需求。国内各大工程主要设计人员往往不能长期驻场解决设计问题。为便于设计问题沟通与协调，在传统BIM管理平台基础上开发出 BIM 在线平台交互模块，实现远程多人同步、同视角浏览模型，同时对浏览行走路线、发现的问题予以标注与记录，如图 8-26 所示。

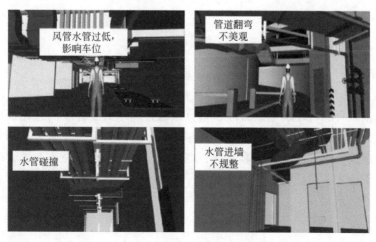

图 8-26　设计在线交互平台及问题记录

7. 物料跟踪及数据采集

通过扫描构件二维码，可实现在轻量化模型中构件定位。在物料跟踪模块中对构件加工、运输、验收、现场安装等信息予以录入，系统自动记录相应时间、扫描人员等。同时，通过后台数据交互，将所记录的信息与计划、任务、资料、质量、安全等模块进行交互。

8. 质量安全管理

质量管理模块包含质量信息采集、现场质量讨论与整改等管理功能，安全模块包含人员管理、安全培训、动火申请、安全巡视、安全整改等功能。通过信息管理平台，相关人员可发起话题讨论相应质量安全状态，并形成相应整改工作流，大大提高了现场管理效率及可追溯性。

9. 数据统计与分析

各管理模块将数据录入、采集后，全部汇入信息管理平台后台数据库，形成项目管理信息的大数据，根据公司及项目需求对各项数据进行统计分析（图 8-27），从而实现项目管理的分析、纠偏、考核与决策。

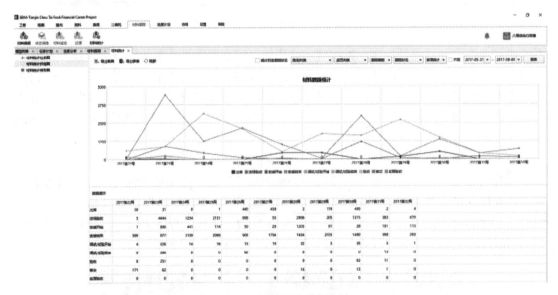

图 8-27　物料跟踪数据统计

【专家提示】

★ 除上文所述 7 大主要管理模块外，天津周大福金融中心项目信息管理平台还包含工作流审批、施工日志、现场平面管理、垂直运输管理等工程管理信息化模块，在实际运行中取得了良好的效果，并获得工程各方及相关同仁的一致好评。但仍有部分管理模块如塔式起重机防碰撞、空气监测与喷雾系统、地方资料软件、地方警务人员管理系统等尚未并入同一信息平台之下。后续需加大探索与开发力度，将其全部纳入信息管理平台，实现项目管理全要素信息化。

专家简介：

杨红岩，中国建筑第八工程局有限公司天津分公司，E-mail：yhy803@163.com

第四节　BIM 技术在超高层复杂外框巨柱钢结构节点优化设计中的应用

技术名称	BIM 技术在超高层复杂外框巨柱钢结构节点优化设计中的应用
工程名称	武汉绿地中心
施工单位	中建钢构有限公司
工程概况	武汉绿地中心是目前在建华中第 1、中国第 2、世界第 3 高楼。该项目地下 6 层，地上 120 层，建筑总高 636m(其中结构高度为 575m，顶部为塔冠)。整体结构形式为核心筒剪力墙＋巨柱＋伸臂桁架＋环带桁架，其中伸臂桁架为 4 道，环带桁架共 10 道

【工程难点】

1）该项目外框为 12 根异形钢骨混凝土巨柱（2 种类型，分别为 SC1 与 SC2），SC1 地上最大截面尺寸边长为 4738mm，SC2 地上最大截面尺寸边长为 3720mm，具体如图 8-28、图 8-29 所示。同时为配合整体建筑效果，从立面上，巨柱从首层至 125.850m 先以一定的角度外倾，125.850m 以上逐渐内倾，其外倾角度最大值达 2.2°；对深化建模的空间定位精确度提出了极高要求。

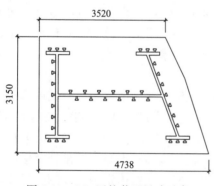

图 8-28　SC1 巨柱截面尺寸示意

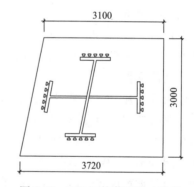

图 8-29　SC2 巨柱截面尺寸示意

2）巨柱内钢骨柱截面在立面上渐变内缩，SC1 在立面高度方向上有 11 次截面变化，SC2 在立面高度方向上有 15 次截面变化。截面变化处节点做法需进行优化，否则会导致局部楼层刚度突变，影响结构受力安全。

3）巨柱中的钢骨柱同外框钢梁均存在连接节点，不可避免导致与巨柱相连钢梁同巨柱竖向主筋之间存在碰撞，需合理考虑竖向主筋与钢梁之间的连接节点，以保障钢筋正常传力工作。

【施工要点】

Tekla Structre 是芬兰 Tekla 公司开发的钢结构深化设计软件，可以通过创建三维模型检查构件之间的连接与位置关系，同时可以自动生成钢结构加工详图、各种报表以及接口文件，能实时服务于项目的整个阶段；运用该软件，一个项目可以由数个参与者划分区域，共同完成，彼此共享数据与建模成果。其同样具备可视化、协同性与即时性等特点，可以看作 BIM 在钢结构深化中的实际运用。相关难点问题，也是基于该软件特性的基础

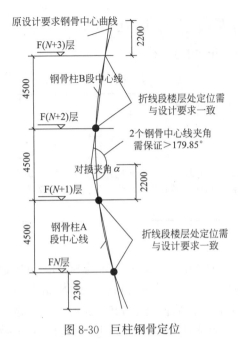

原设计要求钢骨中心曲线

F(N+3)层

2200

钢骨柱B段中心线

折线段楼层处定位需
与设计要求一致

4500

F(N+2)层

2个钢骨中心线夹角
需保证＞179.85°

对接夹角 α

4500

F(N+1)层

2200

钢骨柱A
段中心线

4500

FN层

折线段楼层处定位
需与设计要求一致

2300

图 8-30 巨柱钢骨定位

上进行合理解决的。

（1）外框巨柱

设计院所给定位为空间弧线定位，即整个外框钢骨柱中心线应为 1 道圆润曲线。而实际上，考虑钢构件运输条件限制、塔式起重机起重限制、构件加工制作可行性及现场安装需求，其由被细化分解成的数 10 条折线段组合而成（对于标准层，综合考虑相关因素，每根巨柱立面跨越 2 层，分段点位于楼层面以上 2.2m 附近），通过对折线段的精确放样，定位近似拟合原设计曲线（图 8-30）。针对上述难点，结合设计院相关意见，通过运用 BIM 深化放样技术，采用如下措施确保深化构件满足结构受力需求：①对于每根钢骨柱，其所在楼层面处空间定位点必须与设计要求定位一致；②由于巨柱轴力极大，2 节巨柱间夹角会产生相应的水平分力，

影响结构传力及受力性能。基于此原因，2 个钢柱构件之间的夹角需严格控制，在 BIM 放样中，钢骨折角角度需＜0.15°（0.15°为与设计院沟通后确认的角度限值，即上下两端钢骨测量夹角需＞179.85°）。在 BIM 中按上述要求原则放样深化，最终构件定位获得了设计院的认可，同时满足了现场安装的需求，获得了良好的技术经济效果。

（2）巨柱钢骨

随楼层的提升，截面整体呈逐渐内缩趋势。为避免钢骨柱截面突变而造成局部楼层刚度突变，相应处理措施为沿高度方向将钢骨柱按 1∶6 的坡度进行截面内缩。对于局部上、下楼层交界处内缩尺寸达到 1m 的部分，考虑结构标准层层高仅 4.5m，在 2 层进行渐进式内缩（图 8-31）。基于上述原则，在 BIM 中首先对钢骨截面外围渐变折角处及楼层处控制点的空间坐标定位进行深化放样，然后通过控制点之间的连线确定钢骨外围边界线，随后根据钢骨截面尺寸内移确定钢骨内侧边界线，由线组成面域，并最终形成异形钢骨柱的三维空间体，即控制点→边界线→区段面→空间体（图 8-32）。

（3）劲性钢骨

混凝土构件同钢梁之间的连接节点一直为超高层节点的处理难点。不仅需基于规范要求，确保钢梁与钢骨巨柱之间的有效连接，也要重视处理钢梁同巨柱纵筋与箍筋之间的节点连接，同时还需考虑现场的实际可操作性。一般超高层针对钢构件与土建钢筋之间连接节点做法主要分为以下几种：①钢构件上设置接驳器，钢筋与接驳器固定连接；②钢构件上设置搭接板，钢筋直接与搭接板之间现场焊接连接；③构件上开设钢筋穿孔，钢筋通过穿孔进行钢筋绑扎作业。

针对本项目特点，结合设计院意见并综合考虑现场施工可操作性，运用 BIM 建模钢筋放样。首先查看巨柱纵筋及水平箍筋同钢梁之间的碰撞关系，对于仅局部钢梁碰撞区域，首先反馈给设计单位，建议钢筋分布是否能予以位置微调或优化（图 8-33）。对于完全碰撞区域，则在满足构件运输条件的前提下，在巨柱钢骨上设置钢梁牛腿（钢梁牛腿长

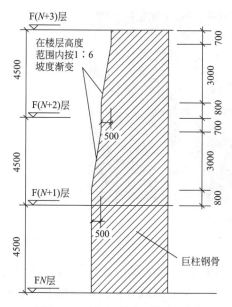

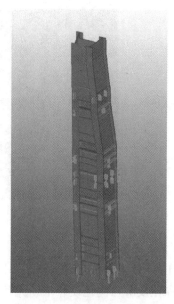

图 8-31　巨柱钢骨截面渐变原则
图 8-32　BIM 建模中巨柱钢骨截面渐变

度一般为钢骨柱至巨柱混凝土完成面边线的距离）；钢梁牛腿上翼缘与巨柱纵筋碰撞相应位置设置接驳器（接驳器同纵筋规格对应）；在钢梁下翼缘与巨柱纵筋碰撞相应位置设置连接板（连接板需确保纵筋满足双面 $5d$，单面 $10d$ 的焊接要求）；在钢梁腹板高度范围内与箍筋碰撞区域，采用接驳器与连接板综合考虑的原则进行设置，即对于设计院不允许腹板开口以及与钢梁腹板连接板碰撞区域采用接驳器，而对于巨柱设置纵筋接驳器及连接板位置，需在对应腹板高度范围内设置加劲板（图 8-34）。该加劲板不仅可以保证纵筋的竖向传力，同时还可以用于箍筋的搭接焊接。通过 BIM 深化放样，不仅对钢筋排布进行优化，同时也为现场后期土建钢筋绑扎提供了便利，在施工现场也取得了良好的效果。BIM建模中钢梁牛腿节点如图 8-35 所示。

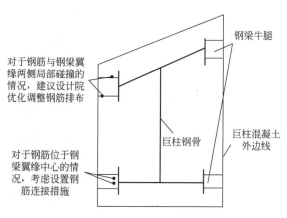

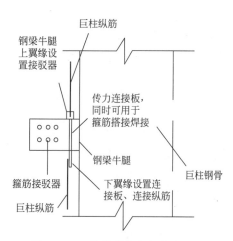

图 8-33　巨柱纵筋定位调整原则
图 8-34　巨柱纵筋与钢梁节点处理

图 8-35　BIM 建模中钢梁牛腿节点

【专家提示】

★ BIM 技术由于其可视化、协同性与即时性等特点，越来越广泛地运用于超高层中的二次深化及节点优化设计中。尤其针对钢结构专业，在处理原则确定的前提下，基本上已经可以很好地解决超高层钢构件深化放样及相关节点的优化问题。随着国家的大力推广，BIM 技术已逐渐被大型施工企业重视并掌握，施工单位作为现场情况最清晰了解者，其遵照设计原则所进行的 BIM 钢结构节点优化亦将更加务实有效的服务于现场，真正的提高超高层建筑的施工进度与质量。

专家简介：

王金祥，中建钢构有限公司，E-mail：759516664@qq.com